財經企管BCB170B

封面設計／張議文

競爭策略

產業環境及競爭者分析

Competitive Strategy

Techniques for Analyzing Industries and Competitors

By Michael E. Porter

麥可‧波特　著

周旭華　譯

作者簡介

波特（Michael E. Porter）

　　自二十六歲起任教於哈佛商學院，成為該院有史以來最年輕的教授，為MBA課程開發出一套廣受讚譽的產業及競爭者分析課程。同時，也是世界各地的領導企業諮商請益的知名顧問，曾訪台數次，包括葡萄牙、哥倫比亞、紐西蘭等國政府，都聘請他為官員授課。在美國雷根總統任內，曾被延攬為「產業競爭力委員會」（Commission on Industrial Competitiveness）委員。麥金賽基金會評為一九七九年最佳《哈佛商業評論》作者，《華爾街日報》客座專欄作家。另外著有兩本暢銷書──《國家競爭優勢》（*The Competitive Advantage of Nations*）、《競爭優勢》（*Competitive Advantage*），都被公認為探討競爭力的經典之作。

譯者簡介

周旭華

　　師大英語系畢業，英國瑞汀大學（Reading University）歐洲與國際研究所碩士。曾任《遠見》雜誌、《民生報》、TVBS編譯、記者、編輯，現為自由譯者、企業顧問、淡水工商管理學院兼任（真理大學）講師。譯作包括《發展型管理》、《優勢行銷》、《覺醒的年代》、《造就自己》、《企業推手》、《戴明的管理方法》、《變動的年代》等書，均由天下文化出版。

競爭策略 產業環境及競爭者分析

目錄

Competitive Strategy

序
一顆閃耀的明日之星

司徒達賢

　　企業政策（也就是策略管理）的主要內涵即是從企業領導者的角度，為企業的未來制定一套策略，這套策略不僅結合外界機會與本身條件，也指導了企業內部資源分配以及各種行動的方向。企業管理所有課程中，企業政策無疑是內涵最豐富、考慮層面最複雜、最具挑戰性，而且與高階管理實務最為接近的一門課。

　　二十幾年前，企業政策的理論基礎是組織理論、決策理論，以及一部分組織行為學與政治經濟學。而且為了教學，教師對行銷、生產、財務、人事等企業功能的理論與實務，必須有一定程度的熟悉與了解。在教學上則以個案教學為主，希望經由大量的產業分析與策略決策，讓學生或學員體會策略制定的藝術，並逐漸掌握處理複雜高階管理問題的思考方法。當時為數不多的企業政策學者，自然也試圖從分析個案的過程中，歸納出一些策略思考的原則，但這些原則相對而言相當簡約，似乎尚不足以讓這個領域大幅降低其藝術的成分而成為一門嚴謹的科學。

　　在同一時期，一門原本與企業政策毫不相關的學科正在積極發展。這個被稱為「產業組織學」或「產業經濟學」的學科，

1

原始的目的是分析產業結構與競爭行為，以做為政府在執行反托拉斯法時的參考。在不斷的研究過程中，這些學者有系統地記錄了各個產業的發展歷程，也觀察分析了無數的競爭行為與做法。這些競爭行為與做法，有些的確違反公平交易的精神，但有些卻是巧妙的經營手段。產業組織學者運用他們固有的理論觀念，例如規模經濟、進入障礙、產業結構等，逐漸歸納出這些企業合法創造超額利潤的原則。然而一直到一九七○年代，卻似乎沒有人深入想過這些觀念在企業策略上的應用。

連結兩岸的策略大師

當時的形勢是，一方是資料豐富，理論嚴謹，但只習慣從政府角度思考的產業經濟學家；一方是熟悉企業高階管理問題，將教學與策略思考高度藝術化的企業政策學者。成長背景的歧異，加上學術領域的分工，使雙方不易互相交流，只是彼此都隱隱約約感覺到，在遙遠的對岸，似乎存在著可以互補的學問。

這時候大師出現了。麥可波特學兼企業管理與產業經濟，他不僅指出這兩種學科互補整合的可能性，而且率先結合兩種學科的觀點，提出他獨創的觀念架構。此一觀念架構，領導世界理論與實務，地位至今不衰。他的理論，不僅豐富了企業政策的內涵，使其成為一門更嚴謹的科學，而且高度實務導向的理論體系，也為企業政策這門學科，贏得了更多的尊敬。他所提出的「五力分析」、「成本領導策略」、「差異化策略」等等，也成了企業界口語的一部分。

波特的分析架構當然不是十全十美，然而大師之所以成為

大師，並不必因為他提出了顛撲不破的真理，而是他曾經見人之所未見，以他的智慧做為渠道，從遠處引來亟需的養分，灌溉了一整個領域，甚至將策略思考方法帶到一個新的地平線，讓後來的學者馳騁其上。

瓜熟蒂落看競爭

這本在一九八〇年出版的《競爭策略》，就具有此一劃時代的意義。本書將產業經濟學中早已成熟的概念 產業結構對廠商競爭行為的影響、進入障礙、上下游的相對談判力、對局理論等，轉換成企業策略的語言以及策略思考的角度。讓大家恍然大悟，各個產業，由於產業結構不同、進入障礙不同，因而「產業吸引力」互有高下，而多角化策略的重要考量之一，即是選擇進入具有吸引力的產業。而且由於產業結構不同、產業發展階段不同，策略的重點以及所面臨的挑戰也不一樣。

行銷策略上所談的目標市場選擇，其實也可以看成挑選相對談判力較弱的客戶，既可以創造對我方有利的交易條件，也可以增加對方對我們的倚賴。強化品牌形象、投入技術研發、特殊的產品規格，都是實務上常見的策略，而它們的共同性是創造進入障礙，以期提高獨占力量與相對談判地位，而這些又是超額利潤的來源。

對局理論告訴我們，策略不只是自己的事，還要考慮競爭對手的行動與反應，因此我們應該有系統地蒐集競爭者的情報，同時為了應付對方蒐集我們的情報，還必須不時做出欺敵的動作。

總而言之，波特引進了一套理論，讓大家對種種策略背後

的道理有了更深一層的思考，大幅提高了企業政策領域的深度與廣度。

這二十年來，除了產業經濟學之外，經濟學中所發展出的交易成本理論與不確定決策理論、社會學中所發展出的網路理論、以社會心理學為基礎的組織決策理論、以政治學為基礎的權力理論、從系統動態學所發展的系統觀念，都紛紛加入了企業策略的領域，使企業政策內容不斷推陳出新，也讓大家對策略問題的思考愈深愈廣。回顧這二十年來的學科整合，波特這本《競爭策略》，不僅是最領先、最成功的嘗試，而且它的價值也毫不因為時間而有所減損。

（本文作者為國立政治大學企業管理系教授）

新版自序
無心插柳柳成蔭

波特

當《競爭策略》首度於十八年前付梓之初，我期盼它能帶來衝擊。膽敢抱此期望，當然其來有自——因為本書所旁徵博引的龐大研究論據，已通過同行學界的檢視考驗，而且在定稿前，已有我的 MBA 學生與經理人班高材生詳加深究。

輕舟已過萬重山

然而，本書問世後一度洛陽紙貴，受到歡迎的程度遠遠超過我的期盼；更萬萬想不到，這本書竟然開創了一個新的研究領域。如今，全球大半的商學院學生，都有機會接觸到這裡頭的觀念——主修企業政策或策略課程的學生躲不掉；專攻競爭策略選修課程的學生經常與它撞個正著；就連經濟、行銷、科技管理、資訊系統等課程領域，也有觸及的機會。服務於大小企業的實務界人士，早已將這些觀念內化——無數見解獨到的來信、私下交談、以及晚近的電子郵件，在在都透露出這些實情。當前大多數策略顧問會用到這些觀念；甚至還有整個公司就是成立來專門協助企業實行本書構想的。新進財務分析師在取得資格證書前，也必須一睹本書。

競爭策略及其核心主題——產業分析、競爭對手分析、策

略定位等，如今都已被公認為管理實務的一部分。而這麼多有思想、有見解的實務界人士，把這本書當作利器，也使我渴望影響真實世界的夙願終能得償。

在學界，競爭策略已名正言順地成為一個學術領域。此一領域百家爭鳴，儼然成為管理顯學；經濟學家方面，也有愈來愈多人對此進行探討。從本書開始算起，包括支持和反對的文章在內，這方面的文獻範圍之廣、討論之熱烈、真是十分可喜。我向來衷心希望能影響人類知識的發展，如今也得以實現；因為已有大批傑出學者，投入我所開拓的這個領域——其中有幾位我有幸得而教之、指導之、還有幾位曾與我共同撰寫論文。

此次再版，促使我深刻省思這本書為什麼能造成影響。隨著時序的推移，一切愈來愈清楚。雖然「競爭」一向是每家公司都重視的中心課題，但是本書推出當時，正值競爭日趨激烈之際，全球各地的企業陷入艱苦奮鬥中；在那樣的時空背景下問世，當然有不一樣的價值。事實上，「競爭」已成了我們當前關注不輟的一個主題。時至今日，競爭激烈的程度有增無已，而且有擴散到愈來愈多國家之勢。如今這本書的譯本，已出現在中國大陸和前蘇聯，這在一九八○年簡直無法想像。

耘耕一塊肥田沃土

本書填補了管理思維的一塊真空地帶。經過幾十年的發展，一般經理人和專業人員之間的角色定位已愈來愈清楚。許多人也開始同意，策略規劃（strategic planning）成了一項勾勒企業長程方向的重大任務。此一領域的早期先驅，如安祖斯

（Kenneth Andrews）、克里斯坦森（C. Roland Christensen）等人，已針對策略的研訂，提出好幾個重要問題，可是卻沒有一套精確而有系統的工具可資回答，藉以評估公司所屬產業、了解競爭對手、並選擇適切的競爭位置。有些甫成立的策略顧問公司，其實早已著手填補這塊空缺，但他們所提出的看法（如經驗曲線說），往往只設想單一的競爭狀況，只考慮一種策略形態。

《競爭策略》提出了一個豐富的架構，以供我們了解產業競爭的各股潛在作用力；亦即書中所提的「五大作用力」。此一架構清楚透露出產業間的重大差異，也讓我們得知產業如何演化，以及公司應如何找出獨特的策略定位。而書中所提出的一些工具，不但能提供嚴謹的結構用於檢視產業與公司，也可以讓我們捕捉其豐富與多樣。

這本書先從成本及差異化的觀點出發，界定出競爭優勢的概念，再和獲利能力直接串連，從而建構起產業的概念體系。那些苦思策略規劃難題、尋覓具體解決之道的經理人，一旦發現它切合實際需要，迅即熱烈擁抱。這本書也為經濟思維指點出新方向，挹注入新動力。在一向只注重產業的經濟學家眼中，公司不是難分軒輊，就是因規模大小而有所不同，再不然就是效率莫名其妙地有所差異。而產業結構的通行看法，往往只述及賣方集中整合等問題、及若干造成進入障礙的來源。在所有經濟模式中，幾乎看不到經理人的影子，當然也就對競爭結果起不了任何作用。經濟學家只關心各種不同產業結構及競爭模式所帶來的社會及公共政策影響，目標是將「過高」的利潤壓低。至於競爭本質可能對公司行為帶來什麼意涵，或如何

提高利潤等，根本沒幾個人放在心上。再說，經濟學家也欠缺
工具，針對一小群行為交互影響的公司，建立競爭模型。

為產學界搭起一道友誼的橋樑

　　就個人所接受的訓練和工作而言，我先取得MBA學位、
再拿到經濟學博士學位，且有幸於哈佛商學院擔任教席，接受
哈佛特有的教學挑戰——運用案例分析教導實務經驗豐富的人
士，於是也看清了實際情況與僵化模型之間，到底有多大的
鴻溝存在。這些學經歷背景創造出一種急迫感，讓我覺得有必
要盡速發展出工具來，藉以了解在真實的市場中，到底有哪些
選擇可供採用。從大量的個案研究中，我汲取了豐富的產業及
公司知識，因而能對產業競爭提出遠比從前更為複雜精密的看
法；而且還能針對個別公司如何超越對手的問題，進行有系統
的分析。

　　產業結構涉及的作用力共有五種，而不只是兩種。競爭地
位則可由成本、差異性、格局等角度來思考。根據我的理論，
經理人對產業結構和公司相對於其他公司的地位，都頗具影
響。事實證明，本書所探討的一些新觀念，諸如市場上的訊息
發送、移轉成本、退出障礙、成本與差異化關係、以及策略焦
點廣狹等等，都只是本書所提供的部分研究沃土。我的做法幫
助經濟學家打開了一個新的探索領域，也讓商學院裡的經濟學
者，在講授標準的經濟觀念與模型之外，還有一條新路可走。
《競爭優勢》非但成為廣泛使用的教材，更激勵不少人以此為
起點，致力於運用經濟思維來思考實務問題。

新舊交接間

這本書出版至今，究竟出現了哪些變化？就某些方面看來，可謂一切都變了——新科技、新管理工具、新成長產業、新的政府政策紛至杳來。但換個角度來說，其實什麼也沒變。本書所提供的，是一套檢視競爭的基本架構，它不但超越了產業界線，也不受限於特定科技、特定管理方法；不但適用於高科技、低科技，也適用於服務業。舉例來說，網際網路的出現，或許會改變進入障礙、重塑買方力量、促使新的替代模式產生；然而，影響產業競爭的各股競爭作用力，卻和從前沒什麼兩樣。種種產業變化反而使本書觀念更顯得重要——因為必須對產業結構與疆界重作省思。一九九〇年代的公司，或許看來和七〇或八〇年代的公司十分不同，但如果想在某個產業內獲利高人一等，仍然要靠「相對成本」和「差異化」。或許有人認為，更快的發展步調、或提升總體品質，才是競爭致勝的關鍵。但這一切作為的嚴苛考驗卻來自於：它們如何影響產業競爭？如何影響公司的相對成本地位？乃至如何使自己與眾不同，同時又能掌握價格優勢？

本書所提出的觀念之所以經得起考驗，是因為它們在述及競爭的深層問題時，跳脫了公司競爭的細節。而其他著作之所以來來去去、曇花一現，就是因為它們只針對特殊個案進行探討；或不以競爭策略的原則為立論基礎，只探討特定競爭做法。這麼說，當然並不表示《競爭策略》就是學科聖典，旁人無法置喙。事實剛好相反——還有很多重要的想法已陸續加入此行列，而且還會繼續補充。只不過，在思索產業競爭和

產業內定位問題時，《競爭策略》依舊是個互古的根基及立論點──其他觀念還可再加與之整合補充。

雖千萬人吾往矣

我還會做哪些修正或改變嗎？要客觀地回答這個問題，對任何作者來說，都是一大挑戰；不過《競爭策略》當然能因新案例的加入而更豐富──新舊產業都可以。這些概念在服務業所能發揮的作用，絲毫不亞於製造業；因此不妨加入更多服務業的例子。而這些分析架構的應用，其實也早已遍及全球各主要國家，所以舉例如能更國際化，當屬允當。儘管產業、公司、國家都會改變，但這些概念的力量卻能持之不墜。

就觀念層次而言，坦白的說：目前我還看不出自己有什麼應該自反而縮之處。這不表示這門學問並沒有向前推進；事實上，這套分析架構的許多部分都已經被其他人測試、挑戰質疑、深入探討過，並作出重要引申──主要是學界人士。《競爭策略》既然這麼常被拿來陪襯烘托，我當然與有榮焉，但也有些不安。就這些提供新見解的文獻來說，此處實在無法公正評斷。舉例來說，供應商方面已有詳細的鋪陳；就如我們對進入障礙的理論根據，已有更深一層的了解一樣。公司與供應商及客戶之間，當然不免有議價關係存在，但是公司仍可藉與客戶、供應商、以及互補品廠商之間的合作關係，增進原本會遭分割的總體價值。然而，《競爭策略》書中的許多假設，都已一一得到驗證。

有疑問才有了解

　　《競爭策略》當然也激起了若干爭議。有些涉及誤解,讓我知道哪些地方還應該表達得更清楚些。例如,有人批評本書似乎是想在一個快速變動的世界中,套用一個靜態架構。其實,我根本就不打算提出什麼靜態的玩意兒。架構的每一部分——產業分析、競爭者分析、競爭定位等等,強調的都是變動不居的狀況。事實上,整套架構所透露出來的,都是對未來最攸關重大的一些變革構面。書中大半都在探討如何了解並因應變革——例如產業演化(第八章)、新興產業(第十章)、因應產業成熟(第十一章)、式微產業(第十二章)、全球化(第十三章)等等。公司必須持續不斷地了解自己的產業、了解競爭對手、以及發掘提升或改善本身競爭地位之道,永不止息。

　　另一種誤解,則繞著「低成本」和「差異化」而轉(二選一)。依我看來,要成為成本最低的生產者,又要具有差異化的特色,同時擁有價格優勢——三者實在很難彼此相容。策略要想成功,就必須痛下決定,否則很容易被仿效跟進。我所提到的「卡在中間」狀況,恐怕就不免會引來災禍。有時候,像微軟(Microsoft)這類大幅超前對手的公司,似乎沒必要進行策略抉擇,但這一點終將成為它們的最大痛處。

　　但我並不表示,公司在追求差異化的時候,應該不顧成本;或在追求最低成本的同時,忽略差異化——只要不致在其他領域造成犧牲,公司就不該輕言放棄某一領域的改善。最後,維持低成本或差異化地位的努力,無論或廣或狹,都必須

11

持續改善。所謂策略地位指的是一個過程，而不是固定定位。我最近才指出：「營運效能」和「策略地位」兩者之間其實有所區別，這點應有助於澄清這方面的若干混淆。

不過，本書所引發的一些爭議，則反映出看法的真實不同。有個學派堅持：產業分析對策略並不重要，因為他們覺得產業結構與界線的變動頻仍，所以視個別公司地位為獲利的主導力量。我向來主張「產業」和「公司地位」兩者都很重要，任何偏廢都可能使公司慘遭滅頂。產業不同，平均獲利力也可能不同（現在這些差異的持續期間則愈來愈長、耐受力愈來愈夠）。最近的統計數據證實：無論在解釋公司獲利能力或股市表現時，「產業」都是很重要的因素；同一來源也發現，即使在一九九〇年代，產業間的差異也出奇穩定。它同時暗示，在解釋產業內部的獲利分布時，產業的屬性相當重要。任誰也很難編造理由，誆稱公司所處的競爭環境本質，會對績效表現無足輕重。

價值如何分配

透過五股競爭作用力所具體呈現的產業結構，可以讓我們好好思索一下：產業是如何在既存及潛在參與者之間，創造及分配價值的。它同時點明，「競爭」並不只存在於現有競爭者之間。儘管產業到底要在哪裡劃界線還相當含混不明，但五股作用力之中，總有一股能掌握到價值分割的精髓。有些人還主張要另外加入第六股作用力——通常是「政府」或「科技」。但我仍然相信，政府或科技的角色無法孤立解釋的，而應透過五股作用力。

12

　　還有一個學派堅決主張，在決定產業績效這件事上，「因素市場」（即投入）的狀況要比產業競爭來得重要。但我要說，在支持「產業角色及供應商狀況，乃產業結構之一部分」方面，已有豐富證據做立論根據，找不出實證資料來反駁。雖然我不否認，在了解競爭的動態情況時，資源、能力或其他與「因素市場」有關的相關屬性，都不容忽視。但試圖使這些因素與產業競爭、乃至與公司相對於對手所占有的獨特地位，彼此斷絕關係，將危險萬分。資源與能力的價值，畢竟都與策略糾葛難分。但無論我們多清楚公司內部所進行的一切，了解產業及競爭對手永遠都十分重要。

顧此不失彼

　　最後，近年來有人主張，公司根本不該選擇競爭地位，而應專注於以各種不同的方法保持彈性，引進新觀念，或累積重要資源或核心因應能力這類被視為與競爭地位無關的東西。

　　恕本人礙難同意。就策略而言，常保彈性的後果，只會難以建立競爭優勢。三天兩頭地更換策略，便不可能好好執行任何一項策略。雖然新觀念的持續引進，對維持營運效能相當重要，但這麼做顯然與一貫的策略立場並不衝突。

　　專注於資源與能力卻忽略了競爭地位，則恐怕會有「看內不看外」的風險。資源與能力對公司的特定地位及特定競爭方式，都是極有價值的；但資源與能力本身，卻不具無上價值。這種強調資源與能力的觀點雖然可取，但並不能減損特定事業對產業結構與競爭地位的了解必要。我要再次強調，將競爭「目的」（公司在市場上的地位），及競爭「手段」（使公司得

以獲致此一地位的諸元素）連結起來，不僅重要、而且絕對必需。

《競爭策略》寫就於一個不同的時期，將它發揚光大的學說不僅很多，和它分庭抗禮的也同樣不少。有趣的是，今天，肯定策略重要性的人愈來愈多。過去十年來，滿腦子只注意公司內部問題因而造成的限制益趨明顯，策略的重要性於是重新受到肯定。隨著閱歷漸增，而年輕的盛氣漸減，我希望我們能更清楚洞察；在這塊管理學說的大調色盤上，競爭策略的位置到底在哪裡，並對整合的競爭觀重新發展出一套新的看法。

自序
建構競爭的遊戲規則

波特

在我個人的學術生涯中，這本書一直占有非常重要的地位，因為它是我研究及教授「產業組織經濟」及「競爭策略」多年下來的成果。競爭策略是經理人十分看重的一個領域，而且說起來，也該透徹入微的了解產業及競爭者。只可惜研究此一領域的學者針對這方面提出的分析技巧仍舊太少；已提出的一些技巧，廣度及深度又嫌不足。而其正研究產業結構多年的經濟學者，卻又多半從公共政策的角度出發，重點往往不是企業經理人心之所繫的事務。

十年樹木

過去十年來，我在哈佛商學院兼授「企業策略」與「產業經濟」兩門課程，並撰寫有關這方面的文章，試圖縮小其間的鴻溝。本書起源是我在產業經濟方面所作的研究——最早可回溯自我寫博士論文開始。而本書之所以能問世，則與我一九七五年在哈佛商學院開設「企業政策」課程，準備教材有關；接下來在最近幾年，我又負責「產業與競爭分析」（Industry and Competitive Analysis）課程的規劃，向企管碩士班與高階經理人講授。取材範圍不僅包括了以統計為基礎的傳統學術研究，也

包括了好幾百個產業的實務探討；有些是我在準備教材時看到的，有些則來自我本人的研究，還有一些是我指導MBA學生對數十個產業所作的調查，以及我為國內外企業所做的一些案例研究。

本書的目標讀者群，是那些需要針對某一特定事業擬訂策略的實務界人士，以及想更了解「競爭」問題的學者專家，但對其他有意於了解本身產業及競爭對手的人士而言，也很有用。競爭分析不僅在擬定企業策略時相當重要，它在公司理財、行銷、證券分析、以及其他許多商業領域都很重要。但願這本書能對不同領域、不同職位的實務工作者，提供有價值的洞見。

我希望本書有助於建構更周全的公共政策，迎接競爭。書中將檢視公司如何提高競爭效能，增強市場地位。但任何競爭策略都必須遵守競爭行為的遊戲規則，符合社會期待；並以倫理道德為基礎，透過公共政策建立起來。除非我們能正確的預估企業面對威脅與機會時所作出的反應，否則它就無法發揮預期效果。

點滴在心頭

幸賴各界大力支持，這本書才能問世。哈佛商學院賜我獨一無二的環境，使我順利地進行研究；前後任院長福瑞克（Lawrence Fouraker）和麥阿瑟（John McArthur）提供了非常有用的建議與行政支援，並打從一開始就給我鼓勵；而這項研究的經費，除了「奇異電氣基金會」（General Electric Foundation）的資助以外，主要還是來自本院研究處的支援──研究處主任

羅森布倫（Richal Rosenbloom）不但始終耐心投資，同時給了我許多寶貴的建議。

　　然而如果不是一群才華洋溢而又高度專注的研究夥伴，在過去五年間貢獻心力和我一起進行產業研究及準備案例材料，成果也不可能如此豐碩。柏諾福（Jessie Bourneuf）、羅斯（Steven J. Roth）、勞倫斯（Magaret Lawrence）、巴德坎卡（Neal Bhadkamkar）等四位哈佛企管碩士，每人都花了至少一整年，全心全意的與我並肩作戰。

　　競爭策略方面，多位博士班學生所作的研究也惠我良多。哈瑞根（Kathryn Harrigan）針對式微產業所作的研究，對本書第十二章貢獻頗大。德克魯斯（Joseph D'Cruz）、梅赫達（Nitin Mehta）、帕屈（Peter Patch）、易普（George Yip）等人的作品，則豐富了本書若干重要主題。

特別感謝

　　我在哈佛的同仁以及校外工作夥伴，都在此書誕生過程中，扮演了核心要角。我的益友兼同事克福斯（Richard Caves）與我的合作研究對本書啟迪甚大；他並撥冗閱讀全部文稿，提出精湛的見解。和我同在哈佛講授「企業政策」課程的同仁——尤其是梭特（Malcolm Salter）和包爾（Joseph Bower），不但協助我琢磨思維，並且給我寶貴的支援。策略規劃公司（Strategic Planning Associates）副總裁海登女士（Catherine Hayden），除了對全部文稿提出意見以外，也持續不斷地提供新構想。我和史賓斯（Michael Spence）合作的研究，以及無數次討論，則增進了我對策略的認識。梅爾（Richard Meyer）

17

協助講授「產業與競爭分析」課程，讓我在許多方面多所啟發。傅勒（Mark Fuller）和我一起開發案例與研究產業，幫忙不少。而本書第十三章得以完成，則得感謝波士頓顧問公司（Boston Consulting Group），簡稱BCG）的郝特（Thomas Hout）、魯登（Eileen Rudden）、伏格特（Eric Vog）等三人。其他曾分別在不同階段給我鼓勵、提供文稿建議的，還包括了林特納（John Lintner）、克里斯坦森、安祖斯、巴若（Robert Buzzell）、柏格（Norman Berg）等幾位教授；以及高德公司（Gould Corporation）的韓森（John Nils Hanson），麥肯錫公司（McKinsey and Company）的霍巴斯（John Forbus），還有本書主編華勒斯（Robert Wallace）。

我同時要對費朵（Emily Feudo）和白莉（Sheila Barry）兩位女士深致謝忱，感謝她們費心處理文稿，使我得以安心研究，生產力更高。最後，我還要感謝修習「產業與競爭分析」、「企業政策」、「產業分析實習」（Field Studies in Industry Analysis）等課程的學生；因為他們在我測試本書概念之際，耐心地充當天竺鼠；更謝謝他們熱切地探討觀念，且以諸多方式助我澄清思路。

引言
跳上擘劃未來的風火輪

　　在產業內競爭的每家公司都有一套競爭策略,它們也許「外顯」(explicit),也許「內隱」(implicit),也可能經由一道規劃程序公開開發出來,並經由公司內各部門的一連串活動,無聲無息地演變而成。但如果公司任由各部門各行其是,則部門間的專業取向及主其事者的動機,不免將支配各部門的策略走向。然而,這些由公司各部門加總而成的努力,很少能獲致最佳策略。

　　今日國內外各公司在策略規劃方面所強調的重點,反映出一項主張:透過外顯型的策略制定程序,有說不盡的好處,因為它可確保各部門之間的政策(若非行動),起碼是彼此協調、目標一致的。

　　正式的策略規劃愈來愈受到重視,這凸顯出經理人長久以來關切的問題:究竟是什麼因素造成了我目前所在(或考慮進入)的產業內部的競爭?競爭者可能採取什麼行動?最佳因應之道是什麼?我的產業將如何演化?如何才能使公司站在最有利的地位,進行長期競爭?

　　然而,這些正式策略規劃程序所強調的,多半只是以嚴謹的架構與方法提出問題,而非回答問題。被提出來解決問題的一些技巧,不是光看個別公司、忽視產業整體,就是僅僅關注

產業結構的某個層面〔如成本行為（behavior of costs）〕，捕捉
不到產業競爭豐富多變的精髓。

天羅地網捕黃雀

本書提出一套周全的分析技巧架構，藉以協助公司分析產
業、預測未來走向、了解競爭對手及自身的地位，並將以上分
析轉換為某個特定事業的競爭策略。全書共分三部。第一部提
出一套概略性的分析架構，內容以影響產業及策略意涵的五股
「競爭作用力」（Competitive forces）為基礎，分析某一產業及產
業競爭者的結構。第一部便以這套架構為基礎，教導大家分析
競爭者、買主、供應商、以及解讀市場信號的技巧；它告訴讀
者採取什麼行動，如何用「對局理論」回應競爭，並劃分產業
策略群，解釋其表現差異的方法，然後找出預測產業演化的架
構。

第二部應用第一部介紹的分析架構，針對重要的產業環
境類型，發展出競爭策略。這些彼此殊異的環境，反映出產業
在集中程度、成熟狀態、及面對國際競爭態勢時的種種基本差
異。這些環境差異在企業面臨競爭挑戰、決定策略內容、選定
不同策略、面臨常見策略錯誤時，舉足輕重。第二部檢視的對
象包括零散產業、新興產業、邁向成熟產業、式微產業、以及
全球產業。

本書第三部有系統地檢視公司在單一產業內進行競爭時，
所必須面對的幾類重要策略決策，

藉以完成整套架構分析。這些策略類型包括：垂直整合、
產能大幅擴充、是否加入新行業。〔撤資策略（divestment）將

在第二部第十二章詳加討論。〕

我們在分析每一項策略決定時，都會應用到第一部的一般分析工具、以及其他經濟理論。此外，在經營與激勵組織方面，也會應用到一些作業考量。第三部不僅可用來幫助公司制定這些關鍵決策，也可以讓我們清楚地了解競爭對手、客戶、供應商、潛在加入者可能如何決策。

如何閱讀本書

讀者如果要分析某個特定事業的競爭策略，書中有不少方法可用。首先，您可以好好地運用第一部的一般分析工具。其次，第二部有些章節探討公司所屬產業的各種主要構面，可以針對該企業特定環境，提供一些規劃明確的指引。最後，假如企業考慮的是某個特殊決定，讀者可從第三部找出相關章節來應用。第三部亦相當有助於檢討過去的決策，以及檢視競爭對手的過往決策

即使眼前並無任何迫切的決定要作。

我們固然可以鎖定某一特定章節痛下針砭，但如果你在專攻某特定策略問題之前，事先全盤了解架構，收穫必然更大。本書各部分都是相互幫襯，彼此滋養的。有些章節從公司立場看來，似乎無足輕重，但對檢視競爭對手而言，也許正是關鍵；更何況，產業的整體大環境以及研議中的策略決定，都可能發生變化。把整本書從頭到尾讀完，雖然看來艱巨，但一分耕耘總有一分收穫；此後你在評估策略情境、發展競爭策略時，掌握問題的速度將更快，概念也會更清楚。

閱讀本書不久，你就會發現：要有大量的資料，才能周全

的分析某一產業及其競爭者；其中有些相當微妙敏感，不易取得。本書旨在提供一套架構給讀者，藉以判定哪些資料特別具關鍵，如何進行分析等。在分析、反映實際問題的同時，附錄B提供了一套有系統的方法，供您實地研究。它們包括如何找出現場資料、公開發布訊息來源、實地訪談的要領等。

　　本書是為實際執業者所寫的；也就是那些致力於提高企業績效的經理人、經營顧問、管理階層教師、證券分析師、其他試圖了解及預測企業成敗的觀察家，或希望了解競爭情勢以規劃公共政策的政府官員。內容則取材自我在產業經濟、企業策略等領域所作的研究，以及我在哈佛商學院教授MBA課程和高階經理人班的心得；同時引據數百個產業的詳盡研究，也是觀察各式不同結構、以及各個差異頗大的成熟階段的結果。本書並非從學者的角度出發，書中也沒有我原先比較學術化的風格，但我仍盼學者對當中所提出的觀念手法、對產業組織理論的引申、及諸多案例感到興趣。

檢討古典決策制定法

　　本質上，發展競爭策略就是要發展出一套廣泛適用的公式來，了解企業如何競爭、應該設定哪些目標、需要什麼政策來實現。在讀者尚未一頭鑽進本書分析架構之前，本節打算檢視某套已成策略規劃實務圭桌的古典決策制定法，以此為起點。

　　從圖1中我們可以看出，「競爭策略」是公司綜合了致力追求的各種「標的」（或稱「目標」），以及達成目標所使用的「手段」（或稱「政策」）之後的結果。不同公司對於圖中所說的部分概念，當然會使用不盡相同的字眼。例如，有些公司

圖1 競爭策略之輪

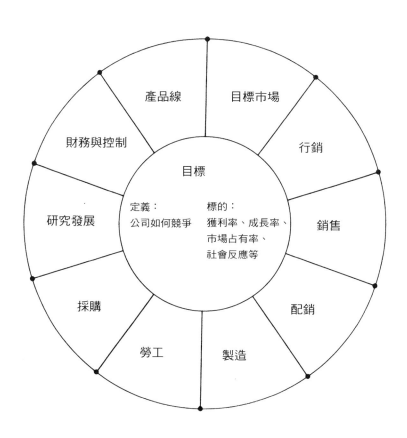

以「使命」或「方針」來代替「目標」；有些公司使用「戰術」
（tactics）取代「運作」（operating）或「功能性政策」（functional
policies）。儘管如此，只要你能辨識「目的」與「手段」之間
的區別，即可掌握策略的基本概念。

　　圖1又稱為「競爭策略之輪」。它可在短短一頁的篇幅裡，
將某家公司競爭策略的主要層面清楚表現出來。輪軸部分是公
司的「目標」，也就是公司打算如何進行競爭的廣義定義，加
上特定的經濟性及非經濟性標的。輪輻部分則是公司想要達成
前述目標所應採取的關鍵性操作「政策」。

　　輪子內的每一個標題下面，都應根據公司活動，找出各該
功能領域關鍵作業政策之簡明敘述。構思這些關鍵作業政策的
時候，管理階層可以依各種營業本質，調整文字敘述，使之更
加明確。確定之後便可運用這些策略概念，指引公司的整體行
為。這些輪輻（即「政策」）就和真的輪子一樣，必須從輪軸
（即「目標」）部分放射出去，反映出軸心的狀況，而且每片輪
輻還必須緊密聯繫，否則輪子便無法轉動。

　　圖2說明了從「最廣泛」的層次，考量競爭策略的制定時，
必須考慮影響公司成就極限的四個基本要素。所謂「公司的長
處與弱點」指的是，相對於競爭者而言的資產及技術概況；包
括財務來源、技術現況、品牌認同程度等。所謂「組織的個人
價值」指的則是，重要主管及策略選定後，執行人員的動機與
需求。長處、弱點、再加上價值，就決定了某套競爭策略能否
成功的「內部極限」。

　　至於公司的「外部極限」，則是由所處產業及大環境所決
定的。所謂「產業的機會與威脅」指的是，競爭環境、加入產

圖2 制定競爭策略的環境

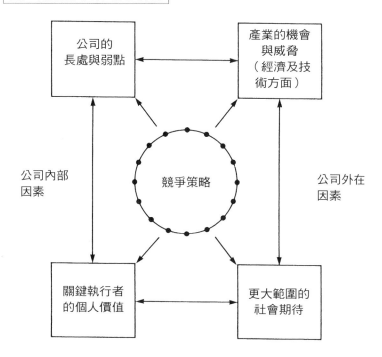

公司的
長處與弱點

產業的機會
與威脅
（經濟及技
術方面）

公司內部
因素

競爭策略

公司外在
因素

關鍵執行者
的個人價值

更大範圍的
社會期待

業的風險和潛在報酬。所謂「社會的期待」則反映了政府政
策、社會關切事項、風俗演變、以及許多類似事項對公司的影
響。企業必須先考慮此四項要素，才能發展出一套實際可行的
目標與政策。

　　至於下表則可用來測試目標與政策的一致性，看看競爭策
略適當與否。

一致性測試

內部一致性：

▸ 各項目標之間是否互不牴觸？

▸ 關鍵作業政策之間是否對準目標？

▸ 關鍵作業政策之間是否相輔相成？

環境適性：

▸ 公司的目標與政策是否運用產業機會？

▸ 公司的目標與政策是否在所有的資源範圍內，能因應產業威脅（包括因應對手反擊的風險）？

▸ 公司的目標與政策制定時機，是否反映出環境對這些行動的吸納能力？

▸ 公司的目標與政策是否能回應範圍更廣的社會關懷？

資源適性：

▸ 相對於競爭對手而言，公司的目標與政策是否與所擁有的資源相稱？

▸ 目標與政策的制定時機，是否反映了組織的變革能力？

溝通與執行：

▸ 關鍵執行者是否充分了解目標？

▸「目標」、「政策」、及「關鍵執行者的價值觀」三者之間，是否有足夠的一致性？（可確保貫徹實施）

▸ 公司是否具備了足夠的管理技能，能有效實施？

注：上述問題以安祖斯於1971年所提出的為藍本，並稍加修正。

圖3 制定競爭策略的流程

A. 企業現在正在做什麼？

1. 辨認

   目前有哪些「外顯」或「內隱」的策略？

2. 假定

   關於公司的相對地位、長處、弱點、及競爭對手和產業趨勢應有何種假設，現行政策才會合理可信？

B. 當前環境有何種狀況發生？

1. 產業分析

   競爭成敗的關鍵因素，以及重要的產業機會與威脅各是什麼？

2. 競爭者分析

   現有競爭者及潛在競爭者有什麼能力？受哪些限制？天來可能採取什麼行動？

3. 社會分析

   哪些政府、社會與政治因素，將帶來機會或威脅？

4. 長處與弱點

   根據產業的競爭者分析，公司相對於「眼前及未來競爭對手」各有何長處與弱點？

C. 企業現在應該做什麼？

1. 測試假定與策略

   透視現行策略所落實的假定，與前面B點有何異同？（以圖3的測試標準來說，此一策略達到什麼程度）？

2. 策略選擇

   上述分析提供了哪些可行的策略選項？（現行策略是否為其一？）

3. 最佳策略

   以公司所處的外在環境的機會與威脅而言，哪一選項最合適？

　　要制定有效的競爭策略，就必須把這些廣泛的考量，轉化為一套策略制定通則。圖3列出的大綱，提供了這麼一套方法，來發展出最佳競爭策略。雖然圖中程序本身已相當清楚，要回答這些問題，卻涉及大量鞭辟入裡的深度分析。但這也正是本書的目的。

Competitive Strategy

競爭策略

第一部

工欲善其事

分析技巧

Competitive Strategy

競爭策略

第一章

看看週遭，想想自己

產業結構分析

　　規劃競爭策略最重要的，就是：把公司放進「環境」中考慮。雖然說，與公司相關的環境因素牽連甚廣，可能與各種社會與經濟作用力都有關，但最主要的還是公司所在的一種或多種產業。「產業結構」更能強烈地影響及決定競爭的遊戲規則（或潛在可行的策略）。產業外的「各股作用力」之所以重要，主要是就相對層面而言的；因為外來作用力會影響產業內的所有公司，重點則是找出各公司的因應能力到底有何不同。

　　產業內之所以競爭激烈，既非純屬巧合，也非時運不濟所致。相反的，業內競爭早就盤根錯節在經濟結構底層下面，遠非眼前競爭者所能撼動的。至於某一產業的競爭情勢如何，則視「五種基本作用力」而定（參見圖 1.1）。但並不是所有的產業都具相同潛力；基本上，作用力的總和力量不同，最終獲利水準也不同。在競爭激烈的輪胎、造紙、鋼鐵等產業，因為作用力強烈，幾乎無人有厚利可圖；而競爭和緩的油田設備、化妝品、個人清潔用品等產業，則因作用力溫和，高報酬處處可見。

抽絲剝繭看大局

　　本章主要是想找出產業的重要結構特色，看看它們如何影響作用力強弱，從而影響企業獲利。針對事業單位所制定的競爭策略，則是想在產業裡找出公司定位來，有效地對抗各股競爭力；或設法使不利的勢力，轉而對自己有利。

　　這些作用力的集合力量，對所有競爭者都相當明顯，所以發展策略的重點，就是要鑽入表層，分析每一個來源——知道這些競爭壓力的深層作用力，看清公司的重大優缺點，讓公司

的產業定位更活潑，釐清哪裡最容易因策略變革而收效宏大？產業趨勢指出了哪裡將有重要的機會或威脅？

　　了解上述根源可以幫助我們思考哪些領域有可能進行多角化。結構分析正是書中制定競爭策略的基礎，也是建構本書大多數概念的重要基石。

　　為避免無謂的重複起見，我們將以「產品」一詞來表示產業的「產出」，而不使用「產品或服務」。而即使大環境不盡相同，此處發展出的結構分析原則，同樣適用於製造業和服務業，也可用來診斷任何國家或國際市場的產業競爭。

圖1.1 產業競爭的五股作用力

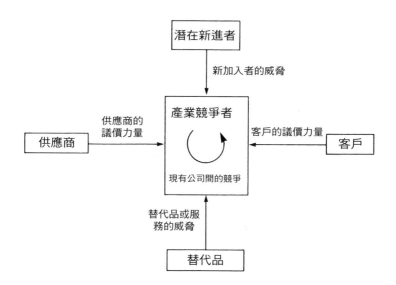

｜決定產業競爭強度｜

　　為求實用起見，我們在此將「產業」定義為：「一群產品替代性極高的公司」。此一定義是否允當，其實仍有諸多爭議；因為產品、流程、或地理市場的替代性，究竟要有多高才算高？但為先導入「結構分析」的概念，方便處理上述議題，我們初步假定產業的界限業已劃定。

　　由於產業內部的競爭會持續壓低資本投入的報酬率，讓它愈來愈靠近競爭報酬率的下限，接近經濟學家所謂的「完全競爭」產業的報酬水準。此一競爭下限（或稱「自由市場報酬率」），非常接近於長期政府證券依風險考慮資本損失後、向上調整的獲利。投資者卻不可能容忍這種低於下限的情況長期持續──他們大可轉投資。持續低於此一報酬的公司，終將關門大吉。這種「高於調整後自由市場報酬率」的報酬水準，才能吸引資金流入（新企業加入、或是現有公司擴大投資）。各股競爭作用力的強度，則會決定這種資金流入的多寡、報酬率能否走向自由市場的水準、以及公司報酬能否持續高於平均。

五龍在天

　　「新公司的加入」、「被人取而代之的威脅」、「客戶議價能力」、「供應商議價力量」、以及「現有競爭者之間的對立態勢」這五種競爭作用力，在在反映了「產業內的競爭不僅限於既有參與者」這個事實。對產業內所有公司而言，客戶、供應商、替代品、和潛在加入者，都是「競爭者」，影響程度則視

情況而定。在這種較廣泛的定義下，「競爭」或可稱為「延伸出去的對立態勢」（extended rivalry）。

這五股競爭作用力加總起來，就可以決定產業競爭的激烈及獲利程度。最強的一股或數股勢力將主宰全局，變得非常重要。舉例來說，當一家位居市場龍頭的公司，開始面對物美價廉的替代品，即使產業原本會讓潛在新加入者看來無足輕重，但此時也很難繼續持盈保泰。就算沒有替代品存在，而且新人難以進入，現有競爭者之間的激烈角逐，也會限制潛在獲利。

最能表現此種激烈競爭的好例子，就是經濟學家口中所說的「完全競爭產業」——既然人人都可進入，現有公司就對供應商與客戶沒什麼議價力量，而且競爭起來有如脫韁野馬，因為為數眾多的公司和產品都難分軒輊。

當然，不同的作用力對不同產業的競爭態勢，分量也不同。以遠洋油輪來說，此產業最重要的作用力大概可說是「客戶」（各大石油公司）；而輪胎業的主角則是「原廠委製（OEM）的買主」以及「強勁對手」；在鋼鐵業，關鍵作用力則是「外國競爭者」及「替代材料」。

反映產業深層架構的競爭作用力強弱，應該和各種暫時影響競爭及獲利水準的短期因素有所區別。例如，企業循環中的景氣波動（原料短缺、罷工、需求暴增等），影響了許多產業中，絕大多數公司的短期獲利。雖然這類因素在戰略上可能很重要，但產業結構分析的焦點，還是在於辨認出產業在「經濟效益」及「技術水準」兩方面的基本特色，以便制定競爭策略、上場角力。處理產業結構問題時，每家公司都會有獨到的長處與弱點，產業結構本身也會與時俱變；然而，「了解產業結構

本身」永遠都是策略性分析的起點。

| 勇叩產業大門——加入的威脅 |

產業的新成員會帶來新產能，企盼攫取市場大餅，以及引進可觀資源。價錢不是愈殺愈低，就是既有公司的成本節節攀高，獲利下降。而經由其他市場，透過購併方式跨進來的多角化公司，則常常利用原有資源重新改頭換面一番，就像菲利浦・摩里斯（Philip Morris）菸草收購美樂（Miller）啤酒一樣。因此，因收購而進入某產業的公司，如果目的是想建立市場地位，即使事業體並非全然新創，也不妨視之為「新加入者」。

進入產業的威脅，要看當時的進入障礙，以及原有競爭者所可能產生的反應而定。如果進入障礙很高，或新加入者預期將遭遇業界耆老浴血抵抗，新公司對原有競爭者的威脅就不大。

跨欄突破

進入障礙的主要來源如下：

一、規模經濟（economies of scale）。「規模經濟」係指某一產品（或投入生產的作業或功能）在「某段期間內」絕對數量增加時，單位成本下降的現象。規模經濟造成的阻礙，不是迫使新進者大舉進軍，準備迎接承受老公司的強力反擊；就是以較小規模進入，承擔較劣勢的成本……兩者都夠不理想。但企業的每一項功能，幾乎都可能有「規模經濟」出現，如製造、採購、研發、行銷、服務網絡、推銷員調度、配銷等。全

錄（Xerox）和奇異電子（General Electric）就曾黯然承認：生產、研究、行銷、服務方面的規模經濟，很可能是進入大型主機電腦（mainframe）產業的主要障礙。

「規模經濟」可能和整個「功能領域」都有關聯，也可能只和某功能領域的特定作業或活動有關。以電視機製造為例，彩色映像管的規模經濟就很明顯，機殼和次裝配品的規模經濟則比較不明顯。所以說，分別針對單位成本與規模間的特定關係，檢視每一個成本元素還是很重要的。

多角化企業的各事業單位，如果能與公司內其他事業「共用」某些作業或功能，也可能獲得與規模經濟類似的經濟效益。例如，擁有多家事業體的某企業，可能先製造小型電動馬達，再用這些馬達來生產工業用電扇、吹風機、電子設備冷卻系統。假如製造馬達的規模經濟，真的可以伸展至單一市場以外，循此進行多角化的企業，將可獲得額外的經濟效益（比僅僅生產吹風機馬達更好）。因此，以「共享的作業或功能」為核心進行多角化相關活動，將可掃除因單一產業規模不足，所造成的數量限制。有意加入的新成員如果不進行多角化，便會面臨成本劣勢。可能囿於規模經濟的銷售團隊、配銷系統、採購等活動（或功能），其實都是可以共享的。

功能共享的好處更可見於「聯合成本」（joint cost）的情況下。聯合成本是這麼形成的：某公司在生產甲產品的時候（某功能或作業原本就是生產過程的一部分），同時也有足夠的產能生產乙產品。航空客貨運輸便是一例。由於技術限制，飛機上只能裝載一定數量的旅客人數，結果可供裝載貨物及付費行李的空間就多了出來。因此兼營客貨運的公司，就比那些僅僅

涉足其一的公司，占了更大優勢。（畢竟想讓飛機一飛沖天，可得投入相當的成本，而不管載客量多少，飛機上總有載貨空間。）在製造過程同時會產生副產品的公司也有類似情況；如果新加入者不能同樣從副產品中，攫取最高的附加收益，就會屈居下風。

各事業體共用某項無形資產——「共用品牌」及「技術祕訣」的時候，聯合成本也很容易出現。畢竟，創造某無形資產的成本只須報銷一次，就可以自由運用於其他事業體（頂多再加少許修改費）。所以說，共用無形資產能創造可觀的經濟效益。

另一種經濟規模進入障礙，出現在「垂直整合有效益」的時候（也就是說，生產或配銷是分階段循序運作的）。此時，新進公司如果沒有先整合再進入，就會面臨成本劣勢。如果大多數原有競爭者都已完成整合，新進者還會面臨產品原料流失、或打不進而場的窘境；它們無法取得原料或市場，因為大多數客戶都只向自己的內部單位採購，只向自己人供貨。假如這些，競爭對手對某獨立公司提出不同於對關係事業的條件，讓它的價格難與匹敵，進而遭受打壓，該獨立廠商就會日子難過。這種必須先整合再進入的情況，還會增加遭受還擊的風險，及以下其他障礙。

二、產品差異化（product differentiation）。「產品差異化」指的是：根基穩固的既有公司由過去的促銷、服務、產品特色、或因最早踏入產業，而建立品牌認同度、贏得顧客忠誠。這種情形之所以構成障礙，是因為新進者必須投注大量資金，才能打破既存的顧客忠誠度。這項努力通常會帶來開辦初期的

損失，耗時費事。而且還有一個特別風險——萬一失敗，這些投資將所剩無多。

對某些產業而言，「產品差異化」也許是最主要的入門障礙了，如嬰兒用品、無須處方簽買賣的成藥、化妝品、投資銀行、公共會計等。而啤酒釀造業的產品差異化，更可併同製造、行銷、配售方面的規模經濟，讓壁壘築得更高。

三、資本需求（Capital requirement）。「必須投注鉅資，才足以競爭」的條件也會構成進入障礙，特別是在風險高、又無法回收的先期廣告或研發費用上。資金不僅是生產設備的源頭活水，也是客戶賒款、存貨、支應開辦損失等的必要泉源。全錄就曾高築資本壁壘，阻止其他公司進入影印機業；它以出租方式代替出售，大幅提高營運資金所需。而現在的大企業則有各式財務資源，足以進入任何產業（例如電腦、採礦等領域所需的巨額資金，就擋住了可能參與者傾巢而出）。縱使資金可從資本市場投入，但是進入新產業的資金運用風險，必須反映在應收風險溢水（risk premium）上，因而對既存公司有利。

四、移轉成本（switching cost）。另一個進入障礙是因「移轉成本」而來的。「移轉成本」就是從一家供應商更換到另一家供應商所產生的「一次成本」（one-time cost）。此種成本包括了：重新訓練員工的成本；增加輔助設備的成本；測試或修改新資源使之適用的成本與時間；過去一向倚賴買主工程協助，以致需要技術援助的成本；重新設計產品，甚至包括切斷臍帶關係而產生的精神損耗等等。假如這些轉換成本偏高，加入者便須大幅改善成本或績效，才能吸引客戶上門。以醫院用的靜脈注射溶液及器材為例。各種不同品牌的產品連接到病人身上

的程序不同,懸掛點滴瓶的硬體設備也互不相容。在這種情形下,如果要負責照顧病人的護士更改舊習,將遭強力反彈,更何況硬體方面還需另作投資。

五、**取得配銷通路**(access to distribution channels)。假如新加入者必須先取得配銷通路才能進入,也會形成障礙。照理說,產品的可能通路都已被產業內的既有公司攻占了,初來乍到的公司必須透過價格減碼、互惠式廣告等,爭取通路對產品的接受,利潤卻因而有所削減。例如,某新食品製造商必須保證它將舉辦促銷活動、展開密集推銷等等,才能說服零售商在競爭激烈的超市貨架上,找到空間來陳列。

產品的批發或零售通路愈有限、原有競爭者與這些通路的關係愈密切,進入產業就愈困難。既存競爭者之所以和通路關係密切,也許是因為長期合作、服務品質一流、甚至是因為獨家代理所致(只服務某特定製造商)。有時入門障礙實在太高,新公司要想凌空降落,就不得不建立起全新的配銷通路〔天美時(Timex)手錶就是〕。

六、**與規模無關的成本劣勢**(cost disadvantages independent of scale)。也許既存公司就是擁有他人無法仿效的成本優勢,不管新公司規模再大、經濟效益再強,都無濟於事。以下是幾個最具關鍵的優勢因素:

❏ **獨家產品技術**:公司透過專利授權或秘密方式,保有產品技術訣竅或設計特性。

❏ **原料取得條件有利**:老公司也許早已盯住最好貨源了,並及早鎖定事先可預估的需求,以低於現價的優惠價買進。德州海灣硫磺公司(Texas Gulf Sulphur)多年前就在

礦場所有人知道礦藏價值以前（採礦技術還未精進），以極佳的價格取得好幾個大型硫磺礦藏的控制權——硫磺過去多半是石油公司在失望心情下發現的；它們一心只想探勘石油，不把硫磺看在眼裡。

❏ **地點有利**：根基穩固的公司也許早在市場力量尚未哄抬價格至應有水準之前，先將有利地點一網打盡。

❏ **政府補貼**：政府的優惠補貼也許會使某些事業的既存公司取得長久優勢。

❏ **學習曲線或經驗曲線**：我們可在某些產業看出，公司製造某一產品的經驗愈豐富，單位成本就會愈下降。成本下降的原因，一方面是由於工人改進了他們的工作方法，變得更有效率（古典的學習曲線理論）、工作場所布局改良、專業設備與流程的開發、新設備使績效更好、變更產品設計使製程簡化、評量技術及作業控制技術的進步等等。其實，「經驗」可能只是某些技術變革的另一個說法而已，它不僅適用於生產，也適用於配銷、後勤、及其他。就拿發生在「規模經濟」方面的例子來說，成本隨經驗增加而下降的情況，並不和公司整體有關，而和個別運作或功能有關。「經驗」不僅可以降低行銷、配銷、及其他領域的成本，也可以降低生產過程或生產作業內的成本，所以每一個成本元素都要仔細研究，看看是不是能因「經驗」而獲得改善。

成本隨經驗而下降的情況，似乎與「必須動用大量人力，從事精密任務及或複雜裝配作業的事業」（飛機製造、造船）最有關係，而且在產品開發初期和成長階段最明顯，之後，

改善的速度就會愈來愈慢。人們提到「成本隨經驗下降」的
原因時，都會想到「規模經濟」。但「規模經濟」看的是某段
時間的數量，而不是累計數量，分析起來和「經驗」非常不
同──雖然它們二者往往同時出現，很難分清楚。

　　產業裡如果存在著「成本隨經驗而下降」的現象，而且
既存公司能將經驗據為己有，就會構成進入障礙。毫無經驗的
新開業公司，成本必然比老公司高；而且還必須將定價拉到低
於成本或接近成本的水準，承擔巨額開辦虧損來獲取經驗，希
望與老公司的成本優勢看齊。既存公司（尤其是那些能快速累
積經驗的市場占有者）將會擁有較高的現金流量，因為它們投
資在新設備和新技術上的成本較低。但要知道，追求「經驗累
積的成本下降」及「規模經濟」的結果，很可能要先投注可觀
的前期鉅資購置設備、支應開辦損失。假如成本能在累積產量
已達相當規模之前，仍能量增價跌，新進者可能永遠都望塵
莫及。德州儀器（Texas Instruments）、百工牌電器（Black and
Decker）、愛默生電氣（Emerson Electric）的策略就很成功；它
們依照經驗曲線法則主動積極的投資，在產業發展初期，累積
大數量。（它們在訂價時，通常先預估成本未來的降幅而做調
整）。

　　其實，因經驗而降低的成本是可以再增加的──假如產業
內有一些多角化經營的公司，能視情況和集團轄下的其他事業
共用某些作業或功能，或從某些活動彼此相關的事業單位中獲
取雖不完整、但卻有用的經驗。如果原料製造這類活動，能由
幾個事業單位一起分享，經驗累積的速度顯然快於獨善其身。
假如當公司內有一些活動彼此相關，同性質的單位只須花極少

的成本，就可以享受到另一單位經驗所帶來的好處（大多數經驗都是無形資產）。這種經驗共享的做法，將強化學習曲線所帶來的進入障礙，其他做法也是。

七、**政府政策**（government policy）。這是構成進入障礙的最後一項重要來源。政府限制或阻止局外人進入產業的管制手段，包括了有條件的發放執照、對原料取得設限等（例如在產煤的土地或山脈上，不准建造滑雪場）。受到管制的卡車運輸、鐵路、酒類零售、貨物遞送等產業，都是明顯的例子。其他一些更巧妙的限制措施還包括了：設定空氣及水污染標準、產品安全性及效用法規等。舉例來說，污染管制規則就提高了進入產業所需的資本、技術複雜度門檻、以及設備最適規模的條件。在食品業及其他健康相關產業常見的產品測試標準，能大幅拉長前置時間——一方面加高了資金門檻，一方面也讓既存公司有充分的時間應變，對付即將到來的敵人；甚至讓既存公司有時間充分了解競爭者的產品，據以還擊。這些領域的政策當然會直接帶來社會利益；卻往往也可能在不知不覺中，引起進入障礙這個次要後果。

強渡關山

有意加入的新公司對既有競爭者反應的預期心理，也會影響進入威脅。假如大家都認為現有競爭者勢將強力反擊，讓新進公司在產業裡如坐針氈，外人進入的腳步就會停滯。以下是幾種新進者極可能遭到報復，進而被嚇阻的信號：

❑ 該產業向來都會對新加入者大力報復；

❑ 既存公司有豐沛的資源進行反擊。例如，擁有多餘現

金、尚未動用的借款額度、恰到好處的生產產能（足以
應付一切未來所需）、能夠有效動員配銷通路或客戶；

❑ 老公司對該產業抱有犧牲奉獻的強烈決心，而且握有大
量資產；

❑ 產業成長緩慢，限制了市場吸納新公司的能力；因為容
許新公司加入，就會壓低既存公司的銷售及財務表現。

我們可以用一種很重要的假設，來總結進入產業的情
形——這種概念叫做「阻絕進入價格」（entry deterring price）。
這個常見風行的價格結構以及產品品質與服務等相關條件，恰
足以抵銷潛在新進者自己預估的可能獲利，以及克服結構性進
入障礙、承擔報復風險的預期成本。假如現行的價格水準高於
「阻絕進入價格」，有意加入者會認為，進入此產業的獲利可望
高於一般水準，決定加入。當然，「阻絕進入價格」還是要視
加入者對未來的預期而定，而非僅看眼前。

如果產業內現存的公司同意（或只是迫於形勢），將價格
訂在假設性的「阻絕進入價格」之下，這項加入威脅就不存
在。如果高於這個價格，獲利的增加程度就可能極短暫，並將
隨著對抗新進者的成本而化為烏有。

價格並非唯一

從策略性的角度來看，進入障礙還有好幾項其他重要屬
性。

第一，前述「狀況」發生變化時，進入障礙會跟著改
變。例如，在立可拍攝影技術的基本專利權到期之後，拍立得
（Polaroid）公司獨占技術的絕對成本進入障礙大幅降低，柯達

（Kodak）之所以縱身而入也就不足為奇。雜誌印刷產業的產品差異未減反增，進入障礙也跟著減少。反之，汽車工業隨著第二次世界大戰後的自動化與垂直整合，規模經濟大增，使得新成員無法順利加入。

第二，雖然進入障礙改變的原因大部分都不是公司所能控制的，但公司的「策略決定」也能產生重大影響。例如，一九六〇年代，許多美國酒商加速引進新產品、提升促銷層次、建立全國性配銷網，於是提高了該產業的規模經濟，使新公司更難取得配銷通路，進入障礙因而大增。同理，休旅車產業為了降低成本，決定與零組件製造廠進行垂直整合，結果大大提升了這個領域的經濟規模，也提高了資金成本的門檻。

最後，有些公司握有某種「資源或技術」，使它們比大多數公司能以更低的價格，打破障礙進入市場。例如，擁有刮鬍刀及刀片完善配銷網絡的吉列（Gillette）公司，要進入拋棄式打火機市場的成本就比許多公司低。此外，成本如能分攤，公司也可能以低成本進入。

又大又省錢

雖然「規模經濟」與「經驗」這兩種進入障礙常常同時並存，但它們的屬性卻截然不同。規模經濟的出現，常常會使規模大（或能共用活動）的公司，在成本方面比小公司占優勢。這個結果應是前者擁有最有效率的設施、配銷體系、服務機構、或其他規模所帶來的有用功能。但這種成本優勢要先有相稱的規模，或適當的多角化才能分攤。大規模或多角化的公司能讓運作這些高效率設施所需的固定成本，平均分攤到諸多單

位身上去；反之，就算小公司擁有同樣高效率的技術性設備，也很難充分利用。

從原有競爭者的策略觀點來看，「規模經濟」的限制有下列幾點：

1. 規模大所帶來的低成本，也許會抵銷一些可能別具價值的進入障礙。例如產品差異化（規模大反不利於產品形象或貼心服務）、快速發展獨門絕活的能力。

2. 如果設備原先的設計是為了要獲取規模經濟，因此比較專業，它適應新科技的彈性就比較不夠，這樣的科技變革反而會讓大型公司未蒙其利先受其害。

3. 想利用既有科技、全力追求規模經濟的企圖心，會讓人察覺不到新的科技選擇，或其他與規模不相關的新方法。

廉頗老矣

相較之下，「經驗」要比「規模」這個進入障礙令人難以捉摸多了，因為經驗曲線的存在，並不一定保證有進入障礙。這種「經驗」必須是獨享的，不能被競爭者及潛在加入者藉由(1)複製；(2)雇用對手員工；(3)從設備製造商處購得最新機器、或向諮詢顧問或其他公司處購得技術訣竅等手法取得。再說，「經驗」很難保持在獨占狀態下；就算可以，市場後起之秀累積經驗的速度，也比昔日的開路先鋒來得快；因為追隨者可以觀察開拓者運作的某些層面。只要經驗無法繼續獨享、新加入者能買到最新設備、或毫無困難的擺脫過去的舊式運作、改採新法，便能擁有優勢。

經驗曲線法則要成為進入障礙，還有下列限制：

1. 如果產品或流程創新能帶來技術上的大躍進，創造出全然不同的經驗曲線，原有的進入障礙將化為烏有。新加入者可以從產業領導者頭上呼嘯而過，直接跳上新的經驗曲線，原先的領先者則因定位不良，只能望而興嘆。

2. 想透過經驗累積來追求低成本的做法，會犧牲掉其他可能很有價值的障礙（如透過形象塑造或技術精進造成產品差異化等等）。例如，惠普（Hewlett-Packard）公司樹立起堅強壁壘的方法，就是在產業內不斷改善技術，而其他業者只會靠經驗及規模（如計算機與微電腦業）。

3. 假如多家實力強大的公司，依其經驗曲線打造策略，至少有一家會遭受致命打擊。等到繼續依樣畫葫蘆的對手寥寥無幾，產業早已停止成長，不再可能藉經驗曲線獲利了。

4. 積極追求「透過經驗，來降低成本」的做法，會讓我們目光短視近利，不注意其他領域，看不清某些會使老經驗失色的新科技。

｜擂台戰鼓聲聲傳｜

現有競爭者間的競爭形式就是我們一般常見的「巧計卡位」——運用價格競爭、促銷戰、產品介紹等手法、提升客戶服務或產品保證等。當一家以上的競爭者迫切地感受到改善地位的壓力（或機會）時，就會劍拔弩張。大多數產業裡，一家公司的競爭行動開始對對手產生顯著影響時，就可能招致還

擊；也就是說，公司之間是相互依存的。此一行動模式或反應或許會使帶頭的公司及整個產業都更好，也可能不會。然而，倘若行動及反制舉動愈趨激烈，產業裡的每一家公司都會倒楣，甚至比以前更糟。

某些競爭形式極端不穩（價格競爭尤然），從盈利的角度來看，很可能使整個產業同受其害。削價行動很快就會被競爭對手輕易趕上，一旦跟上，所有公司的收益都會降低——除非該產業的「價格需求彈性」夠高。反之，廣告戰則會擴大需求，或增強產業的產品差異化程度，使全體公司蒙福。

某些產業的互相敵對特性可用「激戰」、「苦戰」、「浴血抗戰」等詞彙形容；然而某些產業卻稱得上是「溫文有禮」、「君子之爭」。激烈競逐的現象其實是一大堆結構性因素互動的結果。

（一）競爭者為數眾多或勢均力敵。當公司家數眾多時，脫隊行動的可能就會大增——總有某些公司自以為可隨意行動，不致引人側目。但即使市場上公司甚少，彼此規模相當，看得見的資源數目也不相上下，這種情況同樣會造成不穩；因為它們很容易捉對廝殺，所有的資源又足以進行持久猛烈的還擊。另一方面，假如產業高度集中，或僅由一兩家主導，誤判的機率就會減低。居於領導地位的公司自然可以透過「價格領導」之類手法，營造紀律，在產業裡扮演協調整合的角色。

許多產業的國外競爭者在產業競爭中也很重要；它們不是自外全盤移入，就是以海外投資的方式直接參與。它們看來雖然有些不同，但我們就結構分析的目的而言，則把這些外來競爭者與本國競爭者一視同仁。

（二）**產業成長緩慢。**在尋求擴充市場的公司眼裡，產業的緩慢成長會讓「競爭」成為「市場占有率的爭奪戰」。那些自身產業快速成長的公司，只要能隨勢跟上，便可提高績效，而且所有的財務及行政資源又可隨同產業擴大而完全吸納。比較起來，成長緩慢的產業裡，公司爭奪市場占有率所帶來的變動可要劇烈多了。

（三）**固定或倉儲成本很高。**過高的固定成本對所有公司都會造成強大壓力，迫使它們設法立刻填滿產能，造成削價決戰快速白熱化。許多基本原料（如紙、鋁等）都有這類問題。成本的重點特性在於「固定成本與附加價值的關係」，而非「固定成本占總成本的比例」。把大部分成本都用來對外採購生產因素（附加價值低）的公司，即使固定成本占總成本的絕對比例其實相當低，還是會感受到巨大的壓力（它們覺得應該餵飽產能，損益才能平衡）。

另一情況與「高固定成本」有關；那就是產品一旦生產出來，就極難儲藏，或儲藏費用極高。此時，公司很容易為了確保銷路，忍不住降價求售。這類壓力使得龍蝦捕撈、製造特定危險化學品的產業、及某些服務業始終利潤偏低。

（四）**缺乏差異性或移轉成本。**產品或服務一旦被視為是「大宗商品」或「近似大宗商品」，顧客就會以價格及服務來作為選購與否的主要依據，帶來更激烈的競爭壓力。反之，差異化產品卻由於顧客各有所好、忠於特定賣主，而為競爭大戰創造了層層絕緣層（「移轉成本」也有相同的效果。）

（五）**產能大幅增加。**「規模經濟」促使產能大幅增加，擴增幅度則會慢慢破壞產業的供需平衡：特別是增加的產能有聚

積之虞時，情況更形嚴重。產能過剩與削價競爭會一再發生；就像氯氣、氯乙烯、鍋肥的製造商一再受苦一樣。

（六）競爭者五花八門。各式策略、來源、特性、與母公司關係各不相同的競爭者，面對「如何競爭」這個問題，策略和目標當然彼此殊異，因而在過程中不斷正面衝突。它們可能要花上好一段時間，才能正確解讀彼此的意圖，建立起一套意見一致的「產業遊戲規則」，然而對某一競爭者可謂是「正確」的策略選擇，對其他競爭者卻可能是「錯」的。

來自國外的競爭者由於所處環境不同，目標往往也不同，因此產業中總是存在著許多變數。小型製造業或服務業經營者（或實際操作者）也可能如此。為了維持獨立自主，它們也許寧可讓自己的資本報酬低於正常水準（即使這種報酬率對大型上市公司來說，根本難以接受）。在這樣的產業裡，小公司的此種做法也許會限制大環境獲利。同理，如果一些公司把某市場視為是過剩產能的宣洩口（如傾銷），它們的政策就會異於那些把它奉為主打對象的公司。

最後，各家事業單位與母公司間的不同關係，也會造成產業內部差異。例如，某事業單位在所屬集團組織中如果屬於垂直事業鏈的一部分，它和同產業內另一家完全獨立的競爭者比起來，目標就大不相同，甚至完全背離。或者，在母公司事業組合中扮演「搖錢樹」的某事業單位，和另一以「長程成長」為目標的事業單位，行為模式必然不同。

（七）策略風險高。假如許多公司在產業內成功的風險很高，業內競爭就會格外激烈。舉例來說，某一多角經營的公司為進一步推動公司整體策略，特別強調一定要在某一產業成

功。或者一些像舶仕（Bosch）、新力（Sony）、飛利浦（Philips）等外國公司，則察覺自身有強烈的需求必須在美國市場扎根，藉以樹立起全球聲望或科技信譽。它們的目標不僅讓人眼花撩亂，更會造成不穩；因為這類公司不僅擴張迅速，可能還非常願意犧牲獲利。

（八）退出障礙高。所謂的「退出障礙」，就是指公司獲利不佳甚至虧損時，仍讓公司留在市場繼續競爭的一些經濟、策略、心理性因素。主要退出障礙如下：

- **專業資產**：針對某一特定事業（或場所）所設計出來的高度專業資產之清算價值不高，或移轉成本或改頭換面的成本偏高。
- **固定退出成本**：包括勞工協議、重新安置、備用零件維修等退出成本過高。
- **相互間的策略關係**：同一公司不同事業間，在形象、行銷能力、金融市場籌資能力、設施共用等方面的相互關係。這些關係使得公司的留駐，具有重要的策略意義。
- **心理障礙**：資方不願做出合乎經濟原則的「退出市場決定」，因為它認同某事業、忠於員工、對個人前途心生恐懼、太過自負等。
- **政府及社會限制**：政府反對或不鼓勵退出，因為擔心工作機會喪失，影響地區經濟。

假如退出障礙高，過剩的產能就無法離開產業，競爭失利的公司也不願棄械而走；相反的，它們會咬牙苦撐。而且，由於自己位居下風，還可能採取若干極端措施，導致整個產業陷入長期低迷中。

時移勢變

　　競爭對立程度的決定因素會發生改變，最常見的就是由「產業成熟」所導致的成長變化。產業一成熟，成長率就會下降，導致競爭轉劇、獲利減少，然後淘汰掉一些公司。一九七〇年代初期，休旅型汽車蒸蒸日上時，幾乎每個業者都荷包滿滿，然而此後產業成長趨緩，獲利不再高居不下（除了少數幾家實力派競爭者以外），一大堆實力不佳的公司則被迫出局。同樣的故事在不同產業一再重演；如雪地機車、噴霧劑包裝、運動器材等皆是。

　　另一常見的競爭態勢變化，發生在因「購併」而導致的產業特性丕變。例如，菲利浦‧摩里斯菸草收購美樂啤酒，寶鹼（Gamble）集團收購潔而敏（Charmin）紙業即是。此外，科技創新也會使生產過程中的固定成本急速上升，增加競爭的不穩定度——就如一九六〇年代，終點線攝影判定名次的技術，由批次式（batch）改為連續式（Continuous-line）一樣。

　　公司雖然不得不在多項決定因素之間奮鬥求生（這些因素已經內建到產業經濟裡），但透過策略還是可以尋求改變，局部主導改善。公司可藉由對客戶提供工程協助，而提高客戶的移轉成本（為客戶的運作方式設計符合需求的產品，或使客戶必須倚靠其技術建議）；亦可透過新型服務、行銷創新、產品變革，設法提高產品差異性。如果能將銷售火力集中在產業內或市場領域內成長最快的部分，將固定成本壓到最低，就可以降低產業競爭的衝擊。可能的話，公司還應設法避免與面對高退出障礙的競爭者正面交鋒，避免涉足艱苦的削價大戰，或設

法降低自己的退出障礙。

進退有節，攻守有據

雖然「退出障礙」與「進入障礙」是兩種不同的概念，但合併考量兩者卻是很重要的一個層面。退出障礙與進入障礙通常彼此相關。例如，生產的高度規模經濟通常與專業資產相關，獨家專用的科技就是一例（**請見圖**1.2）。

從產業獲利的觀點來看，最好的情況是「進入障礙高，而退出障礙低」。如此一來，有意加入的廠商將會躊躇不前，不成功的競爭者則會知難而退。如果「進入障礙與退出障礙兩者皆高」，高獲利固然可期，但伴隨而來的通常是更多的風險。雖然可阻遏有意加入者，但不成功的競爭者卻會留在產業裡負隅頑抗。

「低進入障礙，及低退出障礙」的情況只是不夠精采。最

圖1.2 障礙與獲利

退出障礙

	低	高
低 進入障礙	獲利低而穩定	獲利低而風險大
高	獲利高而穩定	獲利高而風險大

糟的還是「進入障礙低，而退出障礙高」。此時，進入很容易，而且景氣一好轉或其他暴利一增加，就會吸引局外人加入。績效惡化時，產能卻不會隨之撤離；結果產業內產能節節高升，獲利卻慢慢變糟。

| 鵲巢鳩占——來自替代品的壓力 |

廣義說來，產業內所有公司都在競爭；它們都和生產替代品的其他產業競爭。替代品的存在限制了某個產業的可能獲利，使得公司總是面臨訂價上限，無法任意收費。替代品的價位愈迷人，產業的獲利上限就愈難突破。

今日的製糖業者就在學習這門功課。它們面對高果糖玉米糖漿（一種代糖）的大舉商品化，就像當年乙炔（acetylene）和嫘縈（rayon）製造商面對低成本的大量替代應用材料一樣。替代品不僅會在正常時期限制獲利，也會在繁榮時期削減應有厚利。一九七八年，玻璃纖維絕緣體製造業者由於高能源成本及嚴寒的氣候，碰到了前所未見的需求。該產業卻因絕緣替代品（如賽璐珞、石綿、保麗龍等）過多，而使抬高價格的能力受到牽制。一旦工廠增建達到產能足以滿足需求的地步，替代品更會進一步限制獲利。

辨認替代品的工作就是要找出能發揮和原產業產品相同功能的其他產品。有時候，這項任務難度頗高，且可能引導分析人員誤入其他業務，遠離原產業。例如，證券經紀商面對的替代品就愈來愈多（如房地產、保險、貨幣市場資金、其他個人投資項目等），表現欠佳的資本市場更凸顯了這些工具的重要性。

相對於替代品而言，「定位」更可能成為產業的集體行動。例如，單一公司的廣告雖然不足以支撐整個產業與替代品抗衡，但如果全體產業成員能持續強力促銷，就可提高該產業的整體地位。同樣的論調也適用於產品品質改善、促銷努力、讓產品流通更廣等，可以集體反應的領域。

最值得注意的替代品是：(1)能夠順應時勢，改善「產品價格」與「表現差異」的產品；或是(2)由「高獲利產業」所生產的替代品。以後者而言，假如某些情勢發展增加了該產業的內部競爭，導致價格下降或帶來績效改進，替代拍的影響力就會迅速發酵。這類趨勢分析在公司決定是否運用戰略來大敗某一替代品、或視其為一股無可規避的重要勢力而規劃策略時很重要。例如，對保全業而言，電子警報系統就是一個強而有力的替代品，將來還會更重要，因為勞力密集的保全服務成本勢必節節上漲，電子警報系統的成本卻極可能因改進而降低。此時，保全業者的最佳因應之道，也許是將人員與電子系統配套，重新定位保全人員為「有技巧的操作者」，而非試圖與電子系統全面宣戰。

｜以客為尊｜

客戶對抗產業競爭的方式，是設法壓低價格、爭取更高的品質或更多服務，並讓競爭者之間彼此對立——這一切都會犧牲產業獲利。產業內重要客戶群的力量如何，要視該市場的多項特性而定，還要和該客戶的採購能力相比。買方群體如能符合以下標準，就算實力強大。

❏ **相對於賣方銷售額而言，買者群體很集中、採購量很大。** 假如銷售量大部分為某特定客戶包辦，該客戶就會被奉為上賓。如果巨額的固定成本正是這個產業的特性（如玉米精製與大量化學品產業），大宗採購的客戶更是舉足輕重——面臨高固定成本，隨時填滿產能的能力也就更重要。

❏ **客戶在此產業內採購的產品占成本或採購量相當大的比例。** 此時，買主往往會動用必要的資源四處比價，精挑細選。假如該產業所賣的產品只占買者成本的一小部分，買方對價格的敏感度就會較低。

❏ **客戶向此產業購買的產品，是標準化的產品（或不具差異性）。** 確信自己隨時可以找到替代供應商的買者，就會腳踏多船、坐收漁利（如鑄鋁業）。

❏ **移轉成本極少。** 如前所述，移轉成本會使客戶鎖定特定供應商。反之，如果賣方必須面對移轉成本，買方的力量就會增強。

❏ **獲利不高。** 低利潤會讓公司設法降低採購成本。例如，克萊斯勒（Chrysler）汽車供應商就抱怨它們被迫提供較好的交易條件。然而，獲利高的客戶通常對價格較不敏感（當然，這麼做的前提是，所購的品項占成本比例小），也較能高瞻遠矚，保持自己的供應商體質健全。

❏ **客戶擺出要「向後整合」（backward integration）的姿態威脅。** 假如買主進行局部整合，或看起來很可能進行後向整合，它們便有立場要求議價退讓。通用汽車（General Motors）和福特（Ford）這兩家主要汽車製造

商，就常以自行製造商議價手腕，採用所謂的「漸進式整合」（tapered integration），自行生產部分所需零件，其餘才向外界採買。這種做法不僅讓供應商覺得它們極可能再進一步整合，同時局部自製還可讓它們對成本有更詳盡的知識，議價起來更方便。假如產業內某些公司威脅要「前向整合」（forward integration）進入買方產業，買方的力量便可能被抵銷一部分。

☐ **不影響客戶的產品或服務品質。**假如買方產品品質深受某產業產品所影響，買方對價格就不會太敏感。油田設備產業就是；它們只要一有故障，就會損失慘重。最近，墨西哥外海一個油井防爆設備未能及時起作用，結果就所費不貲。電子醫療及檢驗儀器封裝亦然，因為封裝品質會大大影響到使用者對裡頭設備的感覺。

☐ **客戶資訊充足。**如果買方對需求、實際市價、乃至供應商成本都有充分的訊息，就會擁有較多籌碼。有了充足的資訊以後，就能取得最優惠的價格，也能反駁供應商聲稱生存遭威脅的說法。

上述各項增進買方影響力的來源，只須將參考架構稍加調整，多半可同時適用於消費者以及工商界買主。例如，購買缺乏差異性、價格偏高（相對於所得而言）、或品質不那麼重要產品的消費者，對價格就比較敏感。

批發商與零售商的買方力量大小也受同一原則影響，只需再加一項重要補充——只要它們能影響消費者的購買決定，就能比製造商擁有更大的議價力量。音響零件、珠寶、家電、運動器材等零售商即是。同理，只要能影響零售商或其他買主的

購買決定，批發商也會擁有更大的議價力量。

扭轉買方勢力

上述因素如能隨時間推移或公司決策決定而產生變化，買方力量自然會隨之起落。例如，成衣製造業的客戶（百貨公司和服裝店）愈來愈集中，而且控制權也落到大型連鎖店手中，產業愈來愈能感受到壓力，利潤不斷下跌……。因為這個產業無法將產品差異化，也無法產生移轉成本，鎖住足夠的客戶，扭轉趨勢（即使開放進口也無濟於事）。

公司選擇什麼樣的對象銷售，可算重大的策略決定。尋找對自己負面影響力最小的買主，可使公司改善本身的策略態勢——也就是說，「要選擇客戶」。所有買者力量都均等的情形很少，就算某公司只對單一產業銷售，該產業內還是會有市場區隔（segment）存在，而有些公司的影響力就是不如同儕，因此對價格較不敏感。例如，大多數產品的「替換品」（replacement）市場對價格就比「原廠委製」市場較不敏感。

｜向上游低頭｜

供應商可威脅調高售價或降低品質，對產業成員施展議價力量。因此實力堅強的供應商，可從那些無法從定價當中吸納成本的產業，榨出利潤。例如，化學業者就曾抬高售價，導致噴霧劑封裝業者的獲利遭受侵蝕。因為，這些封裝業者面臨「客戶可能自行包裝」的不利情勢，調漲空間有限。

造成供應商力量強大的條件，與前述造成買方勢力強大的

條件，往往反向呼應。假如以下條件成立，供應商即算得上是
力量強大。

□ **該團體由幾家公司支配，與銷售對象（某產業）相比，
力量更形集中。**供應商的客戶如果區隔清楚，就能在價
格、品質、交易條件方面，施展相當大的影響力。

□ **它不需要與銷往同一產業的替代品競爭。**供應商勢力再
強、再大，還要和替代品競爭，而且多少都會受它們牽
制。例如，生產各種人工甘味的供應商就為了多種用途
而激烈競爭，儘管它們的規模相對於個別客戶而言，都
算龐大。

□ **該產業並非重要客戶。**假如某供應商對許多產業供貨，
某一產業所占的銷售比重並不顯著，供應商就會對此產
業施壓；假如該產業是重要客戶，供應商的榮枯與之息
息相關，它們便願意合理訂價，並在研發與遊說方面給
予協助。

□ **供應商的產品是買方的重要投入。**假如此一投入（input）
對客戶的製程或產品品質很重要，供應商的力量就會提
高。特別是在投入品項無法儲存，存貨無法累積時，尤
其如此。

□ **供應商團體間產品互異，或已形成移轉成本。**客戶所面
對的差異化和移轉成本，會減低買主腳踏數條船，從中
牟利的機會。

□ **供應商群擺出一付打算要「向前整合」的姿態要脅。**這
種情況會讓該產業重新檢視自己改善採購條件的能力。
我們通常認為，所謂的供應商就是「別家公司」，但「勞

力」也應視為另一類供應商（而且是許多產業裡力量最大的供應商）。許多實證資料顯示，技術層次高的極少數勞工，或組織嚴密的工會，往往能討價還價，吃掉某產業可能獲利的大半。把勞工視為供應商，並分析他們的潛在力量時，原則與前述原則類似。評估勞工力量時，還有一點重要的補充就是：勞工「組織化的程度」以及「稀有類別勞工」的供應量能否擴充。假如勞工組織嚴密，或是稀有勞工，他們的力量就會很大。

雖然決定供應商力量的狀況不但會改變，而且還不是公司所能掌控的，公司有時卻可藉著買方力量，透過策略來改善本身處境。它可擴大向後整合，設法刪減移轉成本，或採用其他方法。

一隻看得見的手

一般人提到「政府」，主要是討論它對進入障礙的影響。但在一九七〇與八〇年代，各級政府卻被認為可能直接或間接影響產業結構的許多層面（即使並非全部）。在許多產業裡，政府不是買主就是供應商，而且可以透過政策來影響產業競爭。在國防相關產品，政府就是重要客戶之一，而且還透過林務局（Forest Service）控制美西的大片林木保留地，扮演木材供應商。許多時候，政府之所以扮演供應商或買主，多半是由政治因素決定，而非經濟（恐怕這就是鮮活的事實）。政府法規也可以設定限制，限制公司身為供應商或買方時的作為。

政府還可以透過法規、補貼、或其他手段，來扶植替代產業，影響某個產業的地位。例如，美國政府就利用租稅減免與研究補助，強力促銷太陽能熱力；天然氣管制的解除，則迅速

把乙炔打入化學燃料的冷宮。安全及污染標準也會影響替代品的相對成本與品質。政府還會改變競爭者之間的態勢，利用法規來影響產業成長及成本結構等。

所以，假如不對現在及未來各級政府的政策，進行一番徹頭徹尾的診斷，結構分析就不夠完全。就策略分析的目的而言，透過五股競爭作用力來考量政府如何影響競爭，可能比視政府本身為一股作用力更具啟發。不過，我們在制定策略時，也大可把它看作一個會受影響的演出者。

｜放下工具，翻身上馬｜

一旦把影響產業內部競爭的各股作用力，及其潛在原因都診斷之後，公司便可著手辨認自己的各種長處與弱點。從策略的角度來看，最關鍵的長處與弱點，是公司面對各股作用力潛在原因時的形勢。（公司在面對替代品時，站在什麼位置？面對構成進入障礙的因素時，站在哪裡？應付來自既有競爭者的抗衡時，又在哪裡？）

一套有效的競爭策略會創造出足以抵禦五股作用力的地位，涉及多種可能：

❑ 為公司適切「定位」，使其有能力採取最佳守勢，對抗既有的競爭作用力；

❑ 透過「策略布局」，影響各股作用力之間的均衡關係，從而提升公司相對地位；或

❑ 靜待各股作用力背後的「潛在因素」發生變化，伺機回應；然後趁對手尚未察覺，伺機選擇適合新競爭態勢的

策略。

一、定位

第一種做法把產業結構視為既成事實，使公司長處和弱點與之配合。此時可以把策略營造，視為是用來抗衡各股競爭作用力的防線，或在各股作用力最弱之處，找出產業定位。

認識公司的能力認知、認知各股作用力的形成原因，有助於指出該在哪裡面對競爭，該在哪裡規避。舉例來說，如果公司是一家走低成本路線的製造商，它就可以決定售貨給實力強大的買主，自己只需負責把那些無法與替代品匹敵的產品賣給客戶即可。

二、影響均衡態勢

公司可以設計攻勢策略，主動出擊。這麼做不僅只打算應付作用力，而是想改變原因，從根救起。

行銷方面的創新會提升品牌認同度，或將產品包裝凸顯出來。在大規模設施或垂直整合上進行的資本投資則會影響進入障礙。而各股作用力之間的均衡，部分是外力造成的，部分則在公司可控制的範圍內。我們可用結構分析法辨認出特定產業內促成競爭的關鍵因素，從而了解該在何處採取策略行動，獲致最大收益。

三、善用變化

「產業進化」在策略上來說是很重要的，因為「進化」一定會帶來競爭來源結構的變化。例如，在「產品生命周期」模型中，成長率會變化，促銷廣告的效果隨著事業愈來愈成熟而

下降，公司也開始試圖垂直整合。

這些**趨勢**本身並不怎麼重要，重要的是：它們會影響競爭的結構來源。在漸**趨**成熟的微電腦產業，製造與軟體開發都開始進行範圍廣泛的垂直整合，這一**趨勢**大幅提高了業內競爭所需的規模經濟及資金，進而提高進入障礙；成長**趨**緩時，還可能迫使一些較小的競爭者退出。

從策略的觀點看，最應優先重視的**趨勢**，顯然是那些會影響產業內部競爭的重大來源，以及把新結構性因素帶進核心的**趨勢**。例如，契約包工的噴霧劑包裝產業裡，目前當道的策略是「降低產品差異性」。此一**趨勢**增加了買主力量、降低進入障礙、使得對立態勢更形激烈。

結構分析可用來預測產業的最終盈利。長程規劃時，我們應該檢視每一股競爭作用力，預測每一項潛在因素的影響程度，然後拼湊出一幅可能的獲利景象。這麼做，後果可能會和現有產業結構有很大差異。例如，太陽能產業今日已呈數七倍成長，規模可能超過百家，卻沒有一家占有重要的市場地位。入行太容易啦，競爭者則競求使太陽能成為傳統取暖方式的傑出代替品。

太陽熱能的潛力大部分取決於進入障礙的未來如何？此一產業的地位相對於替代品將如何提升？最終競爭的激烈程度如何？買主與供應商能攫取何種力量？這些特性如何受下列因素影響：能否建立起品牌認同？重大科技變革能否在設備製造方面，創造出顯著的規模經濟與經驗曲線？進入產業的最終資金成本？生產設施的固定成本，最終將擴及什麼範圍？

慧眼制定多角化策略

產業競爭分析的架構可用來制定多角化策略。這套架構能指引我們回答埋藏於多角化決策中的一個難題:「該產業的潛力有多少?」這套架構能讓公司及早發現前景看好的產業,不致等到明日之星反映到購併價格之後,才恍然大悟。

這套架構也有助於辨認出:哪些類型的多角化關聯特別有價值。能讓公司透過功能共享或與配銷通路,克服進入障礙的關鍵關聯,就可能是進行多角化的利基。

｜結構與定義｜

許多人都認為「界定相關產業」是制定競爭策略的重要步驟。而無數作者也強調,在界定事業定義時,眼光必須超越產品本身,注意到「功能」;要超越國界,注意到「國際」;還要超越今日競爭對手的層次,注意到「明日」的可能對手。由於這些呼籲,找出公司產業的正確定義,就成了一個爭議不斷的話題。這項爭論的一個重要動力,就是害怕自己忽略掉那些有朝一日可能威脅產業的潛在競爭根源。

把焦點置於廣義競爭的「結構分析」,有助於了解產業界線,減少不必要的爭辯。而產業的任何定義,本質上就是一種「找出在哪裡劃界限」的選擇——在既有競爭產品與替代品之間、在既存公司與潛在加入者之間、既存公司與供應商及買主之間。畫定這些界線,基本上涉及「層次如何」,而與策略選擇沒有太大關係。

不過，假如這些廣義的定義早已被公認為競爭根源，相關影響也已被評估出來，界線實際要畫在哪裡，就和策略制定沒那麼相干。隱而未現的競爭來源不會被忽略，關鍵競爭構面也不會。

然而，「產業定義」並不等於找出公司要在哪裡競爭（定義出它的業務）。就算產業的定義廣泛，並不表示公司競爭範圍可以無遠弗屆、四處轉戰。再說，在一群相關產業裡從事競爭還有很多好處。如果我們能放棄為產業定義到處拉關係的做法，也不再界定公司想加入的行業，將有助於消除因劃界線所生的無謂困擾。

Competitive Strategy

競爭策略

第二章

三個建議

三種一般性競爭策略

第一章把競爭策略描述成：採取攻勢或守勢，在產業內創造一個足以禦敵的地位，成功地對付五股作用力，並使公司獲得優異的投資報酬。許多公司已經發現了達成此目標的許多方法；然而對特定公司而言，「最佳策略」還是一套能反映本身特定處境的獨特設計。就最廣泛的層次而言，我們可認出三種本質上前後一致的總和性策略──它們可以分開使用，也可以合併使用──然後在某個產業裡，創造出可以長久據守的地位，贏過競爭對手。

｜ 三大巨砲 ｜

面對五大競爭作用力時，現有的一般性策略有三種相當成功，可用來超越產業內其他公司：

1. 取得整體成本領先地位；
2. 差異化；
3. 集中火力對焦。

有時，公司能成功地追求一種以上的方法作為主要策略目標，但機會微乎其微。而且前述任何一種一般性策略要能有效實施，通常都必須全力投入，並獲得組織支援；假如主要目標多於一個，力量就會分散。雖然說，一般性策略是超越產業競爭對手的方法，而在某些產業結構下，所有公司都能賺得高報酬；但某些產業則必須成功地實施某項一般性策略，公司才能獲取最起碼的絕對報酬。

一、低成本策略

經驗曲線的觀念日漸普及，所以這項策略在一九七〇年代愈來愈常見。做法是針對「取得整體成本領先地位」的基本目標，透過一套「功能性政策」來達成。但公司要在成本上居於領導地位，就要使設施達到最有效率的規模；也要憑藉經驗，努力降低成本；嚴格控制成本及經常費用；避開收支可勉強平衡的客戶；以及在研發、服務、銷售人力、廣告等領域，使成本極小化──管理者一定要注意控制成本，才能達到這些目標。然而，整項策略的重點雖在於使成本相對低於競爭對手，但品質、服務、以及其他領域也不可偏廢。

如果能站穩低成本地位，即使四周強敵環伺，公司也可在產業內獲得水準以上的報酬；並因對手削價競爭、失去利潤，而持續獲利。這種低成本之所以能使公司抵禦勢力強大的客戶，是因為客戶即使力量再大，頂多也只能把價格壓低到排名較後的對手附近。

低成本能讓公司擁有較佳的彈性應付成本調漲，抵禦有力的供應商。而且導致低成本的種種因素，常會帶來規模經濟或成本優勢，並造成進入障礙。最後，在面對替代產品時，低成本地位還可使公司站在有利的位置（相對於其他競爭者），因此可以保護公司免受五大競爭作用力侵害。原因之一是，討價還價會侵蝕利潤；只要最具效率的第二競爭對手消滅，各股競爭作用力便會後繼無力。面對競爭壓力，效率較差的對手則首當其衝。

取得「低」整體成本地位的條件，往往是先要有較「大」

的相對市場占有率，或其他優勢（如原料易於取得等）。同時
還很可能必須(1)設計一些產品，以利製造；(2)維持一系列相
關產品，分攤成本；(3)服務所有大客戶，藉以鞏固產量等。

低成本策略的執行，也必須相對投入大手筆前期資金，
支應一流設備、掠奪式訂價、以及建立市場占有率的開辦虧
損。建立了高市場占有率以後，才可以反過來取得採購經濟
（economies in purchasing），進一步追求更低的成本。低成本地
位一旦達成，所得的高盈餘就可以再投資新設備與現代化設
施，保持成本領先。這種再投資也可說是維持低成本地位的先
決條件。

「成本領先策略」似乎是必司萃（Briggs and Stratton）公
司在小馬力汽油引擎取勝的基礎（它占有五成全球市場占有
率），也是林肯電氣（Lincoln Electric）在電弧焊接設備及產品
供應業中，獨占鰲頭的原因。其他因成功應用本策略而聞名
的，還包括了愛默生電氣、德州儀器、百工牌電器、以及杜邦
（Du Pont）。

假如產業歷來的競爭基礎都不在成本，而且競爭各在認知
或經濟上，尚未準備採取成本最小化的必要步驟，成本領先策
略就會讓這樣的產業掀起革命。漢尼胥菲格（Harnischfeger）公
司就在一九七九年，大膽改革不良地形專用的起重機產業。

原本市場占有率為15％的漢尼胥菲格公司，重新設計起重
機，零件改為可拆解，並改變結構，減少材料內容，讓製造與
維修更簡便。隨後，該公司規劃了好幾個次組件區，以及一條
輸送帶裝配線（與產業正常模式背離），它還下大訂單，大量
採購零件，節省成本。這麼做的結果是，公司能以低於原售價

15％的價格，提供差強人意的產品。漢尼胥菲格的市場占有率馬上竄升為25％，且持續成長中。漢尼胥菲格公司水力設備部的總經理費雪（Willis Fisher）說：

「我們一開始並沒有要開發一個這比別人好的機器，而只是希望開發一架真的容易於製造、而且成本低廉的機器。」

競爭對手喃喃抱怨漢尼胥菲格以偏低的利潤「收買」了市場占有率，該公司可不承認。

二、差異化策略

第二種一般性策略是「使公司所提供的產品或服務與別人形成差異，創造出全產業都視為獨一無二的產品」。造成差異化的做法很多：(1)靠設計或品牌形象。如，菲德克瑞斯（Fieldcrest）的毛巾和床單就高居榜首、賓士汽車也是；(2)運用科技。如，海斯特（Hyster）的拖吊車、美音泰（MacIntosh，不是電腦業的麥金塔）的立體音響零件，柯曼（Coleman）的露營設備；(3)靠特色。如，珍愛（Jenn Air）公司在電氣方面的成就；(4)靠客戶服務。如，皇冠瓶蓋（Crown Cork and Seal）的金屬罐頭。(5)或經銷網路。如，凱特彼勒曳引機（Caterpillar Tractor）的營建設備及其他範圍等等。理想上，一家公司最好能在幾個構面形成差異。凱特彼勒公司就不僅因其經銷網路及零件齊全而享有盛名，產品亦以耐久優異著稱──這一切特色對重機械設備來說，都非常重要，因為停機修理所費不貲。另外我們還必須強調，公司可不能為了差異化策略而不計成本，

「成本」只能說是非首要的策略目標罷了。

差異化策略如果成功,公司將極可能賺得高於產業平均的利潤;因為這套策略雖然和成本領先策略不同,卻同樣可創造出一個足以抵擋五大作用力的盾牌。差異化所降低的顧客品牌忠誠度及其價格敏感度,將可使競爭與之絕緣。差異化又可增加利差,使公司無須追求低成本地位。由差異化所導致的顧客忠誠,再加上競爭者必須克服的「獨特度」問題,都會構成進入產業的障礙。差異化可以創造出較高的利潤,再用高利潤來抗衡供應商;它顯然也可緩和客戶的力量——因為客戶缺乏可供比較的替代選擇,因而降低了對價格的敏感度。最後,已藉差異化與其他公司形成差異的公司,將比競爭對手更能獲得顧客忠誠,更有實力對付替代品。

有時,追求差異也許會妨礙公司取得高市場占有率。首先,建立差異往往必須讓外界產生「只此一家別無分號」的印象(與高市場占有率並不相容)。更普遍的原因是:實施差異化有時必須犧牲成本,因為創造差異的活動(如大範圍的研究、產品設計、高品質的材料、密集的客戶服務等),本質上都相當花錢,勢必無法同時兼顧成本。即使全產業的顧客都承認某公司高人一等,但並非所有的顧客都願意、或都有能力支付較高金額(這種情形多半發生於推土設備之類產業,而凱特彼勒公司價位雖高,卻仍能主導市場。)其他行業的差異化就可能與低成本共存,價格也不差。

三、專精策略

最後一項一般性策略是:「專注於特定客戶群、產品線、

地域市場」。就像差異化策略一樣，對焦策略也有多種不同的形式。雖然低成本與差異化策略皆以全產業為目標，但整套焦點策略卻是環繞著某一個特定目標，竭力滿足其需求而定；每一功能性政策，也是依此原則發展。

　　這項策略的根基是：「專注於特定目標的公司，與那些競爭範圍較廣的對手相比，以更高的效能或效率，達成自己小範圍的策略目標。」集中焦點的結果，公司也許因而更能滿足特定目標的需求，建立差異性；得以降低服務成本；甚至兩者兼得。從整個市場的角度看，對焦策略或許無法「降低成本」或「形成差異」，但以小範圍市場目標看，這套策略的確可以至少創造其一。（請見圖2.1）

圖2.1 三種一般性策略

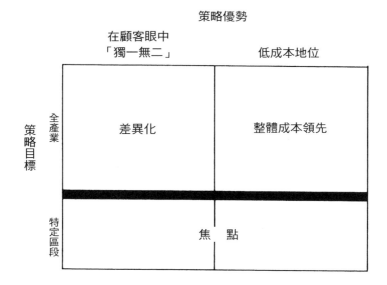

　　焦點集中，獲利也可能高於產業平均。焦點集中的公司，表示它針對自己的策略目標，擁有低成本地位或高度差異性（或兩者兼具）。這些地位都可形成抵禦各股競爭勢力的防衛力量。焦點策略也可用來選擇最不怕替代品威脅、或競爭對手最弱的領域，作為公司目標。

　　伊利諾工具廠（Illinois Tool Work）就將焦點置於「扣件」專業。該公司在這個領域，針對特定顧客設計產品，創造移轉成本——儘管許多客戶對這類服務不感興趣，有些卻有。富特豪沃紙廠（Fort Howard Paper）將焦點置於小範圍的工業用紙，而避開易於產生廣告大戰及新產品快速推陳出新的消費用紙市場。波特油漆（Porter Painter）專注於專業油漆，而非「自己動手做」市場，並以服務專業人士為核心。具體做法包括：免費調漆；快速送貨（即使只訂一加侖，也可快速送到工作地點）；在各門市設立免費咖啡室，提供專業油漆匠一個據點。

　　另外，透過焦點集中策略，也可針對特定目標範圍，取得低成本地位。以美國第三大食品配銷商馬丁布勞（Martin Brower）為例。馬丁布勞將其客戶範圍縮小至八家主要速食連鎖店。該公司的全套策略基礎，建立在滿足客戶的特定需求上，只依客戶所需的窄小範圍進行庫存，接單程序完全配合客戶採購周期，依客戶所在地設置倉庫，嚴格控制紀錄，並將紀錄電腦化。雖然就整個市場來看，馬丁布勞並不是成本最低的配銷商，但以它所服務的特定區段而言，成本卻最低，成果則是：快速成長，和高於平均的獲利。

　　焦點策略不免會為公司應有的整體市場占有率帶來些許限制。對焦的結果往往是「盈利」與「銷售量」只能二選一。如

同差異化策略一樣，這個策略可能會與維持整體成本地位的策略互相衝突。

其他提醒注意

三種一般性策略除了上述功能性差異外，尚有其他不同。要成功實施，就需要各種不同的資源與技巧，也要有不同的組織安排、控制程序、以及創造發明體系，因此必須選定一項策略為主要目標，矢志追求，才可成功。以下是一些共同要件：

一般性策略	技術與資源的共同要件	組織的共同要件
整體成本領先	□大量投注資金，且有資金取得管道	□嚴格的成本控制
	□流程加工技術	□頻繁而詳細的管制報告
	□嚴格的督導員工	□組織與權責分明
	□產品易於製造	□以達成嚴格量化目標為基礎，進行激勵
	□低成本的配銷體系	
差異化	□堅強的行銷能力	□密切整合研發、產品開發、行銷等功能
	□產品處理技術	□以主觀評鑑與激勵取代量化評鑑
	□創造力充沛	□以良好的環境吸引高技術勞工、科學人才、創意人才
	□堅強的基礎研究能力	
	□公司以品質或科技領先享有聲譽	
	□在產業內有悠久的歷史，或擷取其他事業的技術做獨特的結合	
	□獲各通路充分合作	
焦點集中	□將上述政策中，有助於促成特定策略目標者加以結合	
	□將上述政策中，有助於促成特定策略目標者加以結合	

上述策略本身可能還需要各種不同的領導風格，轉化為各式不同的公司文化與氣氛，吸引各色人才前來投效。

| 游走迷離撲朔中 |

這二種一般性策略都可以任選其一，發揮效力。假如公司在三個方向中，連一個都發展不出來，這樣的公司便處於極端貧乏的策略困境中。它欠缺市場占有率、資金、決心來打一場低成本戰；又未能跟上產業的腳步，形成必要的差異，來免於追求低成本；同時，也無法集中焦點，在較小的範圍內，創造出差異化或低成本地位。

這種不上不下的結果，必然是獲利偏低。公司如果不想讓「堅持低價才要」的大客戶流失，就得忍痛犧牲利潤，把這類生意從低成本公司手中搶回來。然而，高獲利的生意（那些精華美味）也注定要拱手讓人，因為它搶不過集中火力搶攻高獲利市場的公司，也不敵已經建立整體差異性的公司。卡在中間的公司，可能也會囿於公司文化而模糊不清，組織安排與激勵制度的矛盾重重，痛苦不堪。

居於美國及全球市場整體占有率領導地位的克拉克設備公司（Clark Equipment），就可說是在起重卡車產業裡，一家「卡在中間」的公司。兩家日本製造商——豐田和小松，雙雙專攻高採購量顧客，將生產成本降至最低，售價壓到最底，加上它們擁有日本鋼材價格較低的優勢，運費根本不足為慮。克拉克在全球市場的占有率雖然較高（18％；美國占有率為33％），產品線包羅萬象，也不以低成本為導向，但這些都未帶來明顯的成本優勢。然而，由於克拉克公司產品線寬廣，又未能充分重視科技，以致始終無法像積極花錢研發的海斯特（業務重點

是大型起重卡車）公司一樣，建立起科技聲譽與產品差異化。不難想見，克拉克的獲利明顯低於海斯特，而且還節節敗退。

卡在中間的公司勢必要做一個基本的策略抉擇——它可以選擇採行若干必要步驟，取得成本領先地位（起碼不能高於競爭對手）；但這樣做通常要積極地投注資金以進行現代化，甚至花錢買下市場占有率；也可以(1)朝特定目標邁進（「集中焦點」），或(2)創造某些獨特之處（「形成差異」）。後兩項選擇很可能涉及市場占有率的縮減，甚至降低絕對銷售額。夾在這些選項之間，抉擇時一定要考慮到公司的「能力」與「限制」。而要執行成功，則靠不同的資源、力量、組織安排及管理風格。但很少會有一家公司能連續過關斬將。

U型關係

一旦卡在中間，公司通常要花些時間持續努力，才能全身而退。然而事與願違，似乎總有一股趨勢會讓身陷於泥掉中的公司，一次又一次的在各項一般性策略之間舉棋不定。既然在追求這三項策略的過程中，本來就可能顧此失彼，再這麼三心二意下去，豈非注定失敗。

以上概念透露出，市場占有率與獲利力之間有多種可能存在。在某些產業裡，「卡在中間」這個問題很可能表示，「焦點集中」或「形成差異」的小型公司，與「成本領先」的最大型公司最能獲利，中型的公司利潤最差。這表示「獲利率」與「市場占有率」之間存在著一種U型的關係。圖2.2所示，似乎正符合美國境內低馬力電動馬達業的情形。

想想看，奇異與愛默生兩家公司雙雙都有高市場占有率與

強大的成本地位，同時奇異還有很高的科技聲譽。大家都認為
兩家公司在馬達方面，一定獲利頗豐。波德（Baldor）與高德
（Gould）則採取焦點集中策略。波德專在配銷通路下工夫，高
德則主攻特定範圍的客層。大家也都相信兩家公司的獲利應該
不錯。富蘭克林（Franklin）公司位居中間；成本不低，焦點
也不集中。也因此，大家相信它在馬達業的表現，也是不高不
低。

　　以全球為基礎來看汽車業，此一U型關係也許也大致適
用——如低成本的通用汽車，與實施差異化的賓士（Mercedes）
汽車，都在這一行領先獲利。克萊斯勒、英國禮蘭（British
Leyland）、飛雅特（Fiat）等公司，既缺乏成本地位、差異性、
也缺乏焦點——所以它們就卡在中間了。

　　不過，圖2.2的U型關係，並不永遠成立。有些產業裡，根
本沒機會「集中焦點」或「形成差異」；它們只能進行「成本」
戰（許多大宗商品就是如此）。有些則因為客戶與產品特性，
成本反而相當不重要（這類產業的市場占有率與獲利率的關係
剛好相反）。還有一些產業因為競爭太激烈了，以致要使獲利
在平均以上的唯一做法就是「集中焦點」或「形成差異」（美
國鋼鐵產業就是）。最後，「低整體成本地位」也許未必與「差
異化」或「集中焦點」不相容，而且還可能在市場占有率不高
的情形下，取得低成本。

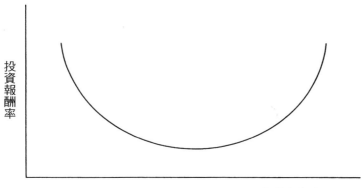

圖2.2 投資報酬率與市場占有率的關係

（縱軸）投資報酬率

（橫軸）市場占有率

　　我們可舉一例說明上述複雜的組合。例如，海斯特公司雖然在美國起重卡車產業穩坐第二把交椅，卻比多家產業內規模較小的公司〔如亞里士圈伯（Allis-Chamber）、伊頓（Eaton）〕更賺錢，因為這些小公司沒有足夠的市場占有率來追求低成本，也無法形成足夠的產品差異，抵銷成本劣勢。

　　「獲利力」與「市場占有率」之間沒有一定的單一關係。除非有人可以合宜的界定市場，使得「焦點集中」或「差異化」的公司能在某些範圍狹窄的產業內取得高市場占有率，而且成本領先公司的產業定義，還得維持在相當寬廣的範圍內（一定要這樣，因為成本領導者往往不會在每一個小市場裡，都取得最大占有率）。就算讓產業的定義變來變去，也無法解釋何以某些在產業內全面差異化、市場占有率在產業領袖之下的公司，能夠獲得高利。

然而我們何須在不同公司之間，不停的改變產業定義；最重要的還是要在一般性策略當中，決定公司最適合哪一種，挑出公司擅長、又最不易被模仿的策略來。其實，結構分析的原則是要讓這項抉擇更顯而易見，讓分析人員據以解釋或預測產業占有率與獲利力間的關係。

｜ 沒有白吃的午餐 ｜

基本上，採行一般性策略的風險有二：（一）策略無法實施或維繫；（二）某策略所帶來的優勢價值，將隨產業演化而漸遭侵蝕。更精確的說，這三項策略的屬性就是要建立起各種不同的防禦工事，對抗競爭作用力；風險自然會隨之不同。所以說，應該設法讓這些風險外顯易見，公司才能在這三項策略抉擇，不斷有所改善。

（一）因小失大

為了維持「成本領先」，公司常常迫切的感受自己必須：(a)再投資先進設備，(b)硬著心腸淘汰過時資產，(c)避免產品線氾濫，(d)對科技進步保持警覺。隨著數量累積所導致的成本下降，絕對無法無中生有；也不是無須投注大量心力，就可守株待兔、全面獲致規模經濟。

成本領先的風險如下：

❑ 技術變革使得過去的投資與學習盡歸無用；

❑ 產業新成員或跟隨者透過模仿或投資最新型設施所付出的學習成本偏低；

❏ 太重視成本，結果無法看出必要的產品行銷變革；

❏ 成本的膨脹導致公司無法維持價格優勢，對抗競爭者在品牌形象或其他方面的差異化優勢。

福特汽車在一九二〇年代的成本優勢甚具成效，如：限制車型款式變化、積極後向整合、生產設施高度自動化、積極地透過學習來降低成本（由於車型缺乏變化，學習起來更便利）。然而，隨著所得的增加，許多車主開始考慮買第二部車。市場開始強調風格、款式、舒適性、非敞篷汽車。客戶寧可多付錢來要求特色。此時，通用汽車打算用一系列新車型，順勢投資。而福特公司則面臨了龐大的重新調整成本；因為太多資金投注在過時車型上了，結果反而難以轉圜。

另一個以成本領先為單一焦點而招致風險的例子是夏普（Sharp）公司的消費性電子產品。長期以來一直以成本領先策略為發展主軸的夏普公司，後來被迫積極推廣品牌知名度。它本來有充裕的能力，可以以更低廉的價格與新力及國際（Panasonic）等公司競爭，但因成本攀升，再加上美國的反傾銷法，以致無法施展；同時策略地位也因單單專注於成本領先而惡化。

（二）當特色不再是特色

「差異化」的做法也涉及一系列風險：

❏ 差異化公司與強調成本的對手之間，成本相距過大，以致無法靠差異性維繫客戶忠誠。客戶會為了省下大筆成本結餘，而犧牲特色、服務、或形象等要求；

❏ 買主不再要求差異化（因日漸精明世故而產生）；

❑ 相互模仿縮小了看得見的差距（常見於產業成熟後）。

第一種風險格外重要，值得進一步說明。

公司當然不難做到與眾不同，但要長久維持下去，只有在價格差異能維持時，才能存在。倘若實施差異化的公司，由於科技變革或純屬疏忽，導致成本地位遠落人後，低成本的公司便會趁虛而入。例如，川崎（Kawasaki）等多家日本機車製造商，便曾以低價成功地打擊哈雷（Harley-Davidson）、凱旋（Triumph）等走差異化路線的大型機車製造商。

（三）無魚，蝦也好

「焦點策略」的風險又不同了：

❑ 大小通吃及焦點集中公司之間的成本差距拉大，結果小範圍客戶所帶來的成本優勢不見了，抵銷了焦點集中所創造的差異效果：

❑ 在策略目標與市場之間，某些產品或服務的差異整個縮小了；

❑ 對手在策略目標範圍內，發現更小的目標市場，結果比焦點集中公司更能集中焦點。

第三章

拿起放大鏡

分析競爭者的一套架構

　　「競爭策略」的範疇涉及：如何替企業定位，使其有別於對手的各項能力發揮到極致。接下來，制定策略的核心層面，就是好好的對競爭者做一番分析。目標是要理出以下分析的本質及成敗脈絡。如，競爭者可能採行的策略變革；競爭者應如何回應其他公司可能引爆的策略行動；競爭者面對諸多產業變革與大環境變動時，可能會有什麼反應。但我們還需更繁複周延的競爭者分析，來回答以下問題：「產業裡，我們應該挑誰開打？行動順序為何？」、「競爭者的策略行動，有什麼意義？應該以多認真的態度來看待？」、以及「我們應避開哪些領域，以免競爭者過於情緒化、或狗急跳牆？」

　　雖然說，制定策略時，需要更複雜微妙的競爭者分析，但實務上，這類分析並不這麼明顯或周延。一些危險的假設性想法，有時會悄悄侵入管理者腦海，讓他們覺得競爭者：「無法有系統的進行分析」、「我們對對手瞭如指掌，因為天天都在和他們交手」等。一般而言，這兩種假設皆非事實。更大的難題是，深度的競爭者分析需要大量數據資料，大多數都要下苦功才能找到。但許多公司不用有系統的方式來蒐集對手資料，反而根據每位經理人斷斷續續接收到點滴非正式印象、以及猜測、直覺，據以行動。然而，缺乏良好的資訊就無法進行周延的競爭者分析。

鎖定重點，各個擊破

　　競爭者分析的四項診斷元素是：「未來目標」、「現行策略」、「假設推論」、以及「能力」（見圖3.1）。了解這四項元素，能讓我們在資訊充足的情況下，預測對手的反應。大多數

公司對競爭對手的現行策略、長處、弱點，都會發展出類似圖右所述的一份起碼直覺，對於圖左的注意就少得多。大多數公司也不怎麼了解什麼才是真正激勵競爭者作為的因素（例如，對手的未來目標、對自身處境和所處產業特性的假定）。這些趨力雖然比競爭者的實際行為難測，但往往能決定對手往後的行動。

圖3.1 競爭者分析的構成元素

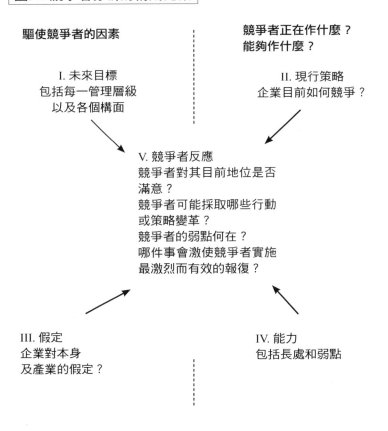

驅使競爭者的因素

I. 未來目標
包括每一管理層級
以及各個構面

競爭者正在作什麼？
能夠作什麼？

II. 現行策略
企業目前如何競爭？

V. 競爭者反應
競爭者對其目前地位是否
滿意？
競爭者可能採取哪些行動
或策略變革？
競爭者的弱點何在？
哪件事會激使競爭者實施
最激烈而有效的報復？

III. 假定
企業對本身
及產業的假定？

IV. 能力
包括長處和弱點

本章將提出競爭者分析的基本架構，並在接下來的幾章中再加延伸與充實。以下各節則是一系列有關競爭者的問題，針對每一項競爭者分析元素一一破解。在這些更微妙的領域裡，我們應盡量避免太專注於分門別類，而應提出若干方法和線索，辨認出特定對手的實際目標與假定。接下來，再檢視如何將不同的元素組合在一起，回答圖3.1的問題。最後，扼要討論蒐集和分析競爭者資料的若干概念，因為競爭者的資料分析實在很重要。

｜解析競爭元素｜

討論各項元素前，我們要先界定競爭者的類型，找出分析對象，並對重要的競爭者進行個別分析。然而，可能登上檯面的潛在競爭者也不容忽視。

預測潛在競爭者並不容易，但它們通常可從以下族群中指認出來：

❑ 該公司目前不在產業內，卻有能力以極低的代價打開進入障礙；

❑ 該公司留在產業裡，可獲得明顯的綜效（synergy）；

❑ 該公司在產業內參與競爭，顯然可進一步擴張公司的策略；

❑ 客戶或供應商有可能向後或向前整合。

另一個或許很有價值的行動，是設法預測可能的「購併」──不管是發生在「既有對手」之間，或涉及「外來者」。因為「合併」會使原本軟弱的對手瞬間變得不容忽視，或使原

本可畏的對手變得更強大。預測收購目標的方法，也和預測潛在加入者的推理相同。至於產業內的收購標的，則可參照下列預測標準；該公司所有權狀況；因應產業未來發展的能力；以及與其他情況相比，該公司以此產業為營運基礎的可能吸引。

一、放眼未來目標

不管從哪個理由、哪個角度來看，分析工作的第一項元素；診斷競爭者目標，以及它們如何以這些目標衡量達成度都很重要。了解目標之後，能讓我們預測每一個競爭者是否滿意目前的地位及財務成果，進而預測競爭者是不是可能改變策略、花多大氣力對付外在事件（如營業循環周期）、或對其他公司的行動有所反應（如面對生意衰退或別家公司市場占有率增加時，一家高度重視銷售量穩定成長的公司和一家在乎維繫投資報酬率的公司之間，反應就迥然不同）。

了解某個競爭者的目標，同樣有助於預測競爭者對策略變革的可能反應。一些特定對象對某些策略變革所感受到的威脅，就比其他公司大——也許是目標不同、或來自母公司的壓力不同所致。這種威脅的程度會影響「招惹報復」的機率。最後，對競爭者的目標進行診斷，將有助於詮釋該競爭者主動出擊的意願。（競爭者為了達成某重點目標、或面對某個關鍵標的所採取的策略行動，絕不可等閒視之。）同理，診斷競爭者的目標也有助於確定母公司會不會認真支持所屬事業，支持它對競爭者展開報復。

雖然一般人最常考慮「財務目標」，但周全的競爭者目標診斷，通常包括許多比較偏重「品質」的因素；如市場領導地

位、技術地位、社會形象等。目標診斷也應涵蓋多重管理層級；大至全公司、事業單位，小至個別功能領域、關鍵管理者。（較高階層的目標通常會影響到較低階層，但無法完全左右。）

以下診斷式問題，將有助確定對手現在及未來的目標。我們先從診斷「事業單位」或「部門」開始（有些事業單位其實就等於競爭者的整個事業體），然後再檢視多角化的母公司對事業單位的未來目標有什麼影響。

由小處觀大局

1. 什麼是競爭者明示（或尚未正式宣布）的「財務目標」？競爭者在設定目標時，如何抉擇？長短程績效間如何取捨？利潤與營收成長之間如何取捨？企業成長與經常股利發放之間，如何取捨？

2. 競爭者「對風險的態度」如何？假定財務目標包括了獲利性、市場地位（占有率）、成長率、以及預期風險，競爭者又該如何在這些因素之間找到平衡？

3. 競爭者有無一些經濟性或非經濟性的組織「價值或信仰」（大家共有或高階人員特有），會不會對目標造成重大影響？它想成為市場領袖嗎（德州儀器）？想成為產業政治家嗎（可口可樂）？想特立獨行嗎？想成為科技龍頭嗎？該公司有沒有遵循某一特定策略、或功能性政策的傳統？在產品設計或品質方面，有無特別堅持？有無地域偏好？

4. 競爭者的「組織結構」如何？有什麼樣的功能性結構？是否設置產品經理人？是否有獨立的研發實驗室？此一組織結

構在決定資源配置、定價、產品變更時，如何分配責任與權力？競爭者的組織結構，可以讓我們對不同功能領域的相對地位、策略上很重要的溝通聯繫或強調重點，多少有些了解。舉例來說，和對資深行政副總裁負責的製造主任比起來，一位負責銷售部門的資深副總裁如果可直接向總裁報告，便表示銷售部門比製造部門更受重視。決策責任分派給誰，就可看出最高經營階層對誰有什麼樣的期許。

5. 現行的「控制」及「激勵制度」是什麼？經理級主管的待遇如何？銷售人員的待遇如何？經理人有無持股？公司有沒有遞延報酬（deferred compensation）制度？日常上用來衡量績效的標準為何？多久衡量一次？雖然這一切有時很難辨明，但它們卻可讓我們了解競爭者認為什麼事重要，它們的經理人如何視報酬來回應。

6. 現行的「會計制度」與慣例是什麼？競爭者如何替存貨估價？如何分配成本？如何解釋通貨膨脹？這類和會計政策有關的議題，會大大影響競爭者對績效的看法、成本、訂價方式等等。

7. 什麼類型的「經理人」構成了競爭者的領導階層（特別是「總裁」）？他們的背景及經驗如何？哪一類新生代經理人看來漸受賞識，專長在哪裡？公司由外界招人時，有無模式顯出公司走向？例如，BIC原子筆公司就有一套明確的政策在產業外找人才，因為該公司相信自己的策略必須異於傳統。還有，退休年限是不是很快就到了？

8. 經營階層對未來方向有多少明顯的「共識」？不同的管理派別是否有不同的目標？果真不同，只要權力一轉移，策略

方向馬上可能大轉彎。反之，如果人人意見一致，遭遇逆境時，也許大家都能力守城池，甚至頑抗到底。

9.「董事會」的組成分子如何？有沒有足夠的圈外人，可以有效行使外部監督？董事會裡的圈外人，都是什麼樣子？背景如何？和公司的聯屬關係如何？他們如何管理自己的公司？代表哪幾股利益？（銀行？還是律師？）董事會的組成成分，足以透露出公司面對風險的態度，乃至策略偏好。

10. 有什麼「契約上的承諾」，可能限制該公司的其他選擇？有沒有任何債務條款，足以對目標構成約束？有沒有任何授權或合資協議方面的限制？

11. 有沒有任何「法規」、「反托拉斯法」、及其他「政府或社會約束」，會影響公司面對小規模競爭者可能採取的反制？或影響它擴充市場占有率的決定？競爭者過去有沒有碰過類似反托拉斯的問題？為什麼？有沒有達成協議？這類約束或經驗，都會使公司變得敏感，除非基本利益遭受威脅，否則它會避免對策略性動作有所反應。

母子情深

假如競爭者是某大企業底下的一個單位，它的母公司很可能會對這個單位有所要求或限制；這些限制或要求就是預淇其未來作為的重要依據。除了上述各點之外，我們還必須知道以下解答：

1.「母公司目前的成績」如何（銷售成長、報酬率）？我們大略可由母公司的一些目標看出，它會對所屬事業訂出什麼樣的市場占有率、訂價決策、給多少壓力開發新產品等等。表

現不如母公司整體績效的某個事業單位，通常會感受壓力。如果母公司在財務方面始終毫無間斷的長期成長，所屬事業單位就不太可能膽敢做出任何有害於此的行動。

2.「母公司的整體目標」為何？由此觀之，母公司可能需要所屬單位如何配合？

3. 就事業整體策略的角度視之，母公司賦予特定事業單位什麼樣的「策略重要性」？母公司是否視此事業為「基礎事業」，或僅視其為整體營運的周邊？該單位在母公司全部事業組合中，占有什麼地位？它是被視為一塊成長中的領域，是公司未來的關鍵事業？或是成熟、穩定的現有現金收入來源？該事業單位的策略重要性，會決定母公司期待它達成的目標。

4. 母公司當初為何「介入此一事業」？（產能過剩？需要垂直整合？想充分利用配銷通路？或想增強行銷力量？）這點將可讓我們進一步明白，母公司如何看待該事業的貢獻，可能對其策略姿態與行為，施加什麼壓力。

5. 母公司事業組合中，此單位與其他單位的「經濟關係」如何？（垂直整合？互補？或共同研發？）相對於完全單打獨鬥的事業而言，這樣的關係會讓公司對這種單位有什麼樣的特殊要求？舉例來說，「設施共用」也許意味著該單位將會被迫分擔間接費用，或吸收姐妹單位的過剩產能。或者，該單位與母公司另一部門互補時，母公司很可能會選擇從別處取利。公司內「和其他單位的相互關係」也可能意味著，它們會彼此交叉支援。

6. 最高經營階層對公司整體抱持著什麼樣的「價值與信仰」？他們是否想在每一項事業裡，都追求技術領先？或渴望

產能平均，避免用解雇來推行公司政策，對抗工會。這類泛公司化的整體價值與信仰，通常會對事業單位產生影響。

7. 母公司有沒有一套已經實行於許多事業、且可能原樣套用的「一般性策略」？例如，BIC筆業集團有套策略就用低價、標準化、可拋棄的方式大量生產產品，輔以強大的促銷火力搶攻市場，在文具、打火機、褲襪等領域競爭，甚至涉足刮鬍刀領域。漢斯（Hanes）公司則開始把蕾哥絲（L'eggs）褲襪的策略，應用於各種多樣化的領域，如化妝品、男用內褲、短襪等。

8. 就公司「其他單位的績效與需求」及整體策略而言，我們要在競爭對手單位上應用什麼樣的銷售目標、投資報酬障礙、以及資金限制？在其他單位及公司本身目標的牽制下，它能不能在組織內成功地爭取到資金？這個事業單位能不能實際大到一個地步，讓母公司不得不注意與支持？還是它只能自力更生，永遠得不到經營階層的優先重視？公司裡其他單位的資本要求是什麼？如果我們知道不同單位在母公司心目中的優先順序，以及股息發放後可以動用的資金，按次序分配下來，這個單位能拿到多少資金？

9. 母公司有什麼樣的「多角化計畫」？母公司打算進入的領域是否耗資甚巨？能否據以得知該單位的長程重點？母公司行進的方向是否對該單位形成支援，發揮綜效？雷諾茲（Reynolds）集團最近收購了德蒙特（Del Monte）食品，由於德蒙特的配銷體系極強，此舉可說是對雷諾茲的消費食品事業打了一劑強心針。

10. 競爭者母公司的「組織結構」能提供什麼樣的線索，

讓我們了解該單位在母公司心目中的相對地位及目標？該單位是否直接對總裁、或有影響力的集團副總裁負責？或只是大海裡的小蝦米？單位裡是不是有主管空降，或有經理人來此「過水」？這種組織架構可讓我們窺知實際或可能的策略。例如，假設有一撮電子產品部門被劃歸由一位電子產品總經理負責督導，它們之間便較可能有一套協調一致的策略；如果集團總經理能呼風喚雨，情形尤然。但要注意：觀察從屬關係得到的線索，還要和其他朕兆併用，才算完全——因為組織關係也許只是障眼法而已。

11. 和公司整體的計畫比起來，部門管理階層如何接受「控管」？如何接受「獎勵」？上層覆核的頻繁度如何？紅利占薪資的比例為何？紅利根據什麼發放？有沒有員工認股？這些問題對部門目標與行為而言，都有很清楚的暗示。

12. 什麼類型的「經理人」似乎特別吃香？（我們可據此看出，最高經營階層鼓勵何種策略行為、何種部門管理目標。）經理人在母公司各單位間，調進調出的速度一般有多快？這個答案可以讓我們看出，他們位居其職的時間有多長？在高風險與較安全的策略之間會採取什麼樣的態度，求取平衡？

13. 母公司都從哪些地方「招聘」？現有管理階層是由內部擢升？（這表示過去的策略將會持續下去。）還是從部門外、甚至公司外找人？目前的總經理是哪一個功能領域出身的？（這可顯示最高經營階希望強調的策略重點。）

14. 公司整體是否對任何「反托拉斯法、其他法規、或社會規範保持敏感」？（它們一有什麼差錯，就會影響到這個單位。）

15. 母公司或組織內的特定高階經理，是否對此一單位「懷有特殊情感」？該單位是不是公司草創初期的元老？該單位過去的主管，目前有沒有人在母公司位居要津？當初決定收購或發展這個單位的人物，是否是目前居高位的這批人？單位裡有沒有任何計畫或行動是由前述經理人領導的？諸如此類關係可以發出訊息，顯示該單位將會獲得不成比例的關愛與支持。（但它們也可能是很難退出產業的原因。）

組合分析

如果競爭者是多角化公司的成員，分析母公司事業組合，也可以回答上述部分問題。運用事業組合的全副分析技巧，也許可以讓我們了解母公司心目中，這個單位到底滿足了它哪些需求？分析競爭者事業組合時，最能透露訊息的，就是競爭者自己使用的那一套技巧。

❏ 假如有一套分類制度存在，競爭者母公司會用什麼樣的標準來劃分事業？怎樣替每個事業單位歸類？

❏ 哪些事業是眾望所歸的搖錢樹？

❏ 哪些事業被視為是馬上可以收割、或再獨立分出去做事業？

❏ 哪些事業向來都被視為是穩定的源頭，在事業組合其他部分波動之際，足以制衡？

❏ 哪些事業扮演防禦角色，保護其他主要事業？

❏ 哪些事業是母公司的明日之星，值得投注資源，建立市場地位？

❏ 哪些事業在組合中具有許多槓桿力？這些事業的績效一

有變化，就會對母公司整體績效造成顯著衝擊（如穩定性、收入、現金流量、銷售成長、成本等），一定會受到全力保護。

分析母公司的事業組合，可讓我們看出線索，了解這個事業單位的目標——它會多努力維持地位與績效（包括：投資報酬、股票、現金流量等），以及該單位試圖改變其策略地位的可能。

無可轉移的策略定位

制定策略的做法之一是：找出一個既讓公司達成目標、又不致威脅競爭者的市場定位。假如充分了解競爭對手的目標，也許能找出一個皆大歡喜的定位出來。當然，這種地位不會永遠存在；況且我們還要考慮到，如果產業內人人表現良好，局外人往往會躍躍欲試。在大多數情況下，公司必須迫使對手在目標上稍作退讓，遂行自己的目標。所以，公司必須找出一些獨到的優勢，抵禦既有競爭者及蠢蠢欲動的新手。

競爭者目標分析實在非常重要，因為這樣我們才不致採取錯誤的策略行動，危及對手追求關鍵目標的能力，引發激戰。例如，事業組合分析可以讓母公司將「搖錢樹型」及「收割型」的事業與「有待建立」的分開。挑戰「搖錢樹型」的事業，從市場上分得一杯羹其實不難，只要這麼做不妨礙母公司的現金流動。想挑戰對手母公司試圖建立的事業，就很可能引爆衝突。同理可證，如果有人指望靠某事業達到穩定的銷售量，該單位即使犧牲利潤，也會不惜一戰；然而，如果對手並不打算擴大市場占有率，只想提升利潤，旁觀時的反應就會和緩得

多。這些例子都可以回答圖3.1的問題。

二、一些假定

　　競爭者分析工作的第二項關鍵元素是：認出每個競爭者的各項假定。

　　它們可分為兩類：

❑ 競爭者對「自身」的假定；

❑ 競爭者對「所處產業」及產業內「其他公司」所作的假定。

　　每家公司都根據自身情況的假定而營運。舉例來說，它可能自認為具有社會意識，或自認為是產業領袖、低成本製造商、或銷售隊伍最強等。這些對自身的假定，會導引公司行為以及對事情的反應方式。例如，以低成本製造商自居的公司，也許就會自行降價，教訓削價競爭的對手。

　　競爭者對自身狀況所作的假定，可能正確，也可能不正確。如果不正確，就會引起一個耐人尋味的策略性槓桿作用——假如競爭者相信自己是市場上最有顧客忠誠度的廠商，在事與願違的情形下，採取煽動性削價競爭，也許就是獲取地位的好方法。但競爭者可能對跟進降價不以為然，因為它相信自己的占有率會毫髮無傷，等到終於發現假設有誤，市場地位早已一落千丈。

　　正如每個競爭者都對自己有一些假設，每家公司也會根據自己對產業與競爭者的假定而運作。它們同樣有對有錯。例如，出生率即使一直穩定下滑，嘉寶嬰兒用品（Gerber Products）卻堅信一九五〇年代開始，出生率會節節上升（但實

97

際出生率直到一九七九年才上揚）。公司過分高估或低估對手耐力、資源、或技術的情形，往往不乏其例。

檢視各類假設，可讓我們認出某些悄悄爬上經理人心頭的偏見或盲點，蒙蔽他們對環境的認知。所謂的「盲點」指的是，競爭者對於某些領域的事件（如某策略行動），若非完全看不出重要性，無法正確認知，就是認知太慢。根除此類盲點有助於公司認清哪些行動不太可能立即被報復，哪些行動即使報復也不見得有什麼後果。

下列問題可用來辨認出競爭者的假定，以及可能不夠冷靜務實的地方：

檢出盲點

1. 根據競爭者的公開宣言、管銷人員的說法、其他線索，競爭者表面上認為自己在成本、產品品質、技術複雜度及其事業的其他關鍵層面上，有什麼樣的「相對地位」？它認為自己的長處與弱點是什麼？是否屬實？

2. 競爭者是否對特定產品、或特定功能性政策（產品設計取向、品質期望、製造地點、銷售手法、配銷條件等等），有很強的「歷史或情感認同」？

3. 有沒有任何「文化、地域、或國家的差異」，會左右競爭者認知與認定事件的重要性？西德的公司就非常重視生產過程及產品品質，甚至不惜在單位成本與行銷方面付出代價。

4. 有沒有任何根深柢固的「組織價值觀或規範」，足以影響競爭者對特定事物的看法？公司創辦人深切信仰的若干政策，是否縈繞公司，久久不去？

5. 競爭者對產品「未來需求」及對「產業趨勢的重要性」，抱持什麼明顯的看法？它是否會對「需求」有毫無根據的不確定感，以致遲遲不敢增加產能？或基於相反理由，過度擴充？是否有錯估特定趨勢的傾向？例如，明明產業並未趨向集中，它卻誤以為有此趨勢。策略就圍繞著這一切想法建立起來。

6. 競爭者對其「對手」的目標與能力抱持什麼樣的看法？是否高估或低估？

7. 競爭者是否似乎仍對產業內與新市場情況不符的若干「傳統智慧」、或「經驗法則」及慣有做法深信不疑？所謂的傳統智慧就是：每家公司的產品線都必須齊全、客戶所買的產品會愈來愈貴、我們一定要控制這行的原料來源、工廠實施分權才是最有效率的製造制度、我們需要一大堆經銷商……這類警語。認出傳統智慧的哪些地方不合時宜或可稍加變通，在競爭者報復的時候，可讓我們在時效及效用上制敵機先。

8. 競爭者的各項假定很可能微妙地影響並反映「現行策略」。競爭者可能會透過過去和現在的環境，衡量產業內的最近事件，不夠客觀。

撥雲見日不盲從

美樂啤酒最近東山再起的例子，可以說明認清盲點所帶來的好處。美樂被菲利浦‧摩里斯收購之後，不再像許多家族啤酒廠一樣，拘泥於約定成俗的觀點，因而推出七盎斯瓶裝的「萊特啤酒」（Lite Beer），又推出美國本地釀造的「金獅啤酒」（Lowenbrau），定價比麥格（Michelob；美國國內高價啤酒主要品牌）還高出25%。報導指出，多數啤酒製造商當初都對美樂

嗤之以鼻，但眼看美樂市場占有率大增，許多人如今不得不牢騷滿腹地跟著它走。

另一個因認清一般觀點不宜，而大大獲利的例子，是派拉蒙影業（Paramount Pictures）的峰迴路轉。它兩位出身有線電視管理階層的新任高階主管，違反了許多電影業的常態，預售影片、同時在多家戲院發片等等，結果反而在市場占有率方面大獲全勝。

以歷史為鏡

某個競爭者參與某事業的歷史，往往是此一競爭者對此事業之種種目標與假定的強力指標。以下問題可提供若干方法，檢視這些領域。

1. 和最近的表現相「比較」，競爭者目前的財務狀況與市場占有率如何？這麼做可能是了解競爭者未來目標的不錯開端。如果它們在記憶可及的過去表現較好，而且可明顯看出潛力令人憂心，我們幾乎可以確定競爭者將奮力重回「不久以前」的表現。

2. 競爭者在「市場裡的長期紀錄」如何？曾經在哪裡失敗？在哪裡被擊倒（因而不太可能再涉足）？過往失敗的記憶，及因而導致在這些領域進一步行動所造成的阻礙，可能非常持久，甚至到達難以想像的地步。這種情形在相當成功的公司，尤其可能發生。就有人認為，聯合百貨集團（Federated Department Stores）由於過去經營折扣連鎖店失利，使其七年後才重返此一零售領域。

3. 競爭者留在「哪些領域」叱吒風雲、或成就非凡？引進

新產品嗎？是行銷技巧創新嗎？還是其他？也許競爭者在這類領域，會比較有信心再度出發，面對挑釁展開戰鬥。

4. 競爭者過去如何「應對」某一特定的策略行動或產業事件？理性嗎？情緒化嗎？還是緩慢？快速？手法是什麼？競爭者對哪類事件的反應能力最差？為什麼？

管理者的背景和顧問關係

另外一個足以透露出競爭者目標、假設、未來可能行動的關鍵指標，就是：領導階層的出身背景、經理人過去的成長軌跡、與個人成敗經驗。

1. 最高經營階層的「功能背景」，是衡量公司事業取向與認知及其相關目標的另一項關鍵。具有財務背景的領導者會根據自己得心應手的程度，來強調不同的策略方向（也許和行銷或生產出身者不同）。信手拈來的例子有：拍立得公司的藍德（Edwin Land）偏好以「徹底創新」的做法解決問題，海灣石油（Gulf Oil）公司的麥克基（McGee）則偏好以「節約」來處理和能源相關的活動。

2. 研判最高經理人的假定、目標、與未來的可能行動，還有第二項線索：看看這些人過去的職業生涯，哪類「策略類型」行得通？哪類行不通？例如，總裁過去如果曾以削減成本的方法，成功地解決難題，下次一有需要，就可能繼續援引。

3. 關於最高經理人的背景，還有另一個層面可能很重要，那就是他們曾經在哪些「其他事業」服務過，遊戲規則與策略取向有什麼特性？例如，當凱斯（J. I. Case）企業的洛依特曼（Marc Roijtman）在一九六〇年代中期接任董事長以後，就

把他過去曾成功用於產業設備上的推銷策略，應用到農場設備上。雷諾茲（R. J. Reynolds）集團就從消費包裝食品及衛生用品公司引進了一批領導方法，連帶引進原事業特有的許多產品管理階層、及其他實務做法。家族金融公司（Houshold Finance Corporation，簡稱HFC）最近剛退職的最高主管來自零售業。過去該公司不但沒有力圖加強HFC在消費信貸方面的強勢，好好運用消費信貸的榮景大賺一筆，反而投注資源進行多角化，跨足零售業務領域。由消費金融部門晉升上來的新總裁則開始回歸正途。這種引用過去成功觀點的傾向，也同樣適用於出身法律事務所、顧問公司、和產業內其他公司的高階主管。就某些層次來說，競爭對手可以從這些過去，看出一些觀點或處理事情的方法。

4. 最高經理人可能深受自身經歷的「重大事件」所影響。如景氣大衰退、慘重的能源短缺、幣值波動所造成的重大虧損等等。這類事件有時會對經理人構成相當廣泛的影響，進而影響其抉擇。

5. 要想了解高階經理人的觀點，我們還可透過他們「所說所寫」、「技術背景」或專利紀錄、及經常接觸的「其他公司」（如參加其董事會）、外界活動、以及一大堆只能揣想而得的線素來推知。

6. 管理顧問公司、廣告公司、投資銀行、以及競爭者所運用的其他「顧問」，也是重要線索。其他公司如何運用這些顧問，做了什麼？這些顧問以什麼概念取向與技巧聞名？知道競爭者的顧問身分，徹底檢視，將有助於了解其未來的策略變化。

三、現行策略

　　競爭者分析的第三項元素是：把每一競爭者的現行策略，整理成書面資料。想要好好的運用競爭者策略，最有效的途徑就是想像它「各功能領域的主要營運政策」，以及「如何設法整合連繫各功能」。這個策略可能外顯，也可能內隱（只有這兩種選擇）。有關辨認策略的幾項原則，則已在導言部分討論。

四、能力

　　真實評估出各個競爭者的能力是競爭者分析的最後一個診斷步驟。競爭者的目標、假設、和現行策略，都會影響競爭者反應事件的可能、時機、本質、以及強度。競爭者的長處與弱點，則決定其面對環境或產業事件時，發起行動或反制對手的能力。

　　有關競爭者長處或弱點的概念其實相當清楚。廣義來說，要想評量長處與弱點，只須檢視競爭者相對於五股主要競爭力的地位究竟如何即可。從較狹窄的角度觀之，圖3.2則提出一套大概架構，檢視競爭者在事業的各個重要領域各有什麼長處與弱點（再加額外的若干綜合性問題還會更有用）。

圖3.2 競爭者的長處與弱點領域

□產品

產品的地位:從使用者的觀點看來,每個市場區隔開來

產品線的廣度與深度

□經銷 配銷

通路的涵蓋面與品質

通路關係的強度

服務通路的能力

□行銷與銷售

在行銷組合的每一個層面,技巧如何?

市場研究與新產品開發的技巧如何?

推銷人員所受的訓練與技術

□作業

製造成本地位——規模經濟、學習曲線、設備新穎度等

設施與設備的技術精密度

設施與設備的彈性運用

專屬訣竅與獨家專利(或成本優勢)

產能擴增、品質管制、模具加工等能力

地點(含勞工與運輸成本)

勞工情勢;工會運作情況

原料取得是否便利?

成本如何?

垂直整合的程度

□研究與工程設計

專利與著作權

內部自行研發的能力(產品研究、流程研究、基礎研究、開發、模仿等)

研發人員在創意、簡化、品質、穩定度等方面的技巧

取得外部研究與工程設計能力的管道(如供應商、客戶、承包商等)

□整體成本

整體相對成本

和其他事業單位共用的成本與活動

競爭者在哪些地方具有規模、或對其成本地位舉足輕重的其他因素

□財務實力

現金流量

長短期借款能力(相對負債 股本比率)

在可預見的未來,新增股本的能力

財務管理能力(包括議價、籌募資金、信用、存貨、應收帳款等)

□組織

組織價值的一致性,與目標的明確性

因最近所承受的要求而產生的組織疲勞

組織策略安排的一貫性

□一般管理能力

最高主管的領導品質;最高主管激勵士氣的能力

協調聯繫各項特定功能的能力(如製造與研究的協調聯繫)

管理階層的年齡、訓練及功能取向

管理的深度

管理的彈性與調適能力

□公司組合

在財務與其他資源方面,支援各事業單位

進行計畫性變革的能力

補強事業單位實力的能力

□其他

政府部門給予特殊待遇,或有接觸管道

人事流動

（一）核心能力

❑ 競爭者在各功能領域的能力如何？最強是什麼？最弱是什麼？

❑ 競爭者已達到「策略一致性測試」的哪些標準？

❑ 隨著競爭者日趨成熟，哪些能力可能發生變化？它們會隨時間的流逝而增加或減退嗎？

（二）成長的能力

❑ 競爭者的能力會隨著成長而增減嗎？哪些領域？

❑ 就人員、技術、和工廠產能而言，競爭者的成長空間如何？

❑ 就財務而言，競爭者的「持續性成長」如何？根據「杜邦分析」（公式為：持續性成長＝資產周轉率×稅後銷售收入×（資產／負債）×（負債／淨值）×保留盈利比率），競爭者能與產業同步成長嗎？它能提高市場占有率嗎？持續的成長是否很容易就影響到對外籌資情形？對於追求短程財務績效的影響呢？

（三）快速反應的能力

❑ 競爭者迅速回應對手行動的能力如何？主動猛攻的能力怎樣？這項能力將決定於下列因素：

○尚未指定用途的保留現金

○預留的借款權

○多餘的工廠產能

○尚未推出、但留檔備用的新產品

（四）調適變革的能力

❏ 競爭者的固定成本相對於變動成本而言怎樣？尚未動用
產能的成本情形為何？

❏ 競爭者在各個功能領域的調適狀況如何？例如，競爭者
能否經過調適好好應付：

　○成本競爭？

　○管理更複雜的產品線？

　○添加新產品？

　○用更好的服務來競爭？

　○行銷火藥味是否愈來愈濃？

❏ 競爭者能否回應類似下列外界事件：

　○持續的高通貨膨脹？

　○科技變革使現有廠房過時？

　○經濟衰退？

　○工資上升？

　○（最可能影響此事業的）政府法規？

❏ 競爭者是否面對某些退出障礙，無法在此事業縮減規
模，出脫營運？

❏ 競爭者是否與母公司的其他單位共用製造設施、推銷人
員、或其他設施及人員？（這些因素也許會限制其調適
能力，或對成本控制形成阻礙。）

（五）持久力

❏ 競爭者長期進行拖延戰的持續力如何？（可能對「盈利」

及「現金流動」造成壓力）我們也許要考慮以下幾點：

○現金儲備如何？

○高階管理人員的意見是否一致？

○長期財務目標如何？

○有沒有來自股市的壓力？

｜競爭者反應模式側寫｜

分析競爭者的未來目標、假定、現行策略、能力之後，接下來我們可以開始探討一些競爭者可能會有的反應。

攻擊

第一步是先「預測競爭者可能發動的策略變革」。

1. **對於目前地位的滿意程度。**比較競爭者（及其母公司）的目標和其現有地位，研判競爭者是否有意發起策略變革？

2. **可能的行動。**根據競爭者的目標、假定、能力相對於其現有地位的情形，推測競爭者最可能採取什麼樣的策略變革？這樣做能讓我們看出競爭者對未來的看法、它自認為有什麼長處、認為哪個敵手最弱、打算如何競爭、最高經營階層對此事業有什麼樣的偏見、以及先前提到的其他可能等。

3. **行動的強度與認真程度。**分析競爭者的目標及能力，可讓我們評估這些可能行動的預期力量。此外，評估競爭者可能從行動中得到的收穫也同樣重要。例如，能讓競爭者與其他部門分擔成本，從而大幅改變其相對成本地位的行動，就可能比另一項「讓行銷努力逐步生效」的行動重要得多。分析行動所

可能得到的收穫，再加上對競爭者目標的了解，將可指出競爭者在行進受阻時，會有多堅持。

防禦

勾勒出競爭者反應輪廓的下一步是：「列出產業內的公司可能採取哪些可行策略行動，可能有什麼樣的產業變革和環境變革」。我們可利用先前分析的結果，根據下列標準進行評估，判定競爭者的防禦力有多少。

1. **容易受害的程度。哪些策略行動**，及政府、總體經濟、產業事件最容易對競爭者造成傷害？哪些事件會造成「不相稱的獲利後果」（會讓競爭者的利潤多於或少於發起公司）？哪些行動需要極多資金才能還擊或跟進，競爭者因而不願涉險？

2. **造成挑釁的程度。**哪些行動或事件會激起競爭者的報復？（即使代價高昂，且將導致財務不佳。）換句話說，哪些行動會大大威脅到競爭者的目標或地位，迫使它非還擊不可？大多數競爭者都有所謂的「敏感帶」（hot buttons）；一遭威脅，就會瘋狂反應。「敏感帶」會反映出某些強烈堅持的目標、深切的感情承諾等等。如有可能，應予規避。

3. **報復的影響力如何？**在目前的目標、策略、現有能力、或假設限制下，哪些行動或事件會讓競爭者不至於迅速有效的反應？可以採取怎樣的行動途徑，讓競爭者無法有效趕上或模仿？

圖3.3是評估競爭者防禦能力的簡圖。左邊一欄首先列出某些公司可能採取的策略行動，接下來再列出可能發生的環境與產業變化（包括競爭者的可能行動）。然後，再根據上方橫列

圖3.3 評估競爭者的防禦能力

事件／行動	競爭者 受傷害的可能	可能挑起 何種報復程度	競爭者 報復的效果
我方可能採取的策略行動 列出全部選項，如： 填滿產品線 增進產品品質 與服務減價、 打成本仗等 可能的環境變化 列出全部選項，如： 原料成本暴增 銷售額急轉直下 具成本意識的客戶愈來愈多			

的標題來檢視這些事件。這樣得出的矩陣，應該能讓我們在競爭者的可能反應下，理出最有效的策略。它還能幫我們在產業與環境事件暴露出競爭者弱點的同時，加速回應。（詳見第五章）

挑出戰場

假定競爭者可能對某家公司的行動作出反擊，發起公司就要排定策略日程，選擇最佳戰場和競爭者一決雌雄。這個戰場就是競爭者最沒有準備、最不熱中、或最無意於競爭、競爭起來最不順心的市場區段或領域。最好的戰場也許是以「成本」為主，以尖端或低價位產品線、或其他領域為中心的競爭。

最理想的情況是：找出一種在現有環境下，能凍結競爭者、使其無法反應的策略。某些行動由於背負著過去與現在的包袱，競爭者如想跟進，就得付出極高成本；但對發起公司而言，難度或費用則要少得多。例如，當伏爾加咖啡（Folger's Coffee）以削價手法，入侵麥斯威爾（Maxwell House）的美東大本營時，市場占有率很大的麥斯威爾為了配合降價，只好忍痛跟進。

另一個衍生自競爭者分析的重要觀念是：創造一個令競爭者動機混淆、目標矛盾的情境。這樣的一套策略就是要找出行動來，使競爭者的反擊就算有效，也會更廣泛的傷害它的地位。例如，當IBM推出迷你電腦，來回應這方面的威脅時，反而使本身大電腦的成長加速衰退，並加速了迷你電腦的更迭。對向來攻無不克的既存公司發動攻擊時，讓競爭者的目標彼此矛盾，可能非常有效。小公司或新加入的公司在產業既存策略

下，往往沒什麼包袱，因此如能找出某些策略，讓競爭者因採用現行策略而失利，它們自己將可坐收漁利。

競爭者往往不會因動機複雜，而完全停擺或難以抉擇。如果是這樣，以上問題應能讓我們認出，哪些策略行動才會使發起公司站在最有利的位置打仗。也就是說，公司應透過自己對競爭者目標及假定的了解，盡可能躲避還擊，並找出公司最出類拔萃的能力，上場應戰。

｜競爭者分析與產業預測｜

分析每一個重要的現有或潛在競爭者，對預測產業未來非常重要。我們可以蒐集資料，了解競爭者的可能行動，及其對變革的反應能力；也可以模擬揣想，觀察競爭者之間如何互動，並回答以下問題：

❑ 競爭者被認出的各項可能行動，在互動之間，可透露出哪些意涵？

❑ 各公司的策略是否朝同一點匯合，有沒有可能產生正面衝突？

❑ 公司持續成長的速度，是否與產業預估成長率相符？或已產生差距，引來新成員加入？

❑ 各種行動可不可能彙總，進而對產業結構產生一些影響？

| 「競爭者情報系統」的必要 |

回答這些與競爭者有關的問題,需要大量資料。而這方面的情報資料,來源倒是不少——公開報告、競爭者管理階層對證券分析師所發表的演講、商業傳媒、售貨員、與競爭者共有的客戶或供應商、競爭者的產品、公司工程人員所作的推估、由競爭者離職經理或其他人員身上得到的資料等等(詳見附錄 B)。我們不太可能僅經由多次大規模的行動,就能將全套競爭者分析的資料蒐集齊全。隱含在這些問題當中的細膩判斷,是涓滴而至的,不會湧流如江河;而且還須蒐集一段時間,才能產生一幅完整的圖畫。

蒐集資料,進行複雜的競爭者分析,不能只下苦功。要看到效果,便要有一套結構嚴謹的機制(即某種「競爭者情報系統」),來確保過程是有效率的。競爭者情報系統的組成元素會隨著公司需要而變更(視其所處產業、員工能力、及經營階層的興趣與才幹而定)。發展資料、進行精詳的競爭者分析時,必須履行圖3.4的幾項功能,同時對各功能如何履行,也提供了若干選擇。在某些公司,有些人只憑一己之力就能有效地履行全部功能,但這似乎只是例外,而非常態。實地調查的資料或書面資料四處可見,而公司裡能夠有所貢獻的,通常也不乏其人。此外,資料從編纂、分類,到消化、傳播過程,要有效進行,絕不是單憑己力所能完成的。

圖3.4 競爭者情報系統的各項功能

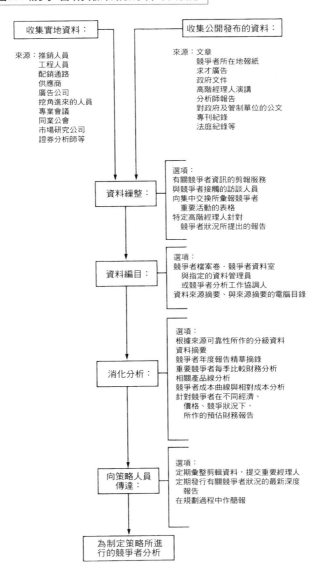

　　實務上，公司會用許多不同的組織方式來執行這些功能。有些隸屬企劃部的競爭者分析小組，負責執行全部功能（借重其他人蒐集現場資料）；有些則靠一位競爭情報協調員，負責編纂、分類、傳達；也有公司靠系統裡的策略規劃師，以非正式的方式執行。不過，最常見的情況是：根本沒人負責。蒐集競爭者資料的正確方法，似乎不只一種，但顯然要有人願意認真負責，否則許多有用的資訊就會流失。這時高階管理階層就很重要了：它可以指定精詳勾畫競爭者的工作，指定它為企劃流程的一部分，刺激大家重視。最起碼，找些經理人來主導蒐集競爭者的情報，應該還算必要。

　　圖3.4所示每項功能也都能以好幾種不同的方式來執行。圖中呈現的各種方法，涵蓋了不同的精詳度與完整度。一般小公司也許沒有足夠的資源或人員來嘗試此種較複雜的做法。但對某些「絕對」、「一定要」、「正確」了解的公司而言，它們就很可能要照單全收。無論多複雜，傳達的功能都不應被忽略。費盡辛苦蒐集來的資料，如果無法用於策略制定，不啻浪費時間。此外，我們還必須設計出有創意的方法，使這些資料以簡明易用的型式，呈現在最高經營階層面前。

　　無論用哪一種機制來蒐集競爭情報，以正式、書面的方式來呈現還是有好處。點點滴滴的零星資料實在太容易流失了，如果不把它們整合在一起，就很難看出這些好處。「分析競爭者」這項要務，怎能隨性從之。

Competitive Strategy

競爭策略

| 第四章 |

眼觀四面、耳聽八方

市場信號

所謂的「市場信號」就是：能直接或間接顯示競爭者意圖、動機、目標、或內在狀況的任何行動。但競爭者行為發出信號的方式不計其數；有些只是虛張聲勢，有些意在示警，有些則顯示採取某行動的深切決心。市場信號是市場上用來溝通的間接手段，而大多數競爭者的行為（如非全部）幾乎都能帶來有益於競爭者分析與策略制定的資訊。

因此，辨認並正確解讀市場信號，對發展競爭策略十分重要，而從中解讀，也是競爭者分析（第三章）的重要助力。要有效競爭（請見第五章），就要了解所發出的信息。正確詮釋的先決條件，則是發展出一套競爭者分析的基準 先了解競爭者的未來目標、對市場及自身的假定、現行策略、能力等。

「解讀市場信號」是次一層的競爭者分析，要靠微妙的判斷，根據已知的競爭者行為與其處境兩相比較。稍後我們會看到，詮釋信號涉及了許多微妙的差別，所以我們必須不斷在競爭者行為與第三章所說的競爭者分析之間，持續比較。

| 蛛絲馬跡看風向 |

「市場信號」可以具有兩種基本上完全不同的功能：它可以忠實顯示競爭者的動機、意圖、或目標；或只是虛張聲勢。虛張聲勢的目的是在誤導其他公司，使它們採取或不採取某項行動，讓發信號者得利。分辨「虛張聲勢」與「真實信號」的不同，則往往涉及細微複雜的判斷。

市場信號有很多表現方式，要看個別競爭者的行為，與使用的媒介而定。討論各種不同形式的信號時，最重要的是要指

出，它們是如何用來虛張聲勢的？虛晃一招與真實信號之間又該如何區別？

（I）意在言外的事先宣布

預先宣布的形式、特質、以及時機，都可能是有力信號。「預先宣布」是正式的訊息傳布，宣示競爭者將採行（或不採取）行動（如建廠、變更價格等）。「宣告」並不保證會有所行動。我們可能作了宣告卻不付諸實行 不是什麼都不做，就是後來另有的宣布推翻了先前的動作。「宣示」的這項特性，增添了它在散發信號方面的價值。

一般而言，預先宣布可以達成多種不互斥的「信息發布」功能。首先，這可以是一種承諾，宣示公司將採取行動，搶先其他競爭者一步。假設競爭者宣布將大幅擴充新產能，達到足以完全應付產業預期成長的規模；這麼做就可能是希望勸阻其他公司擴增，以免整個產業產能過剩。或者，有些競爭者準備上市前，就先宣布有新產品推出，試圖使客戶滿心期待（IBM就常常這麼做），同時在過渡期間，先購買對手的產品。柏奇公司（Berkey）就曾控告柯達公司違反公平競爭法，因為柯達遠在新相機正式生產前很久，就宣布即將問世，打擊對手。

其次，某些宣布可能是一種「威嚇」，意在嚇阻對手打消即將實施的行動規劃。例如，假設甲公司得知，乙公司有意調降產品線內部分產品價格，那麼甲公司也許會宣布大幅降價至遠低於乙公司的水準，令乙公司打消調價計畫，讓乙公司知道，甲公司不滿意其降價行動，有意開打。

第三，宣告可能是對競爭對手的某種「測試」，因為宣布

事實上不一定會實現。例如，甲公司宣布新的售後保證辦法，藉以觀察產業內其他公司如何反應。假如它們的反應一如預期，甲公司就會照舊進行。假如競爭對手發出不悅信號，或宣布推出與甲公司有些不同的售後保證；那麼甲公司也許會撤銷原行動計畫，或宣布修正方案，配合競爭對手。

一連串行動的結果，讓我們知道「宣告」的第四種角色和它的「威脅」角色有關。「宣告」可以是一種手段，傳達對產業內的競爭發展滿意或不滿。如果所宣布的行動與競爭者一致，便表示「歡迎」；反之，如果宣布的是一種懲罰行動，或相同的目標有不同做法，就表示「不悅」。

第五種常見的宣示功能，是形成「懷柔」階段，使得隨之而來的策略調整，挑釁效果降至最低。這樣的宣告是要避免策略調整引來一連串大家避之惟恐不及的復仇與爭戰。例如，可能在產業內調降價格水準的甲公司，如果能早早公告周知，而且說明因特定成本發生變化，應予調降，便可避免乙公司將這項行動解釋為，甲公司想藉此侵占市場，因而激烈還擊。當公司有必要進行策略調整，但不想太過激進時，最常使用這項功能。不過，這類宣告也可能是設計來製造安全感的，讓競爭者覺得安心，再出其不意地展開侵略。「信號」可為雙刃利劍（正反面都具殺傷力），這又是一例。

「宣布」的第六項功能，是避免各公司在某些方面（如產能擴充），採取所費不貲的「同步行動」（導致產能過剩）。公司可以早早宣布擴充計畫，方便競爭者依次排日程來擴充產能，將產能過剩情況減至最少。

「宣布」的最後一項功能則是向「財金界」傳播訊息，藉

以推升股價，或改善公司聲譽。此種做法意味著，公司往往會有一種打好公關的心結，想要把公司狀況以最好的角度呈現出來。不過，有這種特質的宣告也可能因傳布不當，引來麻煩。

有時，「宣告」也可能會用來「併合內部支援」，支持某一行動。公開地表明公司已下定決心做某事，可能是剪除內部爭論的方法。宣布財務目標藉以凝聚支持力的做法就不難看到。

早早澆熄星星之火

我們可由以上討論清楚看出，早在花半毛錢資源之前，公司只需透過宣告，就可進行全面競爭戰。電腦記憶體製造商之間，最近就有這樣的例子。德州儀器宣布該公司兩年後隨機存取記憶體（RAM）的價格。一週後，波馬（Bowmar）公司宣布了一個更低的價格。三週後，摩托羅拉（Motorola）宣布一個還要更低的價格。最後，過了兩星期，德州儀器又宣布它的最新價格只及摩托羅拉的一半……其他公司決定不生產該產品。所以，在還沒有實際花大錢投資之前，德州儀器已經贏了這場戰爭。

同樣的，透過這種一來一往的宣告，也可以搞定價格調整的幅度，或經銷商佣金抽成的形式，而不需擾亂市場，也不必像實際推出新計畫一樣，要冒險打仗，事後又要修改或撤銷。

分辨出某項事前宣布的目的究竟是為了要「先占先贏」，還是只是一種「安撫」，此時的正確性當然很重要。進行這項區分的起跑點，就是先分析搶攻市場能算到競爭者頭上的持續利益有多少。假如真有這樣的持續利益存在，我們就認為「搶

先」的動機很強、很有可能。反過來說，假如搶先所帶來的利益寥寥無幾，或者競爭者就其自身利益考量，採取突發行動其實比較划算，這種宣告就可能是一種「安撫」。就競爭者現有的實力考量，如果某項行動對他人所造成的傷害，實際上比它有能力進行的小；這樣的宣告，也會被視為安撫。另一種與動機有關的線索，則是宣告的時機（相對於預定行動的時間）──在其他條件不變下，早早宣布行動，一般來說都是一種安撫（雖然還是很不容易把它完全歸納成通則）。

我們還要注意，宣告也可能只是虛張聲勢，因為它們不見得一定實現。我們前面說過，宣告可能只是一種表達決心、傳遞出威脅訊息的方式，為的是要使對手退出或軟化，或在一開始就不進行。例如，面對其他公司的產能宣布，如想打消它們的這些念頭，公司可以宣布要建大廠來保衛現在所占有的產業產能；新廠一旦成立，將造成該產業產能嚴重過剩。假如基於這些目的所作的虛張聲勢未能奏效，也許吹噓者還是不會想將威脅化為行動。然而，不管威脅或決心是否實現，它們都會深深影響到日後的承諾與宣布。在最極端的情況下，有時宣告只是用來誘使對手投注資源的吹牛，讓它們準備防禦一個根本不存在的威脅而已。

競爭者所作的事前宣布，可以經由各種不同的媒介進行，如正式的新聞稿、經營階層對證券分析師所作的演講、媒體訪談及其他形式。競爭者選擇什麼樣的媒介宣布，會透露出它的潛在動機。宣布的方式愈正式，提出宣布的公司愈希望確定大家都聽到，也希望它能接觸到更廣的閱聽大眾。用什麼媒介宣布，也會對可能聽到的哪些人造成影響。在專業期刊上所作的

宣佈就可能只有對手或同業會注意。對一大群關心證券分析的廣大聽眾所作的宣布，與在全國性商業媒體上所作的宣布，寓意大不相同——對廣大聽眾所作的事前宣告，可能是想藉此建立「公開」的決心，標明公司想進行某件事，使競爭者認為公司難以馬前收兵，從而發揮阻遏效果。

（II）先上車後補票

公司常在廠房擴充、銷售數字、以及其他成果或行動等事實發生後，才予以宣布或證實。這類宣布可能會帶出一些信息，特別是可以透露出一些難以循他途取得的資料，或不預期公司會公諸於世的資料。這些事後公開的宣布，可確保其他公司知道並注意到這些資料，並進一步影響它們的行為。

就像其他宣告一樣，事後的公開宣布也可能有誤，更可能造成誤導——雖然這些情形似乎不常見。這類宣告所提到的資料（如市場占有率），許多是未經稽核、也未依證券交易所審查程序進行及保證的。有時，公布某些誤導資料的原因，是因為這麼做可以搶得先機，或是傳達某些決心。這種戰術之一，是在宣布銷售數字時，把嚴格說來不屬於某一類歸類項目的相關產品計算在內。換句話說，就是把顯而易見的市場占有率灌水。另一手法則是：引用新工廠的最終產能即使該產能還必須再作擴充。同時故意含混暗示該「最終產能」為「最初產能」。假如公司能了解或藉計算而推知這些誤導行為，更可從中解讀出競爭者的目標，以及其真正的競爭實力。

（III）眾口鑠金？

　　競爭者發表產業評論的情形並不少見，包括預測需求與價格、預測未來產能、以及外在變化的影響（如原料成本上升）等。這類看法裡充滿了各種信號，因為它會暴露出發表意見的公司對產業的若干假定，據以建立自己的策略。

　　這類討論會在有意無意間，試圖使其他公司也在相同的假定下運作，將引發戰爭的誤解降至最低。這類評論中，也可能隱含了要求維持價格紀律的呼籲。例如：「價格競爭仍然十分嚴酷。本產業還是未能將上漲的成本，轉嫁到消費者身上。」「這個產業的問題，就是某些公司不能認知；這些現行的價格長期下來終將妨礙我們成長，傷害我們生產高品質產品的能力。」在有關該產業的討論中，也可能委婉隱含了一些請求，呼籲其他公司循序漸進地增加產能、不要過度地打開廣告戰、與大客戶打交道不可破壞行規。同時暗示：其他公司如果能「循規蹈矩」，該公司必然與其合作。

　　當然，發表這些評論的公司之所以闡釋產業狀況，也許是為了要改進自身地位。例如，它可能希望價格下挫；因此，在描述產業狀況時，讓競爭者的價格顯得似乎偏高（即使明知競爭者維持現有價格水準較有利）。此種可能暗示我們，公司在解讀競爭者意見所發出的信號時，務必先行確認產業狀況，並找出競爭者可能會在哪些領域，透過它對事實的解釋而提升地位，模糊原先的動機。

　　除了對產業發表一般性意見外，競爭者有時也會直接評論對手的行動。如：「由於甲理由和乙理由，最近對經銷商擴充

信用的做法是不妥當的。」這類意見可以表示出，對手對某項舉動滿意或不滿意；但就像其他公開宣告一樣，它的目的永遠是眾說紛云。公司可從自利的角度出發，扭曲競爭者的某項行動，作出詮釋，提升自己的地位。

有時，某些公司會指名道姓地稱讚競爭者，或稱讚產業整體。例如，醫院管理就是。這類稱讚通常是一種安撫，目的在降低緊張情勢，或結束某些不利於己的做法。如果所有公司都會受客戶群或資金來源心中的產業整體形象影響，這種情形特別容易出現。

（IV）故布疑陣

競爭者通常會在公開場合，或其他公司可能聽得到的討論會上，自我檢討。後者最常見於：與主要客戶或經銷商討論某項行動。討論的內容幾乎確定會在產業內流傳開。

公司對自身行動所作的解釋或討論（無論有意無意），至少包括三個目的。首先，它可能是想讓其他公司看清某一行動的邏輯在哪裡，從而「跟進」；或者，它想傳達此一行動「並無挑釁意味」。其次，這些解釋或討論可能是一種「先發制人」的姿態。推出新產品或進入新市場的公司，有時會提供一些故事，讓媒體報導公司這項行動如何耗資巨大、如何艱難——也許可以遏止其他公司嘗試。最後，這類行動所形成的討論，也許只是想「傳達某種決心」。競爭者可能想強調，它在某個新領域投注了許多資源，說服對手它有據山為王的決心，切勿癡心妄想。

（V）從戰術看目的

競爭者實際選定的價格與廣告層次、新增產能規模、特定產品所採用的特色等等，都承載著有關動機的重要信號。假如競爭者選擇的策略變數，都是最傷其他人的變數，這就是一個強烈激進的信號。假如在一套可行策略中，它原本還可能更激進，就代表一種安撫。此外，如果狹義而言，競爭者的行為並不符合其自身利益，或許也代表一種委婉的安撫。

（VI）最初的態度

競爭者的新產品可能會先在周邊市場推出，也可能立即雄心勃勃地鎖定對手的主要客戶。價格變動也許會先針對對手產品線上的核心產品，也可能先挑上對手較不在乎的產品或市場區隔；可在同類產品的正常調價時間進行，也可以在異於平常的時間進行。這些例子可以說明競爭者實施每一項策略調整的態度，可以幫助我們分辨競爭者究竟想懲罰他人，還是想造福產業。如同以往，這類信號同樣可能言過其實。

（VII）偏離過去目標

假如某競爭者一向只生產高價品，如今卻推出價位明顯偏低的產品，便是一種目標或假定可能重大修正的信號。這種偏離過去目標的情形，如在其他策略領域出現，同樣可依此類推。這些偏離應該會讓各公司在一段時間內，密切追蹤，並進行競爭者分析。

（VIII）偏離產業先例

偏離了產業標準做法的行動，往往是一項侵略信號。這樣的例子包括：產業內從不打折的產品開始打折，以及開始在全新的地理區或國家興建工廠。

（IX）聲東擊西

如果某公司在某個領域發起行動，競爭者卻在另一領域進行會影響該發起公司的行動，以為回應，這種情形就可稱為「交叉迴避」。當不同公司在不同地域進行競爭，或是擁有多條不完全重疊的產品線時，這種情形屢見不鮮。例如，某家以美國東岸為基地的公司，在進軍西岸市場時，也許會發現另一家西岸公司正在向東岸進軍。不久前，烘焙咖啡即發生這種情形。麥斯威爾一向在東海岸稱雄，伏爾加則是西海岸的霸主。伏爾加被寶鹼集團收購之後，它透過激進的行銷手法，開始對東岸加強滲透。麥斯威爾的反制之道，則是部分降價，同時提高行銷費用，進攻伏爾加在西岸的某些主力市場。

另外一個例子則發生在機器設備業。約翰笛爾（John Deere）公司在一九五○年代末期進入推土機產業的策略就和凱特彼勒公司大同小異，最近還力圖滲透凱特彼勒的部分主力市場。現在凱特彼勒公司計畫直搗農業設備產業（約翰笛爾的地盤）的說法更是甚囂塵上。

這種「交叉迴避」的因應是，防禦的一方選擇以間接方式反制發起者。經由這種不直接的回應，守方大可避免在被侵犯的市場上，引發一連串毀滅行動及反制，同時又清楚地傳達不

悅，升高日後激烈還擊的威脅。

假如「交叉迴避」的目標指向原發起行動公司的「命脈」，我們便可詮釋它為一種嚴重的警告。假如指向的是「次要市場」，雖然也算警告，但同時也是希望避免激怒原發起公司，引發鹵莽反彈之意。針對次要市場的反應，也表示另一層意義：假如發起一方不退讓，防禦一方將會下更大賭注，採取更具威脅的交叉襲擊。

假如市場占有率懸殊，「交叉迴避」更可以是一種有效約束競爭者的方法。例如，假設「交叉迴避」涉及「降價」，則市場占有率較高的公司因應降價所付出的成本，也許遠高於發出信號的公司。這項事實將使原發起者承受更高的壓力，迫使退讓。

以上整個分析透露出，在這種交叉市場上保有一個「小」地位，也許很具嚇阻力量。

（X）戰鬥品牌

有一種與「交叉迴避」相關的信號形式，是戰鬥品牌。受威脅的公司，可以引進某種足以產生這種效果的品牌，以懲罰或威脅來責罰威脅源頭。例如，可口可樂於一九七〇年代中期，推出一種叫「沛比先生」（Mr. Pibb）的新品牌，口味非常酷似當時正蠶食市場占有率的「沛普博士」（Dr. Pepper）。麥斯威爾咖啡則在伏爾加咖啡企圖搶攻的一些市場，推出一種「地平線」（Horizon）品牌，其特點與包裝設計均與伏爾加類似。

戰鬥品牌本來就是用來警告、或嚇阻、或充當奇襲部隊，以削弱競爭攻擊主力的。在發動嚴重攻擊之前，它們也常常是

在沒什麼推動力或支援的情況推出，以為示警。此外，戰鬥品牌還可以用來作為部分規模戰的攻擊武器。

（XI）私下的反托拉斯訴訟

假如某家公司提出反托拉斯自訴來挑戰對手，我們可視這項舉動為不悅的信號（還可視為是一種「騷擾」或「拖延」戰術）。因此，有人認為私法告訴與交叉迴避頗為相像。由於私法訴訟，可以隨時由提出訴訟的公司撤回，因此相較於削價競爭，這種信號可算溫和。它所要表達的可能是：「這次你太過火了，最好給我乖乖退回。」無須冒險面對市場上的直接衝突。如果情況是較弱小的公司控告較強大的公司，這個訴訟也許是在使強大的公司有所顧忌，不致在此期間內採取任何侵略行動。假如較強的公司感覺自己正在法律監督下，它的力量也許就會有效的被中和。

如果情形反過來，是大公司控告小公司，則反托拉斯自訴案可能是「蒙上薄紗（thinly veiled）的懲罰手法」。訴訟將迫使較弱的公司相當長期地承擔巨額的法律費用，使其無法專注進行市場競爭。也或者是一種低風險的表達方式，藉以警告弱小公司，野心不可太大。大公司可運用法律操作技巧，使進行中的訴訟實際靜止，假如小公司解讀錯誤，或也可以有選擇的讓訴訟復活（讓小公司吃不了兜著走）。

│善用歷史辨明│

研究某家公司「宣布」與「行動」之間，或「其他各式

可能信號」與「後續結果」之間的歷史關聯，皆可大大提升我們正確解讀的能力。尋找某競爭者過去在進行變革前，無意間所發出的訊號，也有助於我們發現該競爭者所特有的一些無意識新信號類型。每次產品變革前，推銷人員是否總會有某些特定動作？新產品是否總在一場全國性銷售會議之後，緊接著推出？既有產品路線的價格調整，是否總在推出新產品之前？競爭者是否總在其產能利用水準達於某特定數字時，宣布擴充產能？

解讀這類信號時，它們當然始終有可能偏離過去行為。理想上，完全的競爭者分析會讓我們提早發現經濟上與組織上的原因，解釋偏離為什麼會發生。

｜信號是否誤人？｜

詮釋信號既需如此吹毛求疵，也許有人會認為，太過注意市場信號可能會導致分心，反而對公司不利。持有這種看法的人士認為，與其糾結在這些言詞與行動裡反覆思量，不如集中時間與精力競爭。

最高經營階層如果滿腦子都是「信號」，以致忽略了經營事業及建立優勢策略地位等重要事項，當然不對。然而任何公司卻不可以此為托詞，放棄這種頗有價值的資訊來源。策略制定的工作，本來就包含競爭者及其動機的某些假定。市場信號可以大幅增加公司對競爭者的知識，因而改善假定品質，忽視它們就等於是忽略了競爭者。

第五章

山雨欲來風滿樓

多數產業的競爭行動

在多數產業內，競爭的共同核心特色都是：公司之間彼此相關，感受彼此，而且有所反應。在這種被經濟學家稱為「寡占」的情況下，公司所發起的行動，都受競爭對手的反應所影響。競爭者的行動如果「不良」或「不理性」，「好」的策略行動往往會功虧一簣。唯有競爭者不具破壞力（包括主動或被動），策略才能成功。

在寡占局面下，公司往往身陷兩難。它可以追求產業整體（或某些次級團體）的利益，不怕輕啟戰端；也可以冒著烽火連三月的風險，追求一己之私，升高競爭的炙熱程度。而這種兩難局面之所以發生，是因為公司如果選擇可以避免開戰、造福整體產業（即所謂「合作」策略），也許就必須放棄潛在的利潤與市場。

告密或等死

這個情況很類似「對局理論」（game theory）中，典型的囚犯困境。

牢裡有兩名囚犯，兩個人都可以決定是否密告對方，或選擇保持緘默。假如這兩名囚犯都不互相告密，兩人皆可獲釋。假如兩人都密告，兩人皆會被吊死。然而，假如其中一人開了口，另一人沒有，密告者不僅可以無罪開釋，還可得到一筆補償金。如果雙方都不密告，則兩人合併考慮，整體利益較大。但就個別囚犯的一己之利而言，假如一方根本不打算密告，另一方的密告誘因反而更大。

　　將此一問題轉換至「寡占」情境來考慮；假如所有公司
都相互配合，大家都可獲得合理的利益。假如一家作出利己的
策略行動，其他公司又無法有效還擊，則該公司的利潤可能更
高。然而，假如競爭者激烈還擊，所有公司就會同遭池魚之
殃。

　　本章提出了一些原則，適用於在此背景下採行的競爭行
動。內容既包括了以改善地位為目的的「攻擊」，也包括了遏
阻對手輕舉妄動的「防禦」。首先，本章引用第一章概念，探
討產業內爆發競爭的大體可能，構成攻守背景，然後再檢視各
種競爭行動進行中的重要考量。例如，不具威脅的行動、合
作、威脅、意在嚇阻等。這方面的討論將足以闡明：採取行
動時，「不變的決心」有多麼重要，而行動手法又有哪些。最
後，我們再簡要討論，公司促進產業合作的一些做法。

　　除了第一章之外，本章還引用第三章中「競爭者分析」的
基本原則，以及第四章的「市場信號」。因為「競爭分析」是
任何攻防行動的前提，而「市場信號」既是了解競爭者的工
具，也是實際應用競爭行動時的使用工具。

│ 小不忍則亂大謀 │

　　公司在考慮攻防時，第一個要考慮的就是：產業大體是
否穩定──或者說，產業大體是否正在蓄勢待戰，只要風吹草
動，就可能爆發（有些產業比其他產業更需戒慎）。產業的底
層結構，可決定對立的激烈程度；也可決定我們是否容易（或
困難）找出合作雙贏的非戰結果。競爭者數目愈多、相對實力

愈平均、產品愈標準、固定成本愈高、產業成長愈慢，公司為了追求一己之利而再三出擊的可能就愈大。如果它們再採取類似微幅降價之類行動；如此一來，幾乎確定一定會遭到還擊。接下來則是一連串你來我往的報復，獲利持續低落。

同樣地，競爭者的目標與觀點愈分歧、專注於特定事業的賭注愈大、市場區隔愈不明顯，就愈難正確詮釋彼此的行動，維持合作後果。廣泛說來，假如這些行動偏好激烈對立，不論或攻或守，兩者的風險都會比較高。

山雨欲來

產業內的其他情況，也可能引爆對抗。各方的「持續競爭或長期互動」，可提高穩定性，因為這樣的過去有助於建立互信（相信競爭者無意同歸於盡），也能更正確預測出競爭者的可能反應。相反地，如果缺乏持續互動，爆發競爭的可能則大增。而持續的互動不只要靠「一群穩定的競爭者」，也要靠「一群穩定的總經理級人員」。

「多元」交涉的領域（公司在一個以上的領域進行競爭互動），也有助於產業穩定。假設兩家公司同時在美國與歐洲市場競爭，其中一家在美國的斬獲，可能被另一家在歐洲的斬獲所打消。所以說，多元市場提供了一條途徑讓公司答謝對方高抬貴手；反過來說，也可懲治背叛。透過「合資」或「聯合參與」所建立的相互連結，則可培養合作本能，讓參與者彼此充分了解，促進產業穩定。充分的信息之所以能產生穩定作用，是因為它使公司避免錯誤的反應，不致莫名其妙地起而反彈。

「產業結構」會影響競爭者的地位，影響它們侵略時承受

壓力的程度，以及彼此間可能的利益衝突。所以說，「結構」
設定了競爭行動的基本變數環境。不過，「結構」無法完全決
定市場未來，對立的狀況也要視個別競爭者的特定情形而定。
所以評估產業穩定度及大體環境的另一個步驟是「競爭者分
析」，檢視每一競爭者可能採取什麼行動、對手行動的可能威
脅、以及每一競爭者有效抵禦的能力——這類分析是發展嚇阻
策略、決定在何處攻擊前的先決條件。

　　評估產業穩定性的最後一步是，決定市場上公司之間「資
訊」流通的本質，包括對產業狀況的共同知識，以及透過信號
有效傳達意圖的能力。

｜比腕力，也比腦力｜

　　寡頭壟斷下的公司多少會受對手行為所影響，因此，要選
擇「正確」的競爭行動，不但要先速戰速決（不會死纏爛拖，
也不致觸發嚴重戰爭），而且要儘量導向獲利。也就是說，公
司的目標是要避免那種造成不穩、所費不貲、只會讓全體參與
者受害的戰事，同時還要讓自己的表現優於同儕。

　　公司一般常使用「優勢資源與能力」來迫使結果對公司有
利，克服還擊，並比還擊力量更持久。這類手法只能在公司擁
有明顯上風時才能使用，而且只有在持續占優勢時，才能穩定
實施；競爭者同時還不能錯誤解讀，妄想一步登天。

　　有些公司似乎將競爭活動視為不折不扣的野蠻遊戲，只知
投注大量資源，胡亂攻擊對手。雖然說，了解公司的長處與弱
點，有助於界定機會與威脅。然而，如果競爭者頑強反抗（更

糟的是，不顧死活、失去理性），或追求全然不同的目標，公司即使傾全力以赴，成果也未能盡如人意。何況，就現實層面來說，並不是每家有意提升策略地位的公司，都擁有明顯的長處。再說，就算有人顯居上風，一場消耗戰打下來，也會讓勝敗雙方大吃不消，所以最好避免。

競爭行動也是一場「比策略」的競賽。無論擁有什麼樣的資源，公司都可好好架構一番，選擇適當的行動來執行，創造最佳成果。理想上，還擊戰最好永不發生。而在寡占市場中，最好還能結集一切蠻力，以手腕巧妙加以應用。

合作或和平共存

要想提升地位，最好從對競爭者目標不具威脅的行動開始找起。我們先用第三章的架構，透徹地分析競爭者的目標及各種假定，找出某些能增加利潤（乃至占有率）的行動，卻又不致削弱重要競爭者的績效表現，或不智的威脅它們的目標。

從實用的角度出發，此種行動可分為三類：

1. 既能提升公司地位，也能提升競爭者地位——不管競爭者跟不跟進。
2. 能提升公司地位，也能提升競爭者地位——但必須有相當數量的競爭者跟進。
3. 只能提升公司地位——因為競爭者不會跟進。

第一類行動所涉及的風險最小。公司所採行的做法，有可能不但害己，同時害人。例如，與產業行情脫節不當的促銷或

訂價結構，就反映出過去的策略軟弱無力。

第二類情況比較普遍。在多數產業裡，有些行動只要全體公司跟進，大家就可雞犬升天。假設每家公司都把售後保證期限由兩年縮短為一年，所有公司的成本都會降低，獲利都提高——只要產業總需求不對保證期限太過敏感。

另一個例子則是，成本改變所引發的價格調整。這類行動的問題在於：不是每家公司都會跟進，因為這類行動雖然可以提升所有公司的絕對地位，卻不是最佳選擇。例如，如果保證期限縮水，原來產品穩定性最高的公司將失去一項競爭優勢。而競爭者也不一定會跟進，因為有些公司認為自己若不跟進，反而有機會提升自己的相對地位（假定其他公司都跟進）。

選擇第二類行動時，關鍵步驟如下：(1)評估該行動對每一家主要競爭者的衝擊；(2)評估每個競爭者放棄合作利益，而去追求破格利益所需承受的壓力。在競爭者分析中，這項評估並不容易。當公司行動必須視競爭者是否跟進才能決定成敗時，就會產生「競爭者也許不跟進」的風險。但假如行動不必付多少代價即可輕易取消；或相對地位的改變速度相當緩慢，或容易矯正，風險也不大。然而，假如公司不跟進而取得的相對地位很重要，而且難以挽回，這種行動的風險就很高。

辨認第三類不具威脅性的行動（競爭者不會跟進），有賴於仔細了解競爭者的特定目標或假定所帶來的機會。所以我們必須找出，競爭者不想回應哪些行動（它們認為沒必要）。例如，某個競爭者也許認為拉丁美洲市場無足輕重，而把焦點放在加拿大。對這名競爭者來說，要它犧牲本地公司，而去進軍拉丁美洲，絲毫沒有意義。

在以下情況中，行動會被視為不具威脅：

❑ 由於調整大部分都在發起公司內部進行，競爭者根本沒
注意；

❑ 競爭者對這項行動並不關心，因為它們對產業本身及業
內競爭，自有定見；

❑ 依競爭者原有的標準衡量，它本身幾乎毫髮無傷。

低姿態的天美時

結合了上述多項特點的一項行動是，天美時手表於一九五
○年代初期進入製表業的例子。

天美時當年的進入策略，是生產超低價手表（沒有任何珠
寶鑲嵌）。由於價格實在便宜，不值得花錢修理，所以它透過
雜貨店及其他非傳統的發貨據點銷售，而非透過珠寶店。

主導全世界製表工業的瑞士，當時以高品質高價位的手
表，透過珠寶店把手表當作精密儀器出售。一九五○年代初
期，瑞士工業蓬勃成長。既然天美時表和瑞士表如此天差地
別，瑞士業者根本不把天美時看作競爭對手。天美時既沒有威
脅到瑞士表高品質的形象，也沒有威脅到它們身為珠寶首飾表
的高品質、高價位的崇高地位。

天美時一開始就創造了重要需求，而非瓜分大餅。再加上
瑞士當時正處於持續成長中，起初完全不具威脅，結果天美時
終能在低價市場立穩腳跟。

反擊流彈

執行能改善人人地位的行動，就要讓競爭者都了解這個行
動不具威脅。由於產業情況變化，這類行有可能成為一種常見

且一再發生的必要調適。然而，這三類不具威脅的行動，都涉及風險

都可能被詮釋為「侵略」。

雖然成敗難料，但公司可運用多種機制來避免誤解。我們可透過宣布、變革、對此公開評論等等，主動發出市場信號，表達蓄意。例如，在媒體上費心探討成本揚升的原因，解釋自己的價格為何變動，應有助於傳達意圖。採取此類行動的公司，也可藉此規範未能跟進的對手，並針對競爭者的客戶，發起精心選擇的廣告戰或銷售戰。另一個減輕誤解的手法，則要倚重產業的傳統 龍頭——因為某些產業內，總有一家公司帶頭調適，其他人則在後面跟著起跑。另一種機制，是 讓「價格」或其他決策變數和現成可見的指數（如消費者物價指數）聯結起來，有助於調整。

威脅行動

許多足以大幅改善某公司地位的行動，都會對競爭者造成威脅，因為這就是「寡占」的本質。所以要讓這類行動圓滿成功，關鍵就是要正確預測還擊，並設法影響。假如復仇行動既快又有效，就會讓行動不但沒變好，反而更糟。假如還擊猛烈，發起者的下場則會慘不忍睹。

考慮威脅行動時，關鍵如下：

1. 報復的可能有多大？
2. 最快什麼時候展開還擊？
3. 還擊可能有多大的效果？

4. 還擊的反作用力如何？

5. 有沒有辦法影響對方還擊。

此處我們將集中火力，只就反擊或報復所可能出現的時間落差作預測。其中有好幾項還可以反過來，幫助我們發展防禦策略。

還擊落差

發起行動的公司都希望自己的行動，能拉大對手有效還擊的時間差距。而在防禦的情況下，公司則希望讓競爭者相信自己能迅猛反擊。還擊之所以產生時間落後，基本原因有四：

1. 太晚察覺；

2. 太晚發動；

2. 無法精確地瞄準還擊的砲火，導致短期成本增加；

4. 目標矛盾或動機混淆不清。

第一項原因「知覺意識的遲延」，是指競爭者未能及早察覺，或注意到對方一開始時的策略。原因不是刻意保密，就是無聲無息的避人耳目（例如，與小客戶或外國客戶往來）。有些時候，公司可藉刻意保密，或放低身段，在競爭者有效還擊之前，採取某些行動或建立新產能。有時，競爭者之所以未能立刻認出某一行動的重要性，是因為受其目標、市場認知等等影響。在「天美時」侵蝕瑞士及美國製造商銷售額許久之後，它們還視天美時手表為垃圾，無須還擊。

公司現有的監測機制可以監控部分知覺落差，並予影響。如果競爭者必須靠外界的統計來源（如商業公會）提供基礎資

料，來計算市場占有率，它們就得等到這類資料公布後，才會恍然大悟。有時因發起者聲東擊西，察覺的時間落差也可能進一步拉長。（例如，遠離主要行動的區域，另外引進新產品，或做出某些動作，以分散注意。）從防禦的觀點來看，這種太晚察覺的情形，可藉現場電腦監測，持續蒐集前場銷售員和經銷商的資料而改善。競爭者可透過仔細監控，提早知悉，因為對手必須事前準備，安排廣告刊登、設備運送等事務。能讓競爭者愈早知道競爭監測系統，嚇阻效果就能愈能發揮。

至於第二項「展開還擊的時間落差」遲延，則依最初行動的類型而有不同。針對降價所採取的還擊，可以迅速明快，但也可能曠日費時地先進行防禦性研究，推出產品變革，或為抗衡對手新廠而擴充產能。例如：新車型從規劃到推出需時三年，而建造一座生產生鐵的大型現代鼓風爐、或一間整合的造紙廠，也需三到五年。

這類還擊遲延也會受公司行動影響。由於競爭者有效報復的過程本來就緩慢，再加上前置時間必不可免、以及對手擁有先天弱點，公司當然可以主動攻擊。站在防禦的立場來說，報復的時間可藉由還擊資源的累積而縮短（即使它們永遠都用不上）。可行方法如下：新產品開發案暫不推出、或冒著訂金被沒收的風險，提早訂購新機器等等。

第三類因「未能精確決定報復點」導致的遲延，就好比是為了替換某個破損電晶體，而拆開整架電視一樣。大公司回應小公司行動時，更可能必須採用一體適用於所有客戶的行動，而非頭痛醫頭，腳痛醫腳。例如，為因應某個小競爭者的削價行動，大公司必須提供價格折扣給所有顧客，不計成本。假如

公司能找出某些讓對手無力回應，自己卻所費不多的行動，不僅可以造成拖延效果，甚至可以造成阻撓。

最後一種被廣為應用的重要狀況，是因「目標矛盾或動機混淆」而導致的。公司行動威脅到競爭者的某些事業時，如果競爭者快速而激烈的還擊，它就會在其他方面受傷。這種效應會在無形中造成還擊遲延（甚至根本不還擊）。部分原因，是因為公司必須為掃除內部衝突，花下額外時間所造成。

手錶、汽車、刮鬍刀、電腦

許多公司致勝的關鍵，都是因為它們找出了造成重要競爭者目標矛盾的狀況。瑞士製表業遲遲未對天美時做出反應，就是一個例子。「天美時」透過平價商店來賣手表，而不透過傳統的銷售管道——珠寶店，並強調價格超低、無須修理。同時它還指出，手表不是用來彰顯身分地位的商品，而是日用服飾。「天美時」表暢旺的銷售成績，終於威脅到了瑞士手表的財務與成長目標。但卻也給瑞士表商出了一個難題——它們該不該直接還擊？瑞士業者與珠寶店彼此休戚相關；而且投資了大筆金錢，塑造瑞士表的「精密珠寶」形象。如果針對「天美時」進行猛烈還擊，則會使「天美時」所宣稱的概念更站得住腳；如此不僅危及珠寶商合作銷售的意願，也有損瑞士產品的形象。因此，它們始終靜觀其變。

適用於這條原則的實例還很多。福斯汽車（Volkswagen）和美國汽車（American Motors）當年推出款式變化極少的陽春車時，也曾為三大汽車帶來了類似難題。因為它們原來的策略建立在「舊換新」和「換車型」上。Bic最近推出的可拋棄式刮

鬍刀，也令吉列公司進退維谷；假如它有所反應，也許就會在原已甚廣的刮鬍刀產品裡，影響到另一條產品線的銷路，而 Bic 則無此問題。最後一個例子，是 IBM 遲遲不願加入迷你電腦的領域，就是因為這麼做會危害自己大型主機電腦的銷路。

競爭互動的重要原則，就是想辦法受益於報復遲延，或造成最大遲延。然而，設法延遲還擊的策略原則並不是無條件就可採行。一個緩慢頑強的還擊，會比快速而效果稍差的還擊，對發起公司更不利。因此，就報復的「遲延」、與「有效度」及「強度」而言，其輕重權衡尚待仔細商榷。

防禦行動

目前為止，我們一直在談論攻擊，但是如何嚇阻或防禦也同樣重要。當然，防禦是攻擊的反面。而良好的防禦就是要創造情境，使競爭者經過上述分析、實際嘗試之後，認定某行動不足採行。就和攻擊一樣，防禦也可在一番戰鬥、退敵之後，而予達成。不過，最有效的防守還是「根本避戰」。

要阻止一項行動，就要使對手高度確定報復必然接踵而至，且要讓它們相信，還擊是結實有力的。前面已經討論過一些達到此一效果的方法，其他方法則在稍後討論決心承諾的概念時，再加介紹。

略施薄懲

假如競爭者採取行動之後，公司即予明快還擊，這種懲戒可使侵略者認為，「還擊」將如影隨形。施行懲戒的公司，愈能針對發起者進行報復，就愈能讓人了解它所鎖定的目標，效

果就愈好。例如，模仿某一競爭者特定產品的戰鬥品牌，就比一般化的新品牌更具懲戒效果。反之，假如還擊一定要大眾化（如全面降價，而非只針對發起者的共有客戶），懲罰的成本就可能比較高，效果也較差。同時，假如回應必須一般化，而不針對發起戰事的公司，那麼，因還擊而引發一連串「反制」與「反反制」的風險就會大增，讓懲戒行動更具殺傷力。

全力封殺

行動一旦展開，假如競爭者的發展空間遭受封殺，無法達到既定目標，再加上競爭者覺得此一狀態將長久持續下去，它也許就會不戰而退。例如，新加入產業的公司，通常都會設定成長目標、市場占有率、投資報酬率等、及一些時間限制。如果目標無從達成，而且確信必須花很長時 間才能達成，新進公司不是撤出，就是縮減規模。

封殺的戰術包括：強勢價格競爭、斥鉅資研發等等。我們可以從公司在市場測試階段對新產 品所作的攻擊，有效預測出它的戰鬥意志是強是弱，比起正式推出的花費也較低。另一種是使用 特殊交易手法，讓消費者貨物滿手，因而移除了該產品的市場，提高進入的短期成本。如果公司 的市場地位遭受威脅，則付出可觀的短期代價來全力封殺對手，也許相當值得。不過，最重要 的，是要正確預估對手的「績效目標」，以及「達成時限」。

吉列公司退出數位式手表市場，就是一例。雖然該公司宣稱，它在測試階段已贏得相當大的市場占有率，最後還是下台一鞠躬。因為它開發技術所需的投資太高，獲利卻遠低於其他

事業領域。而其肇因，可能就是德州儀器在此市場採取的掠奪式訂價及快速技術開發策略。

│矢勤矢勇│

在策劃與執行攻守時，最重要的還是「決心與承諾」；它不但可確定出公司反制攻擊的可能、速度、與力道，也可以當作防守基石。「決心」會影響競爭者看待自身及對手的方式。基本上，「表明決心、作出承諾」是表達公司資源與意圖的一種形式。競爭者常常會對公司意圖及其資源內容無所適從，明白表達，就可以減少這種不確定。對手也可以從新的假定中，好好理性估量，從而避免戰爭。例如，假設一家公司能夠毫不模稜兩可的承諾反擊，競爭對手在制定策略時，就會視這個反應為「必然」，不會鹵莽從事。競爭互動的一個訣竅，就是宣示決心，將自身的市場地位提到最高。

在競爭環境下，達成不同嚇阻作用的有三種主要承諾類型。

(1) 承諾公司無疑將貫徹某一行動；

(2) 宣示如果對方採取某些行動，公司勢將報復及持續還擊；

(3) 承諾公司將做壁上觀（或放棄某一行動）。

一、強硬表態

假如公司能說服對手相信，它有決心貫徹某一策略行動，對手就比較可能屈就，不致以卵擊石，或迫使公司退讓。所以

說，決心與承諾可嚇阻還擊。公司愈是頑強表態，這個意圖就愈可能實現。假如競爭者看到的對手猙獰而頑強，也許便會相信，它們還擊時，對方一定會為了保持新地位而一來一往，沒完沒了。

二、死守到底

第二種決心與承諾也大同小異，但是卻和回應比較有關。假如公司能讓對手相信，它一定會對對方強力反制（並必然反制），競爭者也許會認為採取某一行動根本不值得。「決心與承諾」所扮演的角色，就是要先發制人。競爭者愈了解這種持久慘烈的還擊會讓大家損失重大，它們愈不可能引發連鎖事端。這個情形就和以下搶匪很類似。

搶匪說：「這是搶劫，錢拿出來。」那個看來有些錯亂的受害者卻說：「如果你拿了錢，我就引爆炸彈，和你同歸於盡！」

三、溫和勸服

第三種形式的決心與承諾，不打算採取任何傷害動作。這一類決心可以有效的使競爭戰役降溫。假設公司能說服對手相信，它會跟進漲價，而非試圖將價格愈殺愈低，也許就能消弭價格戰。

承諾的說服力如何，和它看起來「多受拘束」和「多麼不可轉圜」有關。決心與承諾的價值在於「嚇阻」；而嚇阻的價值則要看它是否會讓競爭者覺得對方決心堅定而定。諷刺的是，如果「嚇阻」失敗，公司也許會後悔（被搶的人不見得真想引爆炸彈，炸死自己）。到底該食言而肥，降低日後的信用呢？

還是付出代價、履行承諾？這就成了公司必須面臨的兩難。

「承諾」本身和「時機」兩者都很重要。能夠率先宣示的公司，會使其他公司在評估未來走向時，順理成章將共行為視為當然，並使後來的演變結果有利於該公司。公司基本上想尋求穩定的結果，卻無法決定形式時，這招格外有效。但如果兩家公司限於卡位苦戰中，而且利益截然不同，早日宣示決心就沒那麼有用。

讓大家都知道

不管是「推動行動」或是「反擊對手」，我們都可併用各種機制及散發信號的方法，把決心與承諾傳播出大。要讓決心與承諾具有可信度，需要以下相關條件：

資產、資源、與其他能夠迅速實現承諾的機制；

❑ 一個實現承諾的明確意圖（包括對過去承諾堅持到底的紀錄）；

❑ 無法回頭、或具有絕不退縮的道德決心；

❑ 有能力測知是否信守承諾條件。

顯而易見的，我們必須借助某種機制來實現承諾，並傳達對它的重視程度。假如公司看來刀槍不入，戰事便不太可能發生。在實現決心時，特別明顯可知的資產有：過剩的現金準備、過剩的產能、一大隊銷售人員、一應俱全的研究設施、以及擁有涉足對手其他事業的小產品（可用以還擊）、或是戰鬥品牌。比較不明顯的資產，包括了一些上了貨架、卻尚未推出的新產品（隨時可用來瞄準某一競爭者的關鍵市場）。這類資產或資源可用「懲戒性機制」一詞來形容，因為它就是用來在

競爭者做出不利於公司的行動時,懲罰對方的。上列許多資產,都可以是有效的懲戒工具。

確立承諾時,有了這些資產幫助,當然很重要。不過,光是擁有資產還不夠。競爭者必須知道它們存在,才能發揮嚇阻價值。為了讓競爭者確實得知,有時還涉及公開的宣布;或與客戶討論,讓消息傳遍產業;或與商業媒體合作,刊出文章,強調這類資產存在。能見度最高的資源,最具嚇阻價值,因為它能大大減低競爭者誤判或忽視的風險。

「決意奉行承諾的清楚意圖」同樣要廣為周知,才能讓它看起來更可信。我們可透過一套「有始有終」的行為模式來達成。「過去種種」通常都是競爭者用來作為指標的工具,以便從反應中看出某家公司到底多麼言出必行,多麼不屈不撓。而一套架構前後一致的過去反應(主體可能不很重要,或根本微不足道),可以很清楚的顯示出未來意圖。有些減少還擊遲延的重要行動,也可進一步增強「實現承諾的清楚意圖」(如進行中的、競爭者也知悉的防禦性研發計畫)。公開宣布或故意洩漏這種意圖,也是一種手法,只不過它們往往無法像歷史行為那樣正式。

要讓他人知道我們的決心與承諾,最有效的方法就是透過某些已知因素,讓大家知道:公司根本無路可退;就算可以,也會失血甚多。例如,公布自己和供應商(或客戶)的長期契約,可顯示進駐市場的長程決心。同理,買下廠房(而非租賃),或以上下游齊備的完全生產廠商身分(而非裝配廠)進入市場也一樣。

要報復競爭者行動的還擊決心,可以透過口頭或書面協

議，鐵證如山的表達出來。例如，和零售商和顧客協議減價、保證產品品質均一、合作促銷，藉以抗衡對手的行動等等。也可公開報表向產業或金融界宣告決心、公布市場占有率目標、還有運用其他各類方法讓競爭者知道：如果公司非退不可，就等於是要它在大家面前顏面盡失。讓競爭者有這樣的認知，就可以發揮嚇阻作用，不致節節進逼。

順著這條思路走下去，如果競爭者愈相信某公司為了貫徹決心，已瀕臨失去理性的邊緣，它就會愈謹慎。在競爭情境中，不理性的狀況會透過過去的種種行動、法律訴訟、以及公開報表等呈現。能讓競爭者知道公司認真與否的行為，會在事業各部分顯現。公司在某一事業裡的現況，或有沒有長期奮鬥的決心等，也會透過它對供應商、客戶、配銷通路的言談，或公開發言，傳達出來。

八仙過海，各顯神通

我們要注意的是，決心與承諾的傳達，不見得需要大量資源。如前所述，擁有大塊占有率或廣闊生產線的公司，在進行還擊時，目標通常都會自相矛盾。然而，小公司在發起行動，或對他人進行還擊時，常常卻是得多失少。例如，公司發起降價時，就會對交易量龐大的大型競爭者，造成巨大衝擊。雖然小公司可以施壓的資源較少，但它可由強悍或不理性作為，多少展示。

最後，承諾到底有效與否，和公司「有沒有能力偵知對方的作為」很有關係。假如競爭者自信可以一手遮天，它就會躍躍欲試。如果公司能展示能力，表示它可立即得知任何價格

變動、品質調整、或新產品誕生，它的還擊威力就更具聲勢。監測銷售情況、與客戶直接對話、拜訪經銷商等幾套已知的系統，都是展現偵測率的好方法。不過，我們要注意：買方為了取得折扣，往往會在供應商並未秘密降價的情況下，謊稱其有此事。這樣一來，就會危及市場穩定，因為市場資訊不足，供應商無法辨認虛實。

巴斯特崔維諾實驗室（Baxter Travenol Laboratories）在靜脈注射溶液、血液容器、以及可拋棄式的相關醫療產品上，就在進行一場漸進式競爭戰。

擁有八億美元營業額、市場地位堅強的巴斯特公司，面對來自美國醫院供應品公司（American Hospital Supply Corporation；營業額十五億美元）麥高部門（McGaw）的挑戰——該部門正開發一種靜脈注射液的新型容器。雖然美國食品藥物管理局（Food and Drug Administration）直到一九七七年十一月，都還沒有核准此一競爭性新產品上市，但巴斯特據說已提前開打，表達該公司抗拒外人的決心。醫院採購人員開始報告價格競爭趨烈。有人說，巴斯特公司開始在許多產品線上提供極大的折扣，而且針對麥高的客戶特別施惠。巴斯特一直都在研發方面投注鉅資，而當另一個競爭者在一九七〇年代初期進入市場時，據說還涉及了惡性的降價。巴斯特迎接最近這場競爭的強悍與堅決，顯然已充分揭露。

以退為進

目前討論的內容一直集中在如何傳達決心，採取行動或還擊。但在某些情況下，公司會發現，承諾「不採取」某一破

壞行動或終止侵略，反而對公司有利。雖然這麼作看似簡單，但競爭者往往對公司的安撫心存疑慮（一朝被蛇咬，十年怕井繩）。它們也可能擔心，解除武裝之後，發起行動的公司會趁機大肆劫掠，要想翻身就難了。既然如此，公司到底該如何表達安撫，才能取得信任呢？

我們要再次強調，實務上所觀察到的現象，實在是各種可能都有，先前提過的表達承諾的各項原則也依然適用。要想取得信任，一個有效的作法是：讓公司一面降低自身業績、造福競爭者：一面大肆宣揚。奇異電氣就曾在景氣不佳時，先將自己在渦輪發電機的市場讓出部分，以免價格太壞，然後才在景氣好轉時，把占有率拿回來。

｜形成共識｜

在協調整合競爭者對市場最後演變的預期時，有個問題會導致寡占下的不穩：既然競爭者的期望紛歧，操縱之事自然會時有所聞，戰爭當然也可能爆發。雪爾令（Thomas Schelling）在一本談論「對局理論」的著作上就認為，在這種環境下要達成某項結果，重點就是要發現焦點（focal point），或某個重要的休戰區，好透過競爭過程使期望趨於一致。

焦點之所以重要，主要是因為競爭者必須在相互間達成某種穩定，避免艱困動盪的行動與反制。焦點可以有多種形式，它可以是一套合理的價格、百分比加成訂價規則、市場占有率粗分（四捨五入）、非正式的共有某些地域或客戶市場等等。焦點理論的要旨是：最後各種競爭調整動作，終會安頓在這一

點上，自然形成銜接。

這種焦點概念，衍生出三點啟示：（一）公司應設法儘早認出一個有利的焦點。愈快找出，費心尋找的成本就愈低。（二）簡化產業價格或其他決策變數，以便早日認出焦點。例如，建立分級標準或產品標準，取代生產線上複雜的品項。（三）設法安排布局，讓最適合公司的焦點早日出頭。這樣一來，也許要引進某個產業術語。例如，我們原來溝通時，用的是「絕對價格」，現在則可改用「每平方英尺的價格」表示。策略行動的順序還可再加建構，讓某個最令人滿意的焦點自然浮現。

｜資訊與機密之重要｜

公司自我揭露的訊息，現在愈來愈多了；部分原因可能是由於商業媒體不斷地繁衍滋生，需要填滿的公共資訊愈來愈多。雖然這其中有部分是法律規定的，但那些寫在公司年報上、出現在訪談或演講裡、或經由其他途徑傳達出來的大多數訊息，都不是法律明文規定的。造成訊息揭露的原因，不是涉及股市行情、就是經理人吹噓忘形、公司無力規範員工言論、或僅是一時疏忽所致。

前面的討論已經很清楚了：不管或攻或守，「資訊」都十分重要。無論公司想放出市場信號、或傳達決心……發布特定消息往往很有用。但一些和公司計畫或意圖有關的資訊，卻通常會使競爭對手制定策略起來輕省許多。例如，假設某一即將上市的新產品訊息，已被巨細靡遺地透露出去，競爭者便可集

中資源，準備回應。反之，假設新產品的特色僅止於含糊籠統，競爭對手便須準備許多防禦策略，以便兵來將擋、水來土掩。

選擇性的透露自身訊息，乃是公司採取競爭行動時的一項重要資源。任何資訊的透露，都必須與整體競爭策略合併，進行整體考慮。

第六章

打著燈籠找對象

對客戶及供應商的策略

本章將探討結構分析應用在選擇買主、目標客戶（或「客戶群」）方面的一些意涵。同時也將深入探討，此種分析在「採購策略」上的意義。公司看待客戶及供應商政策時，由於其焦點主要集中在營運上，視野往往十分狹窄。然而，只要把注意力轉移到涵蓋面較廣的客戶及供應商層面，就可以改善本身的競爭地位，施展力量時，也不致太軟弱。

｜鐘鼎山林各有所好｜

大多數產業銷售產品或服務時，針對的都不是單一買主，而是形形色色的一群買主。這群買主的議價能力加總看來，正是足以影響產業可能獲利的一股競爭作用力。

從結構性的角度看，產業所面對的客戶群很少是同質的。例如，許多生產事業的銷售對象，就是行業別極其懸殊的公司，應用方式也各個不同，不但採購量可能天差地別；在個別製程中，同一產品作為生產投入項目的重要性也各異其趣。而購買消費財的顧客，同樣可能在採購量、收入、教育程度、及許多方面都存在著極大殊異。

某一產業的顧客之間，購買需求也會不同。不同的顧客需要不同層次的客戶服務、以及不同期望值的產品品質及耐久性、消費資訊等。這些五花八門的採購需求，就是不同客戶間會產生不同結構性議價能力的原因。

客戶之間不僅結構地位不同，「成長潛力」不同，採購量的可能增長也不同。同樣的電子零件，賣給像迪吉多設備（Digital Equipment）這類成長快速的微電腦產業，前景當然要

比賣給黑白電視製造商更好。

　　最後，既然原因不同，服務個別客戶的「成本」也會不同。在電子零件經銷方面，服務採購量小的顧客，成本（占銷售額的百分比）就遠高於大客戶，因為處理一張訂單的成本大致上是固定的（相對於運量而言）。這些主要來自文書作業、必經流程、人手操作等工作的成本，不會因零件多寡，而造成很大影響。

　　這種異質的結果，使「客戶選擇」（選擇目標買主）成為一項重大的策略變數。大致說來，只要能力所及，公司應儘可能把產品賣給對公司最有利的客戶。因為「客戶選擇」會強烈地影響公司成長，也可使客戶破壞力降至最低。在成熟的產業、以及難以維持產品差異或技術創新的產業中，考量結構性因素所作出的「客戶選擇」，尤其重要。

　　辨認出最有利的，或所謂的「好」客戶之後，我們將探討客戶選擇的一些策略意涵。其中一項是：「公司不但可以找到好客戶，而且還能創造好客戶」。

｜得失拉鋸戰｜

從策略的角度判定客戶品質，可依據四種廣義標準：
❑ 採購需求與公司能力
❑ 成長潛力
❑ 結構地位 ←── 內部議價力量
　　　　　　　└── 行使此一議價力量，要求低價的傾向
❑ 服務成本

不同的採購需求有不同的競爭意涵。如果公司瞄準的客戶，具有它最擅長滿足的某些特定需求，那麼，在其他條件相等下，公司便可提升競爭優勢。客戶的成長潛力，就策略制定的角度而言，意義不言自明：一個客戶的成長潛力愈高，它對公司產品的需求便愈可能與時俱增。

為了便於策略分析，我們可將客戶的結構地位分為兩部分。假如買方不身擁有相當的影響力，而且有其他替代供應來源，「內在的議價力量」就會是買方用來對付賣方的籌碼。不過客戶之間，行使議價力量迫使賣方利潤縮水的傾向各不相同，所以此一籌碼也許永遠用不上。而某些客戶雖然採購量很大，但對價錢並不特別敏感，或許也願意犧牲價格來換取產品的其他屬性，不致動搖賣方的利潤。

「內在的議價力量」及其「行使此力量的傾向有多大」，在策略上都很重要。因為，尚未施展出來的力量，隨時可能在產業演化中釋放出來。例如，原本對價格不那麼敏感的公司，很可能隨著產業的成熟，或替代產品開始對利潤造成壓力，馬上就敏感起來。

最後一項重要的客戶特性是：服務特定客戶的成本有多高。假如成本過高，就其他標準而言是「好客戶」的一些買主就會失去魅力；因為服務這些客戶會讓公司原本較高的利潤或較低的風險，被這些費用所抵銷。

四大護法

這四項標準的行進方向，不見得一樣。成長潛力最大的客戶，力量可能最大，施展起來最不留情面。而議價力量很小、

對價格最不敏感的客戶，也許因服務成本太高，以致抹煞了價格所帶來的利益。最後，最適合由公司提供服務的客戶，其他條件也許全數不佳。因此，如何選擇最佳目標，就成了上述各項因素進行加權評分的終極過程。

一、龍配龍，鳳配鳳

　　為什麼要依公司能力，來配合客戶的特定採購需求呢？道理很清楚。這種配合能讓公司為客戶創造出大於競爭者的產品差異，同時讓服務成本極小化。公司的工程能力和產品開發技術如果夠強，服務那些「強調差異化」的客戶群時，就可取得最大的相對優勢。如果公司享有優於競爭者的高效率後勤系統，那麼面對那些看重成本的客戶，或者是客戶的運籌管理系統極其複雜時，這個優勢就會發揮得更加淋漓盡致。

　　診斷特定買主的採購需求，先要認出影響客戶採購決策、以及涉及執行採購活動（裝貨、送達、訂單處理）的各項因素。然後，再針對個別客戶或客戶群的情況加以分門別類。

二、成長的觸媒

　　工業事業客戶的成長潛力如何，要看三種情境而定：

(1)「該產業的成長率」如何？
(2)「初級市場區段的成長率」如何？
(3)在此產業及關鍵區段中，「買主市場占有率的變化」如何？

　　客戶所處產業的成長率，受各種因素所影響——如產業地

位（相對於替代品）、客戶相對於其客戶的成長率等等。

產業中的某些市場區段，通常會比其他區段成長得快。所以說，客戶的成長潛力，部分要看它所服務的主要區段而定。評估某特定區段的成長潛力，則與評估產業整體的成長潛力基本類似，只是組合層次較低。

成長分析的第三項要素，是客戶在自身產業及特定市場區段的「市場占有率」。客戶目前的現有占有率份額，與其漲縮水準可能都會影響競爭形勢。評估此一形勢，就需進行競爭者分析，診斷產業的目前及未來結構。

以上三元素加總，就決定了客戶的成長潛力。假設某一特定客戶擁有占有率的優勢，即使產業處於成熟或衰退階段，也可能大幅成長。

影響大宗商品客戶成長的因素也很類似：

1. 人口統計方面的特性；

2. 採購數量。

第一項因素「人口特性」，決定了特定消費者區段未來的規模。如，二十五歲以上、受過良好教育的消費者將快速增加。收入、教育、婚姻狀態、年齡等等任何層級，也可利用人口統計學上的方法進行類似分析。特定消費者區段所購買的「產品或服務」數量，是另一個決定因素。決定採購數量的因素則包括了：替代品的有無、改變潛在需求的社會趨勢等。（決定消費性產品長期需求的一些潛在因素，則如同工業產品一樣，會在第八章討論。）

三、挑軟不揀硬

　　影響特定顧客（或顧客區段）固有議價力量的因素，與第一章中「決定產業整體客戶群的力量」相當類似，只是仍須稍作補充。在此，我要提出幾個標準，辨認出哪些是沒有太多內在議價力量的客戶；就「客戶選擇」而言，它們就是好客戶。

　　1. **相對於賣方銷售量**，它們的購買數量很小。採購量小的客戶，要求降價、吸收運費的力量就小。尤其是賣方固定成本頗高時，特定買主的採購量更會嚴重影響議價。

　　2. **缺乏合格的替代貨源**。假如特定客戶的需求，只有極少數替代品可以滿足，它們的議價力量就會受限。舉例來說，假設客戶最終產品的設計，需要極高（高到超乎尋常）精密度的零件配合，有辦法供貨的供應商也許就屈指可數。從此一標準看來，所謂的好客戶就是：對特定產品或服務有獨到需求的客戶。如果必須經過廣泛測試或實地試驗，來確保賣方規格合乎標準，合格的貨源也會所剩無幾（電信設備業就是）。

　　3. **採買、交易、或磋商成本較高**。如果客戶在掌握替代來源、磋商、或交易時，必須面臨特定困難，就較不具內在力量。因為它們尋找新品牌或新供應商的成本太高，只好被迫與既有供應商妥協（地處偏遠的客戶就有這類困難）。

　　4. **缺乏後向整合的確切威脅**。客戶所處的地位如果不利於後向整合，就喪失了重要的議價籌碼。在這方面，同一產品的顧客往往差異極大。例如，採購硫酸的許多公司中，只有大用戶（也就是肥料製造商或石油公司），才能一言九鼎，其他硫酸買主的力量則小多了。

5. **移轉供應來源時**，將承擔較高的固定成本。某些客戶由於情況特殊，面臨的移轉成本也特殊。例如，產品規格已鎖定特定供應商；或為了學會特定商設備使用方式，已投入鉅資。

移轉成本有幾項重要來源：

○為配合新供應商產品，所花的修改產品成本；

○測試（或認證）新供應商產品，以確保可替代無誤的成本；

○重新訓練員工的投資；

○使用新供應商產品時，必須增購的新型輔助設備（或工具、測試設備等）；

○建立新後勤運籌體系的成本；

○切斷關係所需的心理成本。

以上任何一項成本，對特定客戶而言，都可能比別人高。

移轉成本會使賣方受苦，承擔更換顧客所產生的固定成本，也會相對提高買方的議價力量。

四、大方付費或錙銖必較

擁有議價力量的個別買主，不一定會行使議價力量，壓低賣方利潤。對價格完全不敏感，或願意犧牲價格，以換取產品功能表現的客戶，通常都是好客戶。

這些對價格不敏感的客戶，可列入以下類別：

❏ **該產品成本只占客戶產品成本或採購預算的一小部分。**
假如產品價位很低，四處比價和議價可得的利益往往也不會太高。這裡所說的相對成本，是指「某段特定時間內」該產品的「總成本」，而不是「單位成本」。因

為單位成本即使較低，如果採購量大，該品項便會變得重要。消費者或採購代理兩者則往往只注意成本較高的品項。以工業買家來說，資深的專業採購代理及公司主管，往往負責高價品項；資淺的通才型採購代理，則負責一次處理所有低價品。而對消費者來說，低價品不值得他們花大錢詢價比較。「便利」才是他們的主要採購動機；採購依據則是一些比較不「客觀」的標準。

❑ **產品失能的代價很高。**假如產品故障或不如預期，使某一特定客戶所費不貲，買主就不會對價格太敏感。它會比較關心品質，願意多付一點錢，也較可能忠於有一定口碑的產品。這類產品特性，可在電子業找到好例子。顧客如果購買電子控制設備打算用在生產機器上，也許就不那麼敏感；如果用途平常，敏感度就會稍高。昂貴生產設備的控制裝置只要失靈，即使不拖累整條生產線停擺，也會令機器本身及一些員工閒置。用在相關系統中的產品，故障成本也特別高；因為此一產品的失靈可能會使全體斷線。

❑ **有效能的產品（或服務）將產生大筆結餘、提升績效。**假如產品或服務表現良好，能省時省錢，或提升產品表現，客戶就不會對價格那麼敏感。例如，一個投資銀行家（或顧問）就能透過正確的「估算股票價值」、評估「可能的購併對象」、或「排難解紛」，為公司省下大筆金錢。如果計價決定難以取捨，或重大的相關問題尚待解決，客戶往往會多掏腰包，尋求最佳對策。

另一個例子是「油田鑽探」。運用精密電子技術，偵測岩

層中的油礦的大公司，只要能正確判讀，便可省下大筆鑽探成本，讓開採公司樂於支付高額費用——尤其是棘手價昂的深油井或外海油井。由交貨準時、快速修護等所導致的費用節省，都是這類買主節餘。有些客戶就願意額外付費給出類拔萃的公司；如處方藥劑、電子設備這類東西都能提升客戶績效。

❏ **採用高品質策略的客戶**，買的都是物有所值的產品。敢於標榜高品質策略的買主，對於自己的「投入」也相當在意。如果他們認為，這些「投入」能提高產品績效，或以其品牌形象挾帶的名氣增強高品質策略，就比較不會計較投入品價格。正因如此，高價機器製造商通常願意多花錢，來購買名牌電動馬達或發電機。

❏ **客戶尋求量身訂製**，或有多重選擇。假如買主想買特別設計的產品，這樣的心願往往會讓他們願意額外付費——鎖定特定供應商（或供應群），多付錢討供應商的歡心。這類買主可能也相信，這種額外努力值得嘉獎。伊利諾工兵廠就不辭勞苦的為客戶量身設計，設計出滿足特定需求的扣件，回報他們的則是「高利潤」和「高度的顧客忠誠」。

然而，擁有極佳內在議價力量的客戶，也許只會要求獨特或專門，卻吝於多付一毛錢。這類客戶對賣方最不利，因為它只會增加成本，卻不會提高利潤。

❏ **買方貲財豐厚**，或可輕易轉嫁投入成本。獲利高的公司通常會比勉強餬口的客戶，對價格較不敏感（除非成本比重太大）。形成這種態度的原因，也許是上述那些非常賺錢的客戶在心態上，比較願意讓賣方取得合理報

酬。雖然有人反駁，高獲利客戶就是擁有議價優勢才會如此。但事實上，這類客戶行事的優先次序，似乎很少強調「積極議價」，而比較看重其他。

❑ **客戶消息不靈通，或採購規格不夠明確。** 對投入成本、需求、或評量替代品牌標準消息不靈的買家，對價格的敏感往往不如其他耳聰目明的客戶。反之，假如買主對需求狀況和供應商成本了然於胸，它們就會是不留情面的價格殺手（許多大宗商品採購者就是）。資訊貧乏的客戶比較可能隨著主觀因素左搖右擺，沒把握壓榨供應商的利潤——但客戶絕對不能連競爭產品有何差異都無法辨認。

❑ **實際決策者的購買動機不能只侷限於投入成本。** 買主對價格的敏感度，一部分受買方實際採購者或決策者的動機所影響，而且個別差異可能頗大。例如，採購代理常因省錢而受到獎勵，結果只看價格；工廠經理則以生產力做準，著眼於長程。（採購代理、工廠經理、甚或高階主管都可能是公司的實際決策者——依公司大小及多項其他因素而定）。

在消費品方面，各個家庭成員都可能是不同的產品決策者。不同的消費者有不同的動機系統。而決策者的動機範圍定義得愈窄，愈想節省投入成本，買主對價格就愈不敏感。

❑ **促成價格不敏感的因素會一起發酵。** 從事高速印刷字體（用於藝術品及圖書）轉印的列措設（Letraset）公司，客戶多半是建築師及商業藝術家。對這些人來說，雕刻

字體的成本與其時間成本相比，可謂微不足道，而吸引人的文字設計，則會為作品整體印象增色不少。既然建築師和藝術家最關心隨時有大量不同的字體立即可用，列措設的客戶因而多半對價格極端不敏感，而且願意讓列措設賺取暴利。

以上因素顯示：大買主未必對價格最敏感。使用設備頻繁、採購機器種類很廣的營造機器具客戶，就偏好與單一供應商打交道。好處是，零組件互換度高，而且只須與一個維修機構互動。它們願意多花錢來買可靠的機器，以便密集使用，降低產品維修成本。反之，只買少數幾種營建機器的小型承包商，設備的使用較不頻繁，對採購價格就敏感得多——因為設備成本對它們非常重要。

五、服務成本

服務同一產品不同客戶的成本差異可能很大。原因如下：
○訂單數量大小；
○直接銷售或透過經銷商；
○前置期需時多久；
○下單穩定度（用於策劃或後勤運籌）；
○運送成本；
○銷售成本；
○特殊設計或修正；

服務客戶的成本，許多都是隱藏的，還可能分布在間接成本裡，隱而未現。如果要確定不同 類別的客戶服務成本，必須另作研究。因為正常營運報告書中，很少會有詳盡細節。

男怕入錯行，女怕嫁錯郎

從以上幾個方面看來，客戶可能各有差異的這個想法，再次說明了「選擇客戶」相當重要。並非每家公司都能自由選擇客戶，也並非所有產業的客戶都在這幾方面有所不同。然而，挑精揀肥的可能的確存在。

選擇客戶的基本策略原則是：依上述判斷標準，找出對公司最有利的客戶，並設法促銷。我們早先說過，這幾項標準可能會讓某一特定客戶的吸引力毀譽參半。例如，最具成長潛力的客戶可能最具勢力、對價格也最敏感。因此，選擇最佳客戶時，務必平衡這些標準，考慮客戶能力。

不同公司會有不同的定位。例如，產品別樹一格的公司，也許就能掌握許多對手無法掌握的好客戶。客戶的內在議價力量，也會因公司而有所不同。超大型或產品獨特多變的公司，可能比小公司更不易受客戶規模所左右。最後，公司滿足需求的能力也會不同。所以，就某些方面而言，哪些客戶最受歡迎，還要視個別公司的地位而定。

以下是其他策略意涵：

❑ **低成本的公司仍然可以成功地售貨給舉足輕重、價格敏感的客戶**。無論客戶多強大、對價格多敏感，低成本製造商的獲利仍可達產業平均以上，因為它能媲美對手價格，同時獲利更高。然而，這段陳述卻可能有「雞生蛋，蛋生雞」的循環特性——想以「數量」取得成本優勢的買主，也許有時還是得出售給「差勁」的客戶。

❑ **不具成本優勢、或其產品差異化的公司，要想獲利高於**

平均，就必須慎選客戶。公司必須把努力的焦點，集中在對價格較不敏感的客戶身上，以求績效高於產業平均。也就是說，必須刻意犧牲銷售量，保持焦點集中。不具成本優勢，卻一味擴大銷售量的公司，無異自討苦吃，因為公司的客戶素質會愈來愈差。假如公司無法取得成本領先，便須小心面對大客戶，以免陷於水深火熱。

❏ **我們可以透過策略，創造好客戶（或改善客戶素質）。**某些讓買家炙手可熱、人見人愛（有利於公司）的特質，會受公司影響。例如，「形成移轉成本」就很重要。我們可以說服客戶在產品設計階段，把公司產品一併納入考量；或為客戶開發出多樣設計；或協助訓練客戶，教導其員工如何使用本公司產品等。

此外，銷售手法也可靈活運用，改變產品決策者，使其由「對價格敏感」，變得「對價格較不敏感」。我們可藉由產品或服務的改善，讓某種特定型態的客戶省錢；也可從公司的觀點來採取許多其他作為，改善客戶品質，影響理想客戶的特色。

此一分析顯示，我們可以把「策略制定」視為一種創造有利客戶的方法。從策略的角度來說，創造出「只鎖定特定公司的好客戶」，顯然強過為人作嫁。

❏ **客戶選擇的基礎可再擴大。**擴大客戶基礎，是創造好客戶的重要方法，值得單獨討論。最好能讓這個基礎偏離採購價格，移轉到公司能力獨到、或可創造移轉價格的地方。

擴大客戶選擇的基本方法有二。

首先是「增加附加價值」，戰術如下：

○提供客戶迅速切實的服務；

○提供工程協助；

○提供信用貸款或快速交貨；

○創造新的產品特性。

道理很簡單。附加價值如能持續增加，可選擇的特性就比較多，造成產品轉型──產品可以出現多種變化。

另一種特殊做法是：「重新定義客戶對產品功能的認知」（產品與服務本身不變）。讓客戶知道，產品的成本或價值不只等於其原始採購價格，還要考慮其他；

1. 轉售價格；

2. 產品生命周期內的維修成本與停工時間；

3. 燃料成本；

4. 可創造產能的收益；

5. 安裝或加裝成本。

假如客戶真的相信，產品的總成本（或價值），已經將這種種因素納入考慮，公司就可能說服客戶它的產品在這些方面高人一等，以高價示人亦無妨，同時贏得客戶忠誠。當然，公司必須信守承諾、實際證明其優越性，而且明顯優於對手，否則原可取得的高利潤就會被侵蝕。想擴大客戶基礎，就必須依此進行有效的行銷，做出值得信服的產品出來。過去數十年，奇異電氣在大型渦輪發電機產業就因此十分成功。

　　❏ **高成本客戶可以排除在外。**提高投資報酬的常用策略之一，就是從目標客戶群中，剔除高成本客戶。此一戰術通常都十分奏效，因為它能讓收支剛好平衡的「邊際客

戶」愈來愈多（尤其在產業發展的成長階段）。剔除高成本客戶也常會是收穫豐碩的，因為很少會有人仔細研究服務個別客戶的成本。然而，除了服務成本之外，還有其他層面要考慮。例如，高成本客戶也許對價格非常不敏感，比較能接受漲價。或者，高成本的客戶可對公司成長造成巨大貢獻，讓公司擁有規模經濟，或達成其他策略目的。所以，決定剔除高成本客戶之前，要先將影響客戶吸引力的幾項因素通盤考量。

❑ **客戶素質會隨著時間而改變。** 決定客戶素質的因素中，不少因素可能會改變。例如，產業成熟以後，客戶在許多事業上會變得對價格較敏感，因為利潤縮水了，採購能力卻愈來愈強。所以說，「賣產品給品質會變壞的客戶」絕對不可以成為公司的策略基礎。反之，及早認出哪些客戶可能變成搖錢樹，則將帶來可觀的策略機會。早期打動這類客戶也許不難——只要移轉成本不高，而且少有競爭者感興趣。（進了門，再透過策略把門檻提高。）

❑ **採取策略行動時，應將移轉成本納入考慮。** 既然移轉成本這麼重要，我們就應該考慮所有策略行動對移轉成本的影響。例如，移轉成本的存在即意味著：對客戶而言，升級或擴充，會比更換品牌划算得多。這樣的考量會讓已使用某產品的客戶，因升級而賺取非常高的利潤（只要升級成本，與新購單位的成本比起來不致離譜）。

│採購策略│

第一章所分析的供應商力量和客戶選擇原則，都有助於公司採購策略的制定。儘管採購的策略、程序、組織，還有許多層面都超出本書範圍，但我們可運用產業結構的架構好好分析某些議題。站在結構的觀點，採購策略的關鍵如下：

○供應商集合的穩定度與競爭力；

○垂直整合的最適程度；

○如何在合格供應商之間，分配採購額度？

○在選定的供應商範圍內，創造最大的槓桿效果。

第一個議題是「供應商的穩定性與競爭力」。我們當然希望採購對象能維持、增進其產品及服務的競爭地位，確保公司採購到的「投入」品質、成本皆適當或優異，以確保公司競爭力。選擇能夠持續滿足公司需求的供應商，也會使更換供應商的成本降至最低。

第二個議題：「垂直整合」的各項策略考慮，將留待第十四章再檢視。此處我假定公司已決定哪些品項要外購，問題是：「如何採購」才能創造最有利的結構議價地位？

在供應商之間分配採購額度，創造議價力量（第三、第四議題），則可轉向借重「結構分析」。第一章中曾指出，下列條件會導致某特定「投入」特別有影響力：

❑供應商太過集中；

❑並未倚賴某一客戶獲取大量銷售成績；

❑客戶面對移轉成本；

❑產品獨一無二、或具產異性（少有替代貨源）；

❑ 前向整合的威脅。

客戶選擇分析，又使供應商多了幾項有力條件：

○ 客戶缺乏「向後整合」的確切威脅；

○ 客戶所面對的訊息、採購、或交涉成本很高。

所以說，在採購方面的目標是找出某種機制，來抵銷或壓制這些供應商的力量根源。有時，此種力量盤根錯節在產業經濟體系裡，不是公司所能掌握的。然而，許多時候，還是可以用策略加以舒緩。

絞盡腦汁壓低成本

❑ **分散採購**。同一個項目，可以分向不同的供應商輪流採購，藉以改進公司議價地位。分散給個別供應商的業務量，一定要大到足以讓供應商「唯恐失去」才有意義，否則分散過了頭，反而過猶不及，無法好好利用自己的結構性議價地位。然而，完全向單一供應商採購，也會讓該廠商有太多機會施展力量，或建立移轉成本。與這些考慮相通的是，採購者爭取數量折扣的能力，部分與議價力量有關，部分與供應商經濟效益有關。為了平衡這些因素，採購者應盡可能設法創造供應商對它的倚賴，在獲取最大數量折扣的同時，不至於使自己承擔太大的移轉成本風險。

❑ **規避移轉成本**。從結構的觀點看，「好的採購策略」應該能避開移轉成本。我們稍早已指出，什麼是造成移轉成本的共同緣由，但一些微妙難解的領域仍然與之並存。規避移轉成本，就是要抗拒誘惑，不使自己過度倚

賴某一供應商的技術支援；確保員工不致吃裡扒外；還要避免在成本的分配適切正當與否未能清楚說明（是否可超過未來借款的痛苦）前，就讓供應商一頭栽進「量身變化」或「量身設計」的盲流中。不僅要刻意要求在定點採購使用他人產品；並刻意反對投資某一供應商的輔助設備，以免掛一漏萬；同時也要刻意抗拒某些產品，以免員工必須重新接受專業訓練。

❑ **協助替代貨源，使其更合格。** 透過「資助開發」契約和「小量採購」契約，來鼓勵替代貨源入行，很可能是必需的。事實上，有些採購者已開始投資新貨源，或前往海外，勸服外國製造商加入。做法很多──從派出採購人員全心找尋新供應商，到資助新供應商測試產品等等，不一而足。

❑ **推行標準化。** 如果能在採購「投入」項目的產業中，推行規格標準化行動，所有的公司都會雨露均霑。這個策略有助於減低產品差異性，並避免移轉成本暴增。

❑ **製造後向整合的威脅。** 無論採購者是否真的想對某一品項進行後向整合，它的議價力量都會因而增強。此一威脅可透過聲明發布，或故意洩露內部部分整合的可行性計畫、或與顧問公司（或工程公司）討論後，建立整合暫訂計畫等等。

❑ **採取漸進式整合。** 只要採購量夠大，諸多議價力量即可透過漸進式整合、或局部整合（部分外購或大多數外購）發揮。

以上抽象目標，顯然都是試圖降低長期採購總成本。但是

使用其中部分方法，也許會提高了某一方面的狹義採購成本。例如，維持替代貨源或對抗移轉成本，便可能使短期費用增加。不過，這類開支的最終目的，是改善公司的議價地位，從而降低其「投入」的長期成本。

這裡有好幾點值得注意。首先，須避免因太短視的短期成本削減，而破壞了一些可能很有價值的採購策略。其次，這類採購策略所創造的額外成本，必須與供應商議價力量的長期利益消長相比較。最後，由於不同供應商的採購成本可能差異極大，公司應向低價供應商採購──除非這麼做會損及議價的長期利益。

第七章

排列組合

策略群分析

　　產業結構分析的焦點，談論到目前為止一直都是「產業整體」。在這一層次的分析中，提出了許多競爭策略的意涵。其中有部分，已在前幾章介紹過。然而，「產業結構分析」顯然還可以再加掘土深耕。

　　在大多數產業裡，公司採取的競爭策略都可能非常不同——不同的產品線廣度、垂直整合的程度等，達成不同的市場占有率層級。此外，某些公司的投資報酬率更持續優於其他公司。例如，lBM的報酬率始終超過其他大型主機電腦製造商。通用汽車持續勝過福特、克萊斯勒、美國汽車。其他小如金屬製罐產業的皇冠瓶蓋、國家製罐（National Can）、以及化妝品業的雅詩蘭黛（Estée Lauder），也都能小兵立大功。

　　五大競爭作用力提供了一個環境，讓產業內所有的公司在其中競爭。但我們必須解釋，為什麼某些公司就是能持續鶴立雞群，此一現象與它們的策略姿態有什麼相關。我們也必須了解，不同實力的公司在行銷、成本、管理、組織等方面有什麼差異，進一步與其策略姿態、乃至最終績效表現有何關聯。

　　本章將延伸結構分析的概念，解釋同產業內各公司的績效異同，同時提供一個導引架構，選擇競爭策略。同時進一步發展「一般性策略」觀念。

｜拼貼萬種風情｜

　　產業內的競爭策略可能有多種變化。然而，以下構面則可以在特定產業內，捕捉到公司在各種策略間的不同風貌。

　　❑ 專門化程度：公司在擴大產品線、目標客戶區隔、地域

市場等方面，集中焦點的努力程度。

☐ **品牌認同度**：公司尋求建立品牌認同的努力程度（非以價格或其他變數為主要的競爭基礎）；可透過廣告、推銷員、還有多種其他手段達成。

☐ **推與拉的程度**：公司試圖直接針對最終客戶發展品牌認同度，以及透過配銷通路支援體系銷售產品的努力程度。

☐ **通路的選擇**：範圍從公司自有通路開始，到專門店、再到產品線廣的銷售據點。

☐ **產品品質水準**：原料、規格、誤差容許度、特性等品質。

☐ **技術領導地位**：公司致力於建立技術領導地位，及追隨或模仿其他公司的程度。要注意，身為技術領導者，仍可刻意不在市場上生產最高品質的產品——品質與技術領先地位未必並行。

☐ **垂直整合**：反映在向前或向後整合上的附加價值內容為何？包括公司是否擁有專屬配銷通路、專屬零售據點、或自有店面、駐店服務等。

☐ **成本地位**：公司會在哪些範圍購置設施與設備使成本極小化，追求製造與配銷方面的低成本。

☐ **服務**：對自身產品線所提供的補助服務，如工程支援、內部的服務網路、賒賬等。（這方面策略，可視為垂直整合的一部分，最好單獨分析。）

☐ **價格政策**：在市場上的相對價格地位。價格地位通常和成本及產品品質等他項變數有關，但「價格」是一個特

殊的變數，必須分開處理。

- □ **槓桿**：公司所承擔的財務及營運槓桿金額。
- □ **與母公司的關係**：母公司會對事業單位的所作所為有怎樣的要求。公司可能是某個高度多角化集團轄下的一個單位；可能是垂直連鎖的一環；可能是一般性部門某相關事業群的所屬部分；也可能是外國公司的分支等等。這種與母公司關係的本質，會影響到公司的經營目標、可用資源；甚至決定它與其他單位共用的某些作業或功能。
- □ **與母國及地主國政府之間的關係**：在國際性產業中，公司試圖建立母國政府及其營運所在地外國政府的關係。母國政府（或地主國政府）可能對公司提供資源或其他協助，也可能反過來規範公司，或影響其目標。

以上每一策略構面都提供不同程度的詳細描述，還可再加其他構面，使分析更精緻；重要的是，它們提供了公司地位的完整圖像。

特定構面的策略差異範圍，顯然依產業別而有所不同。（在氮肥這類商品事業就沒有什麼品牌認同，產品品質基本上都一樣。）但各公司在後向整合、服務良劣、前向整合（與經銷商）相對成本地位、與母公司的關係方面，則有很多不同。

這些策略構面是彼此相關的。相對價格較低的公司（如德州儀器在半導體業），通常擁有低成本地位和差強人意的產品品質。為了取得低成本，這種公司很可能會高度垂直整合。特定公司的策略構面，通常會形成一套內在一致的體系。一個產業裡的公司也會有一些看似不同，實則內容相通的構面組合。

| 物以類聚 |

在產業內進行結構分析，第一步是：根據這些構面將所有重要競爭者的策略特色一一指出。這樣一來，我們就可以把產業劃分為幾個「策略群」；也就是說，有一群業內公司的策略，以策略構面來看，不是一樣、就是類似。如果所有公司基本上都遵行同一策略，產業內就可能只有一個策略群。當然，反向思考之；每一家公司也可能是一個策略群。不過，產業裡通常只有少數策略群能捕捉到該公司間的基本策略差異。

例如，在主要家電產業有個策略群（奇異電氣就是典型）的特色是產品線廣、全國性廣告密集、整合範圍廣、有專用配銷與服務。另一群則像美泰格（Maytag）一樣，都是專業生產者，專注於高品質、高價區段，而且只有少數配銷管道。另一個群體則為私有品牌、不打廣告的產品。此外，還有一兩群其他團體。

值得一提的是，為了界定策略群，策略構面必須考慮公司與母公司的關係。在氨肥這類產業，有幾家是石油公司底下的分支，有幾家是化學公司的分支，還有幾家屬於農會，其餘的才是獨立單位。不同類型公司的經營目標，每家都多少有些不同。它們和母公司的關係也會造成在其他構面的不同。

例如，在氮肥產業，所有來自石油公司的單位，策略都大同小異——因為此種關係和公司可動用哪些資源及其他長處很有關係，也和公司的營運哲學難脫干係。公司與母國（或地主國）政府之間各式各樣的關係也同理可證——它們也必須在界定策略群的同時予以考慮。

　　不同的策略群常常會有不同的產品或行銷手法。有時，各策略群的產品間實在是難分軒輊，但在製造、後勤、垂直整合的方法卻各不相同（例如玉米研磨、化學品、或製糖業）。也可能公司都遵循策略，但與母公司或地主國的關係卻各有千秋，因而影響到它們的目標。策略群雖然不等於「市場區段」、或「區隔化策略」，但卻是基於較廣泛的策略姿態而界定的。

　　策略群出現的理由可不少。例如公司的初始長處與弱點、入行時間不同、歷史事件不同等。不過，策略群一旦形成，同屬於一群的公司彼此間，除了策略大體雷同外，通常也會在許多方面酷似。它們會有相近的市場占有率，也會被產業裡的外在事件或競爭行動所影響，而且回應類似，因為它們的策略類似。（在使用「策略群圖」（strategic group map）作分析工具時，這項特色相當重要。）

看圖說故事

　　產業裡的策略群，可以用圖7.1的策略群圖說明。由於紙張上只能表現二度空間，軸線的數目明顯受到限制，換句話說，分析師必須再選幾個特別重要的策略構面，循此進行構圖。將每一個策略群內各公司的總市場占有率，以及後續分析所使用的符號大小，一併呈現出來。

　　設計策略群的原意，是希望以其為分析工具，藉以輔助結構分析。它是個允執厥中的參考架構；一端對產業作整體檢視，另一端則分別考慮每一家公司。由於各公司終究還是獨一無二的，因此，將所有公司劃歸幾個策略群，不免將引發若干

圖7.1 某產業之「策略群」假設圖

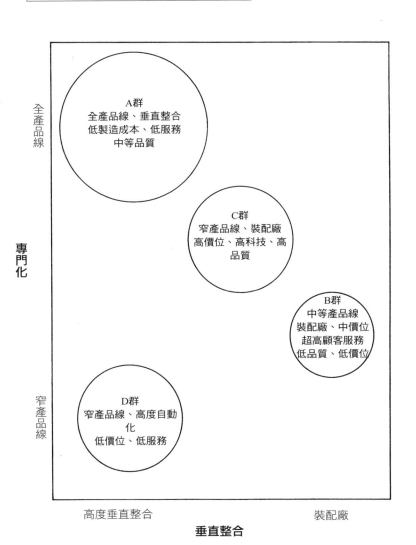

判斷問題——策略差異應到什麼程度才具重要性。這些判斷必然與結構分析有關——公司之間的策略差異，如果會對各公司結構地位造成重大影響，這種差異程度就算重大，並在界定策略群時，應予正視。

　　一個產業只一個策略群存在的情況畢竟相當罕見；此時，只要運用第一章所提出的結構分析技巧，就可完完整整地分析整個產業，而產業結構將帶給全部公司同一等級的持久獲利力。由於各公司實行共同策略的能力互不相同，因此就長遠而言，特定公司在產業裡的實際獲利力應該不一樣。然而，假如產業裡有許多策略群，分析起來將格外複雜。不同的策略群，獲利潛力通常也不同，跟實行能力沒什麼關係——因為五大競爭作用力對不同策略群的衝擊，不會完全相同。

（1）飛象過河——策略群與移動障礙

　　到目前為止，「進入障礙」一直都被視為是阻礙新公司進入產業的一些產業特性。主要進入障礙包括：規模經濟、產品差異、移轉成本、成本優勢、配銷通路、資本要求、政府政策等。然而，儘管有些進入障礙來源可以保護產業內的全體公司，但就整體而言，進入障礙還是要看新公司想加入哪一個特定策略群而定。

　　想以全國知名品牌、產品線寬廣、垂直整合等，進入家電業的公司，遭遇的困難會大於為小型私有品牌、產製無品牌少數產品的裝配業者。策略之所以不同，表示產品差異化的程度在各公司有所不同；達成規模經濟的程度不同；所需資本不同；及其他潛在進入障礙有所差異所致。

假如公司必須面對因「生產」規模經濟所導致的障礙，它們對策略群（那些擁有大型工廠、廣泛進行垂直整合的公司）就很重要。假如產業裡會產生「配銷」方面的規模經濟，也會造成障礙，阻止外人進入擁有專屬配銷組織的策略群。透過「經驗累積」而來的成本優勢，假如對某產業很重要，便可創造障礙，保護那些由老資格公司組成的策略群。

和「母公司關係」的不同，也會對進入障礙造成影響。例如，和母公司有垂直關係的公司，就比獨立公司所構成的策略群，更容易取得原料或更多財務資源。能與母公司其他單位共用配銷通路的公司，也能享有對手無法取得的規模經濟，進而帶來阻遏。

三思而後行

進入障礙要視「目標策略群」而定，還有另一層重要意涵。進入障礙不僅能保護策略群內的 公司，不受外來公司侵擾；同時也可阻止某些公司在策略群之間朝楚暮秦，改變策略地位。例 如，前面提過的產品線窄小且無品牌的家電裝配廠，如果想進入全然不同的策略群（由產品線多樣、全國性品牌、功能完整的公司所組成），就會面臨許多不亞於新成員的困難。有些進入障礙 來源，會使採用同一特定競爭策略的其他公司，成本較高——因為這些因素會影響規模經濟、產 品差異化程度、移轉成本、資本要求、絕對成本優勢、配銷通路等。採取新策略的成本，因而抵 銷公司的可能收益。

這類形成進入障礙的潛在經濟因素，說得更通俗些，就是「移動障礙」，也就是那些阻止公 司在策略位置間移來移去的

因素。在這個範圍較廣的障礙概念之下，公司從產業外某點，移動到 產業裡的某策略群，就成了一個連續不斷的過程。

不同的策略群有不同層次的移動障礙，使得某些公司持續比其他公司更具優勢。處在移動障 礙高的策略群裡，公司的獲利潛力會高得多。這些障礙也說明了：為什麼即使策略不一定成功，各公司仍各有所好。

有人也許會懷疑，為什麼成功的策略不會很快被學走？其實如果沒有移動障礙存在，策略成功的公司很快就會被模仿，各公司獲利也會趨於一致──頂多是執行時的作業能力仍有差異罷了。如果沒有阻礙，「控制資料公司」（Control Data）、漢威（Honeywell）等類電腦廠商，就會一窩蜂地跟進IBM，同時保持其成本低、服務好、配銷網路健全等既有優勢。移動障礙的存在，讓IBM這類公司透過規模經濟、絕對成本優勢等，比別人更能享有制度優勢（其他公司只有在策略有所突破時，才能改變產業既有結構）。最後，移動障礙的存在，還表示產業裡某些策略群公司的市場占有率非常穩定，但產業內其他策略群，則仍可能快進快出（汰換率高）。

可拆式屏障

正如「進入障礙」一樣，「移動障礙」也會改變。這種情形發生的時候（例如，製造流程更資本密集），許多公司往往會棄某些策略群而去，轉而投入其他策略群的懷抱，改變策略群組態。移動障礙也可能受公司「策略選擇」影響。例如，產品沒有差異性的產業，只進行密集廣告，發展品牌認同，就可創造出新的策略群。也可以設法引進新的製程，擴大規模經

濟。投資時建立移動障礙雖然常有風險，但在某種程度上，卻是有遠見的做法。

　　某些公司克服特定移動障礙的成本就是比別人低——視其既有策略地位、及其既有技術和資源而定。多角化公司也因為可共用作業或功能，開心地降低移動障礙。

　　找出產業內的策略群之後，結構分析的第二步，則是：評估每一策略群移動障礙之高度與組成成分。

（II）一頁斑斑演化史——移動障礙與群組成形

　　策略群之所以「成形」與「變化」的原因很多。首先，如果公司並未一開始就發展出不同的技術或資源，就會逐漸分流，各自據山為王。占到好位置而遙遙領先的公司，在競逐過程中，會受到高移動障礙的保護，隨著產業發展，逐漸形成策略群。其次，公司的目標或冒險傾向各不相同——有些公司就是比他人願意為了建立移動障礙，進行高風險投資。和母公司關係各不相同的事業（如垂直相關、不相關、獨立自主等），也可能有不同的目標、不同的方法，導致策略差異；就像國際競爭者可能因其他市場，而與本地公司有所不同一樣。

　　產業過去的發展史，可用來解釋公司之間的策略為何有差異。某些產業裡，早期進入者所採行的策略，會使後進公司花上較高的成本才能採行。而來自規模經濟、產品差異、及其他因素所導致的移動障礙，也可能改變——也許公司投資轉向，或受外部原因所影響。移動障礙的改變，表示早期進入產業的公司，與後進公司所採行的策略也許差異極大，使後進者無力採行。由於許多投資決策類型無法反悔逆轉，早期進入的公司

也無法採行後進者頗具「後見之明」的策略。

　　另一相關論點是：產業進化的歷程，會導致不同時間內、有不同類型的公司自願加入。例如，擁有財務資源累積效果的公司，往往會較晚加入產業，等到產業不確定性因素消失後再進場。反之，資源較少的公司，則只能在進入產業所需的資金成本尚低時，被迫及早進入。

　　產業結構的改變，可能促使新的策略群形成，也可能促使各群組同質化。例如，產業總規模擴大的時候，涉及垂直整合、專屬配銷通路、專用服務網方面的策略，就會愈來愈適合積極主動的公司，並促使新的策略群形成。科技變革或客戶行為的變化，同樣也可能改變產業疆界，帶出全新的策略群。反之，產業的成熟則會讓客戶降低服務及對產品線齊全的期望，降低某些策略層面的移動障礙，進而減少策略群數目。久而久之，產業內策略群的排列陣容以及獲利分配，一定會變動。

（III）貨比三家——策略群與議價力量

　　這些不同的策略群也同樣享有來自供應商（或顧客）不同程度的議價力量——就像受不同的移動障礙所保護一樣。假如我們審視導致議價力量存在與否的各項因素，便可發現它們與特定公司採行的策略，顯然有某種程度的關聯。拿客戶議價力量來說，惠普（Hewlett-Packard）公司在電子計算機業所屬的策略群，便很重視高品質、技術先進，同時鎖定專業用戶為焦點。雖然此一策略讓惠普的潛在市場占有率受到限制，但卻找出了一批對價格較不敏感、也沒有太大影響力的客戶，而不須在大眾市場裡和其他標準化產品競爭（對產品精密特性無特殊

需求）。比起第一章的專用術語，這個例子裡，惠普的產品比其他大眾市場競爭產品「更具差異性」，客戶更加「以品質為導向」；同時，計算機的成本更低（相對於客戶預算，及所期望的功能而言）。採購量大、後向整合威脅也強的西爾斯（Sears）全國性百貨連鎖，因為規模大、產品線寬廣，相較於「只此一家，別無分號」的地方性百貨公司，議價力量就大的多。所以說，不同策略群對供應商有不同的議價力量。

策略群對供應商或客戶的力量各有不同。各個策略群所採用的策略，會讓它們在面對共同的供應商或客戶時，表現出不同的強弱態勢；而與不同供應商或客戶打交道時，也可能導致不同程度的議價力量。相對力量變化的消長範圍，視產業而不同——某些產業內，所有策略群相對於其供應商及客戶的地位，很可能基本上都一樣。

接下來，「在產業內進行結構分析」的第三步是：評估產業內每一個策略群的相對議價力量。

（IV）捉對火併——策略群與替代威脅

各策略群可能面臨替代品所帶來的不同層次競爭——如果焦點分別放在產品線的不同部分、服務不同客戶、品質或科技複雜層次不同、成本地位也不一樣。所以儘管屬於同一產業，這些差異都會導致這些策略群在面對替代品時，脆弱程度有別。

例如，一家專門服務商業客戶的迷你電腦公司，賣機器之外，又附贈多功能執行軟體。和另一家公司主要只賣給工業客戶、作重複性流程管制的微電腦公司比較起來，該公司在面對

此一代替品時，抵抗力就不會太差。替代性原料如果只靠價格
取勝，擁有低成本礦藏的採礦公司則比成本高、只靠高水準服
務的採礦公司強壯。

所以，產業內結構分析的第四步驟就是：評估每一策略群
在面對替代品時的相對地位。

（Ⅴ）各路人馬雜沓──策略群與對立態勢

產業內如果有一組以上的策略群，就表示產業內可能發生
對立，或在價格、促銷、服務、及其他變數上有所競爭。某些
決定競爭對峙強度的結構特性，可能適用於產業內所有公司，
構成一個互動環境。不過，廣義說來，如果多種策略群並存，
則表示產業內各公司所面對的競爭力量並不均等。

首先我們要聲明：好幾個策略群同時存在的現象，往往會
影響產業內的整體競爭層次。一般來說，它們的出現會使競爭
加劇──因為這表示產業內，各公司之間將更多樣、也更不對
稱。策略及外在環境不同，代表各公司在有關風險、時間、價
格水準、品質水準等方面，將有不同的偏好。這些差異會導致
公司在解讀彼此動機，作出回應的過程中，太過複雜化，增加
一再爆發戰事的可能。整體觀之，策略群錯綜複雜的產業，往
往比策略群數目不多的產業更具競爭力。

然而，並非所有類型的策略歧異，都會對產業競爭造成相
仿的影響──競爭對立的過程並不對稱，有些公司就是對其他
策略群發起的破壞性削價格外敏感。策略群在產業內爭取客戶
時，互動強度的決定因素有四：

1. 群組間市場的相關程度、目標客戶間彼此重疊的程度；

2. 群組之間的產品差異化程度；

3. 策略群的數目及其相對規模；

4. 群組間的策略距離（策略歧異程度）。

對策略群間競爭影響最大的，是它們在「市場之間的相互依存度」；也就是說，策略群爭取同一客戶（或市場區隔截然不同的客戶）時，激烈度如何。假如策略群之間的市場相互影響程度高，策略歧異即可能導致血流成河。譬如說，同樣都針對農民的肥料業，就是如此。假設策略群瞄準的客戶區段完全不同，它們對彼此的興趣及影響就會小得多。目標客戶區段愈不同，競爭的態勢就會愈像是不同產業的競爭。

影響對立狀況的第二項關鍵因素，是「由群組策略創造出的產品差異化程度」。如果分歧的策略導致客戶偏好獨到互異的品牌，群體間對立的程度，就會遠不及產品特性被視為是可以相互替代的情況。

「策略群體的數目」愈多、市場占有率愈接近，策略地位就會愈懸殊，競爭對立也愈激烈（在其他條件相等的情況下）。群組數目多，表示差異程度很大；某一群組也可能引發戰事，發動削價競爭，或以其他手段攻擊另一群組。反之，假如群組大小懸殊，策略差異就很可能對其競爭方式影響極微，因為小族群透過戰術影響大族群的機率很小。

最後一項因素「策略距離」，則指策略在應用不同群組上的差異——用來衡量的關鍵變數有品牌認同度、成本地位、技術領導等、以及外在環境（如與母公司或政府的關係）。群組之間的策略差距愈大，公司間愈可能爆發激烈的小衝突。如果各公司遵循的策略取向差異頗大，對競爭方式的看法也會南轅

北轍，難以了解對方，以致反應錯誤、戰事連年。以氮肥為例，參與其間的石油公司、化學公司、農業合作社、獨立戶，當然有不一樣的目標及限制。例如，稅負優惠及不尋常的動機，促使合作社在大環境不佳的情況下，仍然繼續擴張。

不是好漢不上山

上述四項因素的交互作用，決定了產業裡各策略群爭取客戶的競逐模式。例如，最不穩定的狀態（往往最激烈），就是在產業內勢均力敵的好幾個策略群，採用顯然不同的策略，爭取一模一樣的基本客戶。較穩定（及獲利）的產業裡，則只有少數幾個大策略群，爭取的客戶區段顯然不同，策略卻並無二致。

基於上述因素，某個特定策略群面對來自其他策略群的競爭，就會一再受到市場上相互依存的其他策略群影響。競爭的激烈程度，還要視以上其他條件而定。假如產品看來類似，同時角逐相同的市場區段；或是大小相當的群組，採用不同的策略推出產品，此一策略群遭受攻擊的可能最大，要達成穩定極端困難。

不時爆發的慘烈戰事，也可能帶來非常競爭的結果。不過，如果某一策略群的總市場占有率很高，又能專心致力在他人忽視的特殊區段，形成極大的產品差異，這樣的策略群就可能免於群組競爭。然而，最保險、最與競爭絕緣的策略群，只有在移動障礙的羽翼下，不受其他公司策略地位更動影響，才能維持高獲利力。

所以說，策略群會影響產業內的競爭模式。此一流程，請

見圖7.2 。

　　這張圖與圖7.1相似，只不過水平軸代表的是「策略群的目標客戶區段」，用來估量市場相互依存的程度。垂直軸代表「產業內另一個重要的策略構面」。其上標示有英文字母的幾何圖形，則代表各個「策略群」；大小根據該公司在產業內的「市場占有率」，依比率縮小；策略群的形狀，代表其「整體策略輪廓」；形狀差異代表「策略距離」。

　　稍早所作的分析顯示，D群顯然遠較A群不受產業內競爭影響。A群運用不同的策略與大小相當的B群及C群，同時爭

圖7.2 策略群間的競爭

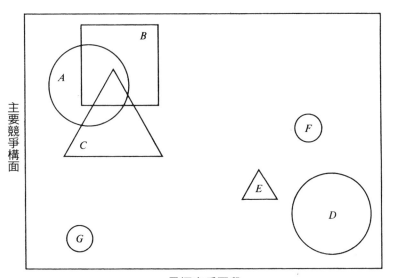

主要競爭構面

目標客戶區段

取相同的基本客戶區段。這三個群組裡的公司，經常都在爭戰。而D群爭取的，則是不一樣的區段——同時，和規模較小的E群和F群強烈互動。

在產業內進行結構分析的第五個步驟是：在各策略群之間，評估市場相互影響的模式，以及它們對其他群組發動戰事的承受能力。

| 策略群與獲利力 |

我們已經看到，不同的策略群在面對每一股競爭作用力時，都會有不同的處境。現在，就讓我們來想想：「什麼因素決定了市場力量，決定了某產業內個別公司的獲利潛力？這些因素與策略選擇有何關聯？」

我們以前面的觀念為基礎，列出影響公司獲利的潛在因素。

產業的共同特性

1. 此乃決定五大競爭作用力強度，且對所有公司一體適用的產業結構元素。這些決定產業內全體公司整體競爭內容的特性包括：產業需求的成長、產品差異化的整體潛力、供應商的產業結構、科技層面等等。

策略群的特性

2. 保護公司所屬策略群的移動障礙高度為何？
3. 公司所屬策略群對客戶及供應商有什麼樣的議價力量？
4. 公司所屬策略群面對替代品的承受能力如何？

5. 公司所屬策略群遭遇其他群組競爭的情形如何？

公司在策略群內部的地位

6. 策略群組內部的競爭程度。

7. 相對於群組內其他公司而言，規模大小如何？

8. 進入此一群組的成本如何？

9. 就作業層次而言，公司執行或實施選定策略的能力如何？

市場結構裡，屬於全產業共有的特性，會影響產業內所有公司的獲利潛力，但並不等於產業內所有策略的獲利潛力都相同。保護策略群的移動障礙愈高，這個策略群對供應商與客戶的議價力量愈強，產業受害於替代品的程度愈低，策略群遭其他策略群攻擊的機會愈少，公司在該策略群內的平均獲利也會愈高。所以，決定公司成敗與否的第二個關鍵因素，是「該策略群在產業裡的地位」。

目前為止我們還沒討論到，決定公司地位的第三個因素：「公司在策略群內的所處位置」。重要因素如下：第一，群組內的競爭程度。群組內的公司可能自相殘殺，因而趕走獲利機會。此一現象在公司為數眾多時，特別容易產生。第二，從「結構」的觀點來看，採行相同策略的公司，不見得各個地位相同。更明確的說，公司的結構地位可能受策略群內其他公司的相對規模影響。假如有任何規模經濟運行其中，大到足以使成本持續在該策略群所屬公司的市場占有範圍不斷下滑，占有率較低的公司獲利潛力就會較低。

譬如，福特和通用汽車擁有相當類似的策略，可歸為同一

策略群，但規模較大的通用公司，就獲取了隱含在策略中、福特無法擁有的某些特有經濟效果（如「研發」與「改變車型」成本）。福特這類公司雖然已克服了與規模有關的移動障礙，進入策略群，但相對於策略群中較大的公司而言，仍然面臨若干成本劣勢。

公司在策略群內的地位，也受「進入此群組的成本」所影響。進入某一群組時，公司手中的技術和資源，可為取得相對於群組內其他公司的優勢或劣勢。這些技術與資源，有一部分奠基於公司在其他產業的地位，或在同產業其他策略群的成功經驗。例如，約翰笛爾之所以能挾低價進入營建設備業內的任何策略群，就是因為它在農機設備業方面的強勢地位。又如寶鹼公司的潔而敏衛生紙之所以能低價躋身全國性廁紙品牌，也是因為它結合了潔而敏過往的技術成就，以及寶鹼的配銷實力。

進入某一策略群的成本，會受「進入時機」影響。某些產業裡，愈晚進入，成本愈貴。例如，建立同等掛牌知名度的成本較高，尋找良好配銷通路所需的成本也較高（因為通路已被其他公司封鎖）。不過，如果新進者能購買最新設備、或使用新科技，情況可能逆轉。進入時機的差異，可能造成不同的經驗累積，導致成本差異，進而使同一策略群的各公司，長期獲利力各不相同。

最後一項考慮因素是：「該公司的執行能力」。並不是所有採行相同策略的公司（同屬某一策略群），都有相同的獲利能力。某些公司就是在某些方面，較其他公司有能力。例如，組織及管理運作；以等額預算，開發更有創意的廣告主題；運用

同樣的研發經費，進行科技突破等等。這類技術並不是移動障礙及前述其他因素所造成的，但這些結構性優勢卻相當穩定。所以說，執行能力較優越的公司，會比策略群內其他公司更能獲利。

圍牆門外的春天

這一連串因素排山倒海而來，共同決定了個別公司的獲利潛力，也決定了可能的市場占有率。假如公司所屬產業有利，又在該產業的有利策略群內，而且位居強勢，該公司就會坐擁金山。該產業的吸引力不會因進入障礙而失色──一個策略群的吸引力，是因為移動障礙而存在的。公司在群組內地位的強弱，來自過去的表現、所擁有的技術和資源而定。

此一分析清楚顯示：具有潛在獲利可能的策略種類很多。策略之所以成功，靠的是形形色色的各種移動障礙、或處理各式競爭勢力的方法。第二章提過的三種「一般性策略」，代表了最廣義的方法差異，這其中還是可能有很多不同的變化。最近有許多人強調，成本地位才是決定策略地位的關鍵因素。不過，成本只是建立障礙的一種手法。

決定公司獲利力的各項考慮，既然具有互動本質，公司的獲利潛力就會深受策略群互相競爭所影響。假如內部競爭不那麼激烈，移動障礙較高的策略群，就會比缺乏屏障的群組更容易獲利。假如內部競爭激烈，價格與利潤因而滑落，這些「族群互動未受移動障礙保護」的公司，獲利力也會減損。低價開始四處流竄，迫使受保護較少的策略群不得不有所反應，結果壓低了自己的利潤。

　　此一流程在軟性飲料業有個好例子。如果可口可樂和百事可樂展開價格戰或廣告戰，它們的利潤都會減少，但不會像其他地區性品牌一樣損失慘重。由於地區性品牌爭取的是相同的客戶，不免擦槍走火，利潤減少更多。可口可樂、百事可樂等主要品牌，在頗高的移動障礙保護下，一旦開火就會誤傷地區性品牌。不只折損獲利，相對市場占有率也跟著降低。

公司大就賺錢？

　　許多與策略有關的討論都提到：「市場占有率最高的公司，獲利是否一定最高？」前述分析顯示，一切端視「環境」而定。假設產業內大公司所屬的策略群，比小公司具有較高的策略障礙，它的力量就會較強，再加上比較不受其他群組的競爭挑戰等影響，獲利更高。

　　例如，在釀酒業、衛浴用品、以及電視機製造等產業的製造、配銷、或服務整條產品線，都可創造相當可觀的規模經濟，大公司獲利加上全國性廣告所獲取的規模經濟，很可能就高於小公司。反之，假如生產、配銷、或其他功能上的規模經濟並不怎麼大，遵循專門化策略的小公司，就可以在特定利基上，提供產品差異化程度更高、技術更進步、更卓越的服務。這類產業裡，小公司反而能比產品線較寬的大公司獲利更高（如女裝和毛氈業）。

　　有人反駁，假如市場占有率低的公司，反而比占有率高的公司更有利可圖，豈不反映出「產業定義」錯誤。支持「市場占有率才是正途」的人士認為，我們應該把市場定義得狹窄一點；如此一來，也許「小」公司在某一特殊區段的占有率，事

實上比產品線廣泛的公司還高。但如果市場定義狹窄，對於那些走廣泛產品路線、也能在產業裡獲取高利的公司，也要把市場定義得狹窄一點。這種情況下，我們常會發現，大公司不見得能在每一個市場區段都擁有最高的占有率，卻能享盡整體規模所帶來的優勢。如果我們把走專業化路線的低占有率公司賺得的較高利潤，歸因於「專業市場」這個定義，接下來就得回答：在哪一種產業環境下，公司可以選擇「專門化」策略（只作一種策略選擇），而不致暴露在漫天砲火下，面對產品線廣泛公司所特有的規模經濟或差異化產品，默默挨打？在何種環境下，「產業的整體占有率」無足輕重？答案依產業而異；要看移動障礙，以及其他結構性或公司特有特色而定。

實證資料顯示，占有率高低能否決定獲利的關鍵，因產業而異。**表**7.1是針對大公司（占產業總銷售量三成以上，又稱「領導者」），和同產業裡的中型公司（「跟隨者」）所作的投資報酬率差距比較。（資產小於五十萬美元的小公司並未列入。）

雖然樣本中，某些產業的範圍包括過廣，但令人驚訝的是，在二十八個產業中，竟然有十五個產業的跟隨者，比領導者獲利更豐。而且大多數都談不上什麼規模經濟，甚或根本沒有（服飾、鞋襪、陶磁、肉品、毛氈），要不然就是市場區隔程度頗高（光學、醫療及眼科用品、烈酒、期刊、毛氈、玩具及運動器材）。而領導者報酬率較高的產業，則似乎大多密集打廣告（肥皂、香水、早餐麥片之類穀製品、餐具），或有研究經費及生產規模經濟（收音機和電視機、藥品、攝影器材）……結果一如所料。

表7.1 產業領袖與產業追隨者的相對獲利情況

追隨者的報酬率遠高於領袖的報酬率（高出4.0個百分點以上）	追隨者的報酬率比領袖的報酬率高出0.5到4.0個百分點	領袖的報酬率比追隨者的報酬率高出2.5到4.0個百分點	領袖的報酬率遠高於追隨者的報酬率（4.0個百分點以上）
肉類產品	糖	乳製品	水果酒（發酵酒）
烈酒	菸草（紙捲菸除外）	穀類研磨產品	軟性飲料 （不含酒精）
期刊	針織品	啤酒	肥皂
毛氈	女裝	藥品	香水、化妝品、衛浴用品
皮革製品	男裝	珠寶	油漆
光學、醫療、眼科用品	鞋襪類用品 陶器及其相關產品 電氣照明設備 金屬餐具、手工具、一般五金 收音機及電視	小家電 玩具及運動用品 攝影器材及用品	

資料來源：波特（1979年）

＊1963-65年間，從三十八種包羅萬象的消費型產業，找出二十六個樣本產業所作的表格。其他十二個未列出的產業中，領袖群體的平均報酬率，一般都超出追隨者的報酬率（部分相等）。

便宜又大碗

在策略制定方面，最近的流行想法是：「成本地位」是建立競爭策略時，唯一可長可久的基礎。成本低的公司如果也如是想，就會不斷入侵其他策略領域，如差異化、科技、或服務等其他策略群的考慮基礎。

此一觀點會造成嚴重誤導——雖然說，低成本地位通常都不容易長久。大多數產業裡，創造移動障礙的方法很多。這些不同的策略，通常涉及許多套不同、甚至彼此矛盾的功能政策。企圖使某一策略盡情發揮，就很難兼顧其他策略。在策略群內部取得低成本地位也許非常重要，但就整體而言，卻未必重要。追求全面的低成本地位，往往要犧牲其他領域；如差異化、科技、或服務等其他策略群的基礎。

不過，不以低成本為基礎的策略群，必須經常注意自己與追求全面低成本的策略群之間，有何成本差異？假如差距過大，客戶也許會被轉向——即使品質、服務、技術先進等程度稍遜。以這個層面來說，群組之間的相對成本地位，正是關鍵。

| 策略制定的幾項涵意 |

我們可以把產業競爭策略的制定，視為「在哪一個策略群裡從事競爭」的抉擇。這個選擇也許要涉及：從現有群組中，選出「獲利潛力」與「公司進入成本」最能保持平衡的策略群；也可能涉及全新群組的創造。

如前所述，策略制定的最廣泛指導原則，是要把「公司的長處與弱點」與「環境中的機會和風險」，結合起來配對。產業內結構分析的原則，可以讓我們更具體明瞭公司的長處、弱點、獨到能力，以及產業機會和風險。

公司的長處與弱點可表列如下：

長處	弱點
可用來建立移動障礙，保護自身所屬策略的所有因素；	會降低移動障礙，使所屬策略群無法受保護的因素；
可提升所屬群組對抗客戶及供應商議價力量的所有因素；	會削弱群組對客戶及供應商議價力量的因素；
可隔絕所屬群組免遭其他公司競爭的所有因素；	會使公司遭受其他公司挑戰的因素；
在所屬策略群內，相對規模較大；	在所屬群組內，規模相對較小；使自己必須以較高成本，進入所屬策略群的因素；
能使自己以較低廉的成本，進入所屬策略群的因素；	相對於競爭者而言，執行及規劃策略的能力較弱；
相對於競爭對手而言，執行及規劃策略的能力較強；	缺乏某些資源與技術，以致無法克服移動障礙，移入更有利的策略群。
可使公司克服移動障礙，移入更佳策略群的資源與技術。	

假如阻礙我們進入某策略群關鍵移動障礙的，是寬廣的產品線、獨占科技、或因經驗而來的絕對成本優勢，這些造成移動障礙的根源，就是公司的部分重點優勢。假如公司所屬的策略群在產業內炙手可熱，不但有移動障礙保護，還可透過專屬配銷網及服務機構獲致規模經濟——只要沒有此一因素，公司就多了一項關鍵弱點。

結構分析讓我們透過架構，有系統的辨認出公司相對於對手的關鍵長處和弱點。這些長處與弱點並非一成不變；當產業進化，重新整合策略群的相對地位時，它們就會有所改變；公司創新或投資而改變自身結構地位時，也可能隨之改變。

檢視長處與弱點時，這個架構突顯了兩種根本不同的類型：「結構」面和「執行」面。分析「結構面」的長處與弱點，要看產業結構的特性（如移動障礙、相對議價力量的決定因素等等）而定。但是這些特性相當穩定，難以克服。「執行面」的長處與弱點，則以公司執行策略的能力差距為基礎，依人員及管理能力而有不同，所以，往往為時短暫（但不盡然）。不管怎樣，進行策略分析時，一定要將這兩類型區分清楚。

審時度勢順風行

以上這些概念在產業裡面對「策略機會」時，運用起來就會更具體。這些，機會可分為以下幾類：

1. 創造新的策略群；
2. 移轉到一個地位更有利的策略群；
3. 加強現有群組的結構地位（或公司地位）；
4. 移轉到新群組，增強此一群組的結構地位。

　　最有收穫的機會類型，也許是「創造新的策略群」。科技變革或產業結構的演化，往往為嶄新的策略群帶來各種可能。即使沒有這類刺激，眼光獨到的公司仍可洞悉處境有利、但尚未被對手察覺到的新興策略群。例如，美國汽車在一九五〇年代中期，認出一種定位獨特的小型車，因而能首度克服嚴重的劣勢。天美時創造出低價位手錶的新概念，同時用新的製造技術，及新的配銷與行銷方法來搭配。漢斯公司則運用旗下蕾哥絲褲襪的策略，在襪類產業創造了一個全新的群組。雖然慧眼獨具並非易事，但結構分析有助於導引思考方向，朝向報酬最高的變革邁進。

　　第二類型的潛在策略機會，則藏身在公司想要進入的有利產業策略群裡。

　　第三類型的策略機會，要靠公司投資或調適改善現有策略群的結構地位，或在該策略群的內部地位才能做到。例如，增加移動障礙、提高面對替代品時的相對氣勢、加強行銷能力等等。我們也可順勢而行，創造更新、更好的策略群。

　　最後一種策略機會，是進入其他策略群，增加這些群組的移動障礙，或改善其地位。產業內的結構演化，不僅可大大增進這類創造變革的可能，也能提升公司在現有群組的地位。

　　我們可運用相同概念，辨認出公司所面對的一些風險：

❏ 其他公司闖入公司所屬策略群的風險；

❏ 某些因素恐怕會削減公司所屬策略群的移動、降低面對客戶或供應商的力量、矮化公司面對替代品的相對地位、或使公司承受更大的競爭挑戰；

❏ 從事投資增加移動障礙、以提升公司地位時，伴隨而來

的風險。

❑ 嘗試克服移動障礙、以進入某些策略群或全新群組，所
必須面對的風險。

前兩項可視為對公司既有地位的威脅，或是堅決紋風不動
的風險。後兩者則是追尋機會的風險。

公司選擇採取什麼策略，或選擇加入哪個策略群，都會牽
涉以上因素。而大多數策略的重大突破，皆來自「結構改變」
所致。結構分析讓我們看出，公司的現有策略地位如何連同其
現有產業結構，轉化市場績效。假如產業結構本身始終不變，
公司為克服移動障礙，移入另一個策略群所須付出的成本，很
可能會抵銷獲利。然而，如果公司能看出結構上對公司有利的
全新策略位置；或是能在產業進化導致移轉成本降低之際改變
自身，就可能大幅提升公司績效。此處的架構足以指出，該在
這樣的重新定位中，尋找什麼。

第二章提出的三種「一般性策略」，代表了三種手法，協
助進行策略定位。本章中，這三種策略就成了三種策略群，成
功與否則視特定產業的經濟效益而定。本章又為這些一般性策
略分析，添加了許多血肉。這幾種一般策略顯然主要在創造
（以不同方式）移動障礙；建立面對客戶、供應商、替代品時
的有利地位；以及閃躲競爭對立。

｜以圖形為師｜

談到這裡，我們可以開始討論如何以策略群圖為分析工
具。策略群圖非常有用，因為它以圖形表現產業內的競爭態

勢，讓我們更容易看出產業如何演變、趨勢如何影響此種變化。這是一張說明「策略空間」（strategy space）的地圖，而不是價格或數量圖。

鋪陳策略群組圖時，分析者必須先選出幾個策略變數，把它們當作主軸來發展。第一，最適合當主軸的策略變數，就是決定產業內主要移動障礙的那些變數。例如，軟性飲料業的主要障礙是「品牌認同」與「配銷通路」問題，所以這兩個變數就是該策略群圖的最佳主軸。第二，在安排策略群時，千萬不可選擇可能同時變動的變數。例如，假設產品差異化程度高的所有公司，產品線都很寬廣，那麼這兩個變數就不該成為圖上的主軸；那些能反映出產業策略組合多樣性的變數反而較適合。第三，圖形的主軸不見得必須是連續變數或是單一變數。例如，鏈鋸產業的目標通路，便包括了經銷維修站、量販店、自有商品的銷售點。有些公司只把焦點放在其中一項，也有公司企圖大小通吃。以策略所需來說，經銷維修站與自有品牌店的差別最大，量販店則介於兩者之間。劃分產業圖時，也許以圖7.3表現最清楚。公司在圖中的位置，反映出它的通路組合狀況。最後的原則是運用不同的策略構面組合，還可以多次劃分同一產業，幫助分析人員認清關鍵的競爭議題。以圖表標示位置，只能幫助診斷，並沒有所謂絕對正確的劃分法。

慎思、明辨、篤行

以下多項分析步驟，也許頗具啟發：

❏ **明辨移動障礙**。找出保護每一群組免遭他組攻擊的移動障礙。例如，圖7.3中，保護高品質經銷商群組的關鍵

是科技、品牌形象，以及上了軌道的經銷服務網。至於保護私有品牌的關鍵障礙，則是規模經濟、經驗、以及與品牌客戶間的關係。這項動作無論就預測各群組的威脅，及各公司之間所可能發生的地位移轉而言，都很有用。

❏ **辨認邊際群組。**本章稍早所做的結構分析，就可以辨認出某些地位不明顯、或處於邊際地帶的公司。

❏ **畫出策略性移動的方向。**策略群組圖有一項很重要的用途：就是站在全產業的觀點，畫出公司策略的移動方向，以及可能變化。最簡單的畫法，是從每一個策略群拉出箭頭指出方向，表示某群組將往哪個「策略空間」移動。這麼做之後，你也許會發現公司在策略上漸行漸遠，也許有助產業安定。或者也可顯示，各公司策略地位趨於一統──可能是極不穩定的開始。

❏ **分析趨勢。**想想策略群圖內，每一項產業趨勢到底有什麼意涵？某一趨勢是否會導致某些群組無法生存？群組裡的公司將會在哪個地方進行改變？此一趨勢是否提升某些進入障礙？是否會降低群組在某些構面上的區別？這一切都可能引出有關產業進化的種種預測。

❏ **預測反應。**預測產業對某事件的反應時，同一策略群的公司，由於策略相似，對擾亂事件或趨勢的反應也大同小異。

圖7.3 鏈鋸產業結構

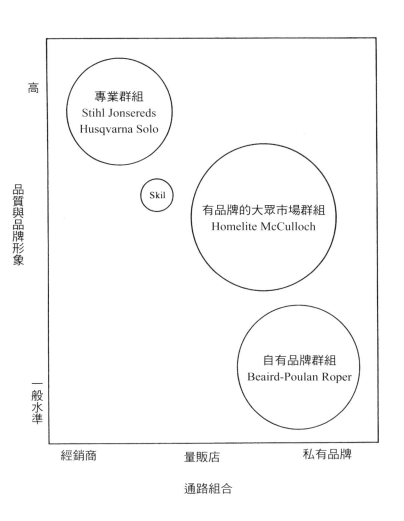

高

品質與品牌形象

一般水準

專業群組
Stihl Jonsereds
Husqvarna Solo

Skil

有品牌的大眾市場群組
Homelite McCulloch

自有品牌群組
Beaird-Poulan Roper

經銷商　　　　　量販店　　　　　私有品牌

通路組合

第八章

滾滾紅塵

產業變化

結構分析提供了一個架構，讓我們了解產業內正在運作、對策略發展舉足輕重的幾種競爭作用力。然而，產業結構顯然會變，而且往往影響深遠。例如，在美國釀酒業界，進入障礙和集中度最近就大幅提高；而來自替代品的威脅，則使乙炔製造商受到嚴重擠壓。

產業演化對「策略制定」非常重要。因為它會導致產業投資機會吸引力的或升或降，還會導致公司採取必要的調整。我們應了解產業的演化過程，並預測這些變化，因為當變革看來愈迫切，反應的成本就開始增加了，更何況第一個採取最佳策略的公司往往獲益最大，例如，農機產業在二次大戰戰後初期發生的結構變化，就讓強大的獨家經銷網光華盡露——因為它們有公司撐腰，提供信貸。愈早認出趨勢，便可愈早選定經銷商。

| 產業進化曲線 |

我們先以第一章的「結構分析架構」為起點，開始研究分析產業演化。因為產業變革只有在五大作用力的根源可能因而改變時，才具策略意義，否則就只具「戰術上」的重要性。

分析演化時，最簡單的方法是先自問：「產業內有沒有任何變革，正在影響各項結構元素？」有沒有任何產業趨勢，暗示著移動障礙可能增加或減少？是買者或供應商相對力量的消長嗎？假如我們能以嚴謹的方式，一一探討每股競爭作用力、及埋藏其後的經濟性原因，就可看出與產業演化有關的各項重要議題輪廓。

雖然「對準特定產業」是個好起點，但我們仍無法時刻看清當前的變革，更別提未來的變革了。由於預測演化的能力很重要，所以手邊最好保有一些分析技巧，協助我們預測產業變革的可能模式。

生命循環的起伏

「預測產業演化的可能途徑」的始祖，就是大家耳熟能詳的「產品生命周期」。該假說指出，產業會經歷好幾個階段；先從「導入」、到「成長」、再到「成熟」、繼而「衰退」（如圖8.1所示）。

這些階段是由產業銷售成長率的轉折點所定義的。產業成長循著S形曲線而行──因為新產品必須經過一段「創新」與「散布」過程……接下來則是一段平坦的導入期，反映出客戶

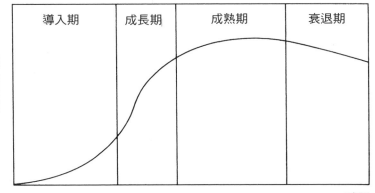

圖8.1 生命周期的各階段

導入期　　成長期　　成熟期　　衰退期

產業銷售額

時間

要克服慣性有多麼困難，才能經由刺激，試用新產品……一旦產品成功的證實自己確實有效，大批客戶就會源源湧入，產業迅即成長……等到潛在客戶全部開發出來，快速成長停頓了，然後緩緩下降到相關客戶群的潛在成長率水準……最後，等新替代品浮出水面，成長終於戛然而止。

明眼人不說瞎話

當產業走過生命周期以後，競爭的本質就會產生變化。圖8.2中，是一些簡要而常見的預測，說明產業如何在生命周期的歷程中改變，以及它們如何影響策略制定。

產品生命周期理論，招來了一些有根有據的批評：

1. 各階段的「為期長短」，在產業間各有差異。而且，正值哪一階段也不清楚，導致此一概念的規劃用處大減。

2. 產業成長並不總是循S形前進的。有時，產業跳過「成熟期」，由「成長期」直接進入「衰退期」。有時，經歷一段的衰退期之後，產業又會重燃生機；機車業和自行車產業即曾如此，無線電廣播產業也有此一現象。有些產業則似乎根本無所謂緩步起飛的「導入期」。

3. 公司可以透過產品的「創新」及「重定位」影響成長曲線形狀，並用各種方式延伸。假如公司視生命周期為宿命，它就會變成一個「不幸而言中」的預言。

4. 不同的產業在生命周期的不同階段，都會有不同的競爭本質。譬如，某些產業一開始時非常集中，而且始終如此；其他產業（如銀行的自動提款機），卻有一段很長的時間高度集中，後來才逐漸改觀。另外還有一些產業，開始時區隔程度

圖8.2 產品生命周期如何預測策略、競爭、績效表現

	導入期	成長期	成熟期	衰退期
客戶及客戶行為	○高收入購買者 ○客戶慣性 ○須說服客戶試用新產品	○客戶群擴大 ○客戶能接受品質參差不齊	○大量市場 ○滲透飽和 ○重複購買 ○選品牌的作風	○世故而成熟的客戶
產品及產品變化	○品質低劣 ○「產品的設計和開發」才是關鍵 ○產品內容五花八門，沒有標準 ○經常變更設計 ○只有基本的設計	○產品在技術面及功能面表現出差異 ○複雜產品的重要考慮關鍵在於「可靠」與否 ○產品競相改變 ○品質佳	○品質一流 ○產品差異化較少 ○標準化 ○產品變化速度慢，每年只做小幅改型 ○舊換新的做法變得重要	○產品差異化的情形極少 ○品質時有瑕疵
行銷	○非常密集的廣告和銷售戰 ○優惠價格策略 ○行銷費用高	○廣告密集，但銷售額百分比較導入期低 ○大部分都在促銷道德處方 ○非技術性產品講究廣告和配銷	○市場區隔化 ○戮力延長生命周期 ○廣告、推銷、及其他活動頻率很低 ○加大生產線的廣度 ○服務和交易更普遍 ○包裝更形重要 ○廣告白熱化 ○廣告及推銷活動減少	

（接下頁）

	導入期	成長期	成熟期	衰退期
製造及配銷	○產能過剰 ○製程周期短 ○生產成本高 ○通路專門化	○產能不足 ○轉向大量生產 ○爭取配銷通路 ○大眾通路	○產能有些過剰 ○產能達最適狀態 ○製程愈趨穩定 ○勞動技術偏低 ○製程長，技巧穩定 ○配銷通路減少層級，增加獲利 ○產品線廣，實體配銷成本偏高 ○大眾通路	○產能嚴重過剰 ○大量生產 ○專門道路
研發對外貿易	○生產技術改變 ○部分出口 ○大量出口 ○極少進口	○出口減少 ○進口大增	○沒有出口 ○大量進口 ○「成本控制」才是關鍵	○產品差異化的情形極少 ○品質時有瑕疵
整體策略	○增加市場占有率的最佳時機 ○「研發」、「工程技術」才是關鍵功能	○改變價格或品質形象正是時候 ○「行銷」是關鍵功能	○不是增加市場占有率的好時機 ○占有率低的要特別注意 ○讓成本具有競爭力才是關鍵 ○不是改變價格形象或品質形象的好時機 ○應講究「行銷效果」	

	導入期	成長期	成熟期	衰退期
競爭	○沒幾家公司	○新公司進入 ○競爭者多 ○大量的購併與倒閉情形	○價格競爭 ○有人被淘汰 ○私有品牌增多	○有人開始退出 ○競爭者減少
風險	○高風險	○風險重擔因成長而減輕了	○開始循環周期	
價差和收益	○高價格及高獲利 ○低獲利 ○對個別銷售者的價格彈性不如成熟期的大	○高利潤 ○能獲得最高的利潤 ○相當高的價格 ○價格比導入期低 ○抗拒衰退 ○高本益比 ○宜於購併	○價格下滑 ○利潤變低 ○利差縮小 ○經銷商利差變小 ○市場占有率及價格結構的穩定性增加 ○不宜購併；公司難以脫售 ○此時的價格及利差都是最低的	○價格及利差皆低 ○價格下滑 ○衰退期末了，價格可能上揚

很高，後來部分進行整合（如汽車業），部分則不然（如電子零件配銷）。這些五花八門的模式，同樣適用於廣告、研發經費、價格競爭程度、以及其他絕大多數產業特性。這類歧異模式，使得生命周期的策略意涵受到嚴重質疑。

用產品生命周期理論來預測的真正問題在於：這套理論試圖描述的是，一個一定會發生的演化模式。除了產業成長率外，幾乎很少（或根本沒有）一套內在的思考架構，可據以研判某些與生命周期相關的競爭變化為什麼會發生。但由於產業實際上會循著多條不同途徑來演化，所以生命周期的理論不見得永遠成立。

架構美好未來

與其試圖描述產業的演化過程，不如檢視底下的真正驅力在哪裡，反而可能更有斬獲。正如所有演化一樣，產業演化是因幾股力量發揮作用、創造出變革誘因或壓力的結果。這一切可稱為「演化的過程」。

每個產業開始時，都有一個「初始結構」（initial structure），也就是一開始時所面對的進入障礙、客戶與供應商力量等等——和產業後來的發展模式通常差異頗大。「初始結構」是由多項因素結合形成的，它們包括：產業的基本經濟與技術特性、小規模產業在發展初期所受的限制、早期進入者的技能與資源。在汽車製造業這種可能形成規模經濟的產業，發展初期也是勞力密集、一站一站生產的結果；因為最初幾年，它們只能小規模生產。

演化過程會使產業朝著它的「潛在結構」（potential

structure）發展。然而，在基本科技、產品特色、目前與未來的客戶性質中，則可能蘊藏了產業發展所可能形成的各種結構。結果如何，則要看研發、行銷創新等發展方向及成效而定。

我們要了解，對大多數產業演化都有幫助的投資決策，是由產業內現有公司及新加入者所決定的。為回應「演化過程」帶來的壓力或誘因，公司往往會花錢利用新行銷方法、新製造設施等，移除進入障礙、改變與供應商及客戶的相對力量。

產業內公司所擁有的運氣、技巧、資源、傾向，也會形成進化的實際路徑。即使結構可能變化，產業不一定就改變──也許根本沒有公司找得到可行的新行銷方法；可能達成的規模經濟也永遠不實現（因為沒有一家公司擁有足夠的財務資源，來建立完整的設備；或根本沒有公司有意考慮成本）。由於創新、技術開發、以及特定廠商的身分與資源，在產業裡對演化影響重大；因此，產業演化不但很難精準預測，而且還可能會以各種不同的方式、不同的速度進行，一切全憑機運。

| 造成演化過程的因素 |

雖然說，初始結構、各種可能結構，以及特定公司的投資決策，都會隨產業而不同，但我們還是可以大致歸納出幾個重要的演化過程，及其如何以不同的形式、不同的速度與方向，在各個產業造成差異。

（1）成長率的長期變化

導致結構變化的力量中，有一股力量最無所不在，那就是

「產業長期成長率的變化」。產業成長是決定產業競爭強度的一項關鍵。它會決定擴充步調的速度來維持占有率,進而影響供需、及產業對新進者的誘因。

產業的長期成長率之所以變化,有五項重要的外在理由:

一、人口

以「消費財」來說,「人口統計上的變化」是決定產品客戶數目,進而影響需求成長的關鍵。某產品的潛在消費群,也許遍及所有家庭,但限於特定年齡群、收入階層、教育階層、或地 理區域。人口的總成長率、年齡群與收入層的分布情形、及人口統計因素所發生的任何變化,都會直接造成需求改變。美國人口出生率下降的結果,導致各類嬰兒用品需求減少,但那些針對二十五歲至三十五歲年齡層的產品,卻大發利市,開始享盡戰後嬰兒潮所帶來的效應。人口統計資料也預示唱片、錄音帶、和糖果業可能遭遇困難;因為這些一向主攻二十歲以下顧客群的產品,已開始面臨遞減現象。

人口變化所造成的影響,有一部分是由「所得彈性」而來。也就是說,客戶對某一產品的需求,會隨著所得的增加而改變。有些產品(如貂皮所製的高爾夫球桿套)的需求,會隨著所得的變化,呈現不成比例的增長。但也有些需求上升的速率反而不及所得(甚至不升反降)。我們要注意認出,產業的產品類別到底落在此一「群譜」的哪一個地帶——因為它是預測長期成長率的關鍵。不過,公司有時可透過產品創新,改變產品的所得彈性。如此一來,所得彈性的效果就不必千古不變。

以「工業產品」來說，人口統計上的變化對需求的影響，是以客戶產業生命周期為基礎。人口統計上的數據會影響消費者對最終產品的需求，然後再反過來影響產業提供原料給最終產品的情形。

公司可以透過各種方法，處理帶有負面意義的人口統計數據（如透過產品創新、採取新的行銷方法、提供附加服務等，擴大其客戶群），繼而影響產業結構，藉著規模經濟的提升，使公司接觸到議價力量全然不同的多種客戶群。

二、需求的趨勢

產業產品的需求會隨著消費人口在生活形態、品味、哲學、社會情況等的變化而變化，這是每個社會必經的過程。例如，一九六○年代末期至一九七○年代初期，美國所出現的「回歸自然」風潮，導致休閒時數增加，輕便服飾與懷舊情調大行其道，進而帶動了背包、牛仔褲、及其他產品的需求。晚近教育界盛行的「回歸基本」（back to basics）運動，則創造了對標準式閱讀寫作測驗的新需求。另外，犯罪率的上升、婦女角色地位的改變、健康意識提高等社會趨勢，也增加了對於某些產品（腳踏車、日間托育）的需求，同時減少其他需求。

這類趨勢不只直接影響需求，而且還會間接對產業產品的需求構成影響。「需求趨勢」會影響某一特定「產業區段」的需求，也會影響「整體產業」的需求。有些需求可能是由社會趨勢創造出來的，或因社會趨勢而再度增強。例如，過去二十年間暴增的財物竊盜，導致保全人員、鎖具、保險箱、警報系統需求大增。因遭竊而預期上揚的損失，使得防竊支出為之提

高。

最後，政府法規的改變，也會影響產品需求。例如，小鋼
珠和吃角子老虎的需求，就因賭博合法化（一部分已經通過，
另一部分即將通過）而增加了。

三、替代品相對地位的變化

廣義言之，產品的需求會受替代品成本和品質所影響。
假如替代品的成本相對降低，品質提升，能滿足了客戶需求，
產業的成長就會受到負面影響（反之亦然）。例如，電視和收
音機的大舉犯境，就影響到交響樂團及其他表演團體的現場表
演；其次，隨著電視廣告費率大幅揚升，及電視廣告黃金時段
愈來愈一位難求，雜誌廣告因而成長；巧克力和軟性飲料則由
於價格比替代品高，需求量因而變小。

預測長期成長的變化時，公司必須認出所有能滿足和本
公司產品有相同需求的替代品。然後把每一項可能（影響替代
品成本或品質）的科技及其他趨勢繪成圖表，與產業趨勢作比
較，預測出未來的產業成長率，並找出替代品會在哪些關鍵有
所斬獲，從而小心規劃。

四、互補品的地位變化

對客戶來說，許多產品的實際成本或品質如何，要視互
補品的成本、品質、易於取得程度而定。例如，在美國許多地
區，活動房屋主要都安置在活動房屋公園（mobile home park）
裡。近十年來，這類公園慢慢開始減少，限制了活動房屋的需
求。同樣的，立體聲唱片的需求，深受立體音響器材所影響，
而這種器材的供給則受其成本及可靠性影響。

辨認出某產業產品的替代品很重要，仔細認出其互補品也同樣重要，並應從較廣的角度切入。例如，「以現行利率提供信貸」就是採購耐久財時應備的互補條件。「專業人員」則應該是許多以技術為導向的產品的互補特色；「程式設計師」之於「電腦」：「礦冶工程師」之於「採煤」也是。用趨勢圖表來看這些情形，將有助於預測產品的長期成長率。

五、對客戶群進行滲透

產業的成長率如果非常高，多半是因滲透程度增加所引起的——除了持續光顧的老客戶以外，還有新客戶。不管如何，產品的滲透度終究會達到飽和。那時，成長率就會由需求的重置來決定。有些時候，產品或行銷上的變化，會擴大客戶基礎或刺激汰換速度，再進入另一個成長階段。然而，一切高成長到頭來終會停止。

一旦完成滲透，產業的銷售對象主要就都是一再重複的老面孔。銷售對象究竟是對產業結構影響重大的老客戶或是新客戶，兩者差別很大。

銷售對象是一再光顧的忠實客戶時，獲致產業成長的關鍵，不是刺激產品快速汰換，就是增加個人的平均消費。但決定汰換與否，則是由客戶眼中的產品實體、技術、或設計落伍與否決定。完成滲透後，想要繼續成長，就必須好好觀察這些因素。例如，服裝的汰舊換新，會受每年乃至每季造型趨勢影響。而通用汽車超越福特的情形，也可說明市場對基本型（單一、黑色）汽車需求飽和後，可如何利用改款來刺激銷售。

「滲透」通常意味著產業需求趨慢；對耐久財來說，完成

滲透後更會導致產業需求猛然下降。在大多數潛在客戶都已購買該產品的情況下，這種耐久的特性將讓它在接下來的好幾年後續無力。假如產業滲透的速度一直相當快，還將導致產業需求連年皆荒。

例如，雪地機車產業的銷售量，在某段滲透期就極其快速，從顛峰時期的每年四十二萬五千單位（1970—1971），降至一年十二萬五千到二十萬個單位左右（1976—1977）。休旅車也經歷過類似衰退，只是沒那麼劇烈。「滲透後的成長率」與「滲透前的成長率」關係是一個函數——由達成滲透的速度，與所花的平均時間來決定。

耐久財產業銷售額的衰退，意味著製造與配銷能力必將超越需求。結果獲利嚴重衰退，廠商因而退出。耐久財需求的另一項特色是：因滲透而更加壯大的成長，很容易就掩蓋了周期循環現象。滲透程度愈高，周期就愈久，以致情況更為惡化。

六、產品變化

影響產業成長率的五種外在因素，已經假定了產業不以「提供產品變化」為前提。然而，由產業所促成的產品創新，不僅可滿足新需求，且可提升產業相對於替代品的地位，更可去除（或減少）稀少（或昂貴）互補品的使用。相對於這五項外部因素而言，產品創新可以改善產業環境，提高產業成長率。舉例來說，摩托車、自行車、鏈鋸等產業之所以能快速成長，就是因為產品創新所致。

（II）客戶區段改變

第二個重要的產業進化過程是，產業服務的「客戶區段發生變化」。例如，早期的電子計算機只賣給科學家和工程師，後來才擴及學生與貸款人。輕型飛機最初只賣給軍方，後來才出售給私人或商業客戶。與此相關的另一種可能是：創造不同產品及行銷新技巧，在既存的客戶區段外，另闢新區段。而最後一種可能是：某些客戶區段下台一鞠躬。

「新客戶區段」對產業進化的重要性在於：服務這些新客戶（或不再服務過時區段）時，種種條件會對產業結構造成根本衝擊。例如，早期客戶也許並未要求提供信貸或到場服務，後來的客戶卻可能開口要求。假如提供信貸及到場維修，創造了規模經濟，導致資金需求增加，那麼進入障礙也會跟著大幅提高——光學字元辨識設備在一九七〇年代末期的變革便是。

整個產業及其龍頭「辨識設備公司」（Recognition Equipment），製造的是昂貴的大型光學掃瞄機，分類支票、信用卡、信件。每部機器都是特別訂製的，需要特殊技術慢慢生產。不過，近幾年來專供零售終端據點使用的小型光筆已開發出來。除了打開廣大市場的大門以外，它還適用於標準化的大量製造，賣給大宗採購的個別客戶。這項發展勢必會改變規模經濟、資金要求、行銷方法、及產業結構的許多層面。

（III）多年媳婦熬成婆

客戶透過重覆購買，會慢慢累積起有關產品及用途的知識，以及競爭品牌特色；變得愈來愈世故，採購資訊愈來愈完

整，產品也愈來愈像是大宗商品。所以說，產業內會有一股自然力，慢慢降低產品的差異性。對產品的知識愈多，客戶在保證維修、售後服務、改善表現等特性的要求也會愈多。

噴霧包裝產業就有個例子。最早在一九五〇年代用於消費用品上的這種包裝方式對許多消費產品都很重要，占去行銷公司相當多成本。產品剛問世的前幾年，消費品行銷商並不清楚如何設計噴霧應用、如何裝填，也不知如何行銷。具有承包性質的噴霧裝填產業順勢一躍而出，組合裝填這些噴霧包裝。這個新產業幫了消費品行銷公司大忙，找出了新的噴霧用途、解決製造問題等等。然而，日積月累下來，消費品行銷商了解噴霧包裝知識以後，開始發展出自己的應用方式及行銷方案；有些廠商更實際進行後向整合。外包裝填商發現自己愈來愈難強調自己與眾不同，遂逐漸成了噴霧容器商品供應商的一支隊伍，結果利潤遭嚴重擠壓，多家黯然退出。

客戶學習的速度，會因產品不同而不同——要看採購有多重要，以及客戶夠不夠技術專業而定。聰明靈巧或興致勃勃（因為產品很重要）的客戶，往往學得較快。

對客戶經驗會造成反效果的是產品改變、或產品銷售使用方式改變（如新特性、新添加物、款式變化、新的廣告吸引等等）。這些方面的發展可使客戶部分知識歸於無用，從而增加產品繼續維持差異的可能，但也可藉由客戶基礎的擴充，納入從未使用該產品的新客戶。

（IV）化不知為已知

另一種影響產業結構的學習型態，是「降低不確定性」。

大多數新興產業裡，一開始都充滿了不確定性——市場規模大小；產品最佳形態；潛在客戶本質需以何種方式接觸最好；技術問題能否克服等。這種不確定狀態往往導致公司充滿高度實驗的氣氛，同時多管齊下——因為公司對未來有種種研判。多虧了快速成長，紛歧的策略於是能和平共存一段很長的時間。

然而，經過一段時間以後，「不確定」已在連續過程中解決。技術可行與否已經證實；客戶身分確認；而我們也從產業成長中，看出其可能規模。與此同步並行的，則是模仿贏家、放棄不良策略的過程。

「降低不確定性」的做法，可能吸引新類型的成員加入。降低的風險會吸引大型老公司（風險姿態較低），而不是那些新興產業裡多如繁星的新創公司。當我們愈來愈明白，產業潛力很大，而技術障礙可望克服時，大公司就會覺得自己可以一探究竟（如休旅車業、電視遊樂器、太陽熱能、及其他許多產業）。當然，產業裡層出不窮的事件，也可能創造出新的不確定性。但就像「客戶學習」一樣，不確定性的降低將可解決既有疑惑。

策略上來說，降低不確定性和進行模仿，意味著一家公司無法光靠不確定性閉關自守。而在模仿成功策略的時候，光靠移動障礙，則多少都會面臨一些挑戰。公司若要保護地位，就必須在策略上做好準備；一方面防範抄襲者與新加入者，堅守城池；一方面又可在早期策略選擇錯誤之際，迅速調整。

（Ｖ）不再惟我獨尊

由特定公司發展出來的產品或流程技術，愈來愈難獨享。

經過一段期間之後，某項技術的地位愈來愈穩固，相關知識也會流傳更廣。

知識散布的途徑很多。首先，公司可透過對對手專屬產品實質檢查，同時透過不同的來源，大致了解競爭者的規模大小、所在地、組織、及其他營運特色，從中獲取專屬知識。供應商、配銷商、客戶統統都是這類資訊的管道，它們也會基於各自目的（如創造另一個強大的供應商），熱中傳布。

其次，專屬資訊的傳布，會由於外面供應商生產資本財，而具體呈現。除非業內公司能自製資本財，或能保護交付給供應商的資訊，否則對手就可買到技術。第二，人員流動會導致擁有專屬知識的人數增加，成為其他公司獲取資訊的直接管道。技術人員離職後，自立門戶可謂稀鬆平常，轉而投效的情形也屢見不鮮。最後，顧問公司、供應商、客戶、大學科技系所培養出的人才，也無疑會愈來愈多。

在缺乏專利保護的情形下，專屬優勢會腐蝕而去。所以，任何建立在專屬知識或專門技術上的移動障礙，遲早都會土崩瓦解；缺乏合格專業人士所形成的障礙，也是如此。這類變化不僅使新競爭者更易出頭，也使供應商或客戶更容易以垂直整合的方式進入產業。

讓我們回到噴霧器的例子。

一段時間以後，新的噴霧器技術已有愈來愈多人了解。由於噴霧包裝達成效率規模所需的產量極小，許多大型消費品行銷公司都能支撐自己專屬的裝填作業。而技術與專業人員日益普及，也促使許多這類公司以垂直整合方式，進入噴霧裝填業。這樣的發展使得外包裝填商淪為救火部隊，議價起來非常

不利。許多裝填商的回應之道，是投資改良裝填技術，並發明新的噴霧用途重奪技術優勢。事實上，此一策略愈來愈難奏效。時日一久，許多裝填商的地位就大不如前。

專屬技術的散布速率會因特定產業而異。技術愈複雜、所需人員愈專業、研究人員所需的「重要多數」愈多、研究的規模經濟愈大，專屬技術的散布速度就會愈慢。假如模仿者也要面對沈重的資金要求、以及研發上的規模經濟，專屬技術形成的移動障礙反而可久可遠。

足以抵銷專屬技術散布的專利保護，也是一股重要力量。然而，這項防杜功能並不可靠；因為專利限制可由對手近似的發明取代。另一股抵銷技術散布的力量，則是透過不斷研發來創造新的專屬技術。新知識能延長專屬優勢的保有期限。然而，如果散布需時甚短，客戶對原創公司的忠誠度不高，持續創新就會不值一試。

令人又愛又恨的障礙

我們在圖8.3中，列出了可能源於專屬技術的兩種移動障礙。圖中產業一開始的規模經濟起初都很低，因為那些導致產品誕生的早期突破式創新，也許只靠一小撮研究人員就夠了。這種情況相當普遍，微電腦、半導體、及其他產業裡，專屬技術提供的少許初期移動障礙，很快就因散布而煙消雲散。

有些產業的複雜技術導致研究規模經濟增加；有些產業，卻沒機會持續創新，不需要進行大規模的進一步研究。於是，在第一個產業裡，因專屬技術所帶來的移動障礙很快上升，達到比原先還高的創新水準。最後，隨著進一步創新與日俱減，

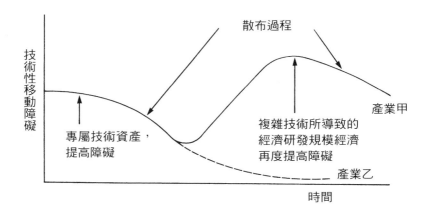

圖8.3 技術性障礙與產業演化的模式

障礙跟著銷聲匿跡，散布盛行。另一產業則因專屬技術產生移動障礙，獲利力迅即降至低水準。所以說，有的產業很可能有一段獲利豐厚的成熟階段，有的卻要靠其他障礙來源，避免利潤消散至失去競爭力的地步。以噴霧器為例，技術特性就導致該產業無法二度提高進入障礙。

從策略的觀點看，知識的廣為傳布對公司有如下意義：我們如果要維持地位，就要(1)保護現有的技術資產與專業人員（但實際上很難做到）；(2)進行技術發展，維持領先；或(3)增強其他領域的策略地位。假如公司目前非常倚重技術障礙，那麼進行規劃、保護策略地位免受技術散布之害，就成了第一優先。

（VI）一步一腳印

在某些產業裡，產品的單位成本會跟著製造、配銷、行銷

經驗的增加而下降。然而，學習曲線的重要，在於公司能否以經驗，建立起顯著持久的領先地位。但要維持領先，就不能讓落後公司迎頭趕上。假如落後公司能像跳蛙一樣一躍而過，領先公司就得承擔研究、實驗、率先引進新方法及設備的費用，因而處於挨打地位。就某種程度而言，專屬技術所具有的擴散傾向，也會對學習曲線造成反效果。

假如經驗能永遠獨享，當然對產業變化過程影響重大。假如公司不能用最快的速度取得經驗，基於策略考慮，它就必須趕快模仿，或在成本領域以外建立優勢。（採行後者時，公司就要採取「差異化」或「集中焦點」等一般性策略。）

（VII）擴張或縮編

就定義而言，「成長中的產業」就是總規模不斷增長的產業。伴隨著這種增長而來的，通常是產業內主要公司絕對規模的擴增；正在搶攻市場的公司，擴充速度更快。產業與公司規模愈大，對產業結構有好幾種意義。首先，這種情形會拉寬可行策略的範圍，進而提高該產業的規模經濟與資金要求。例如，這樣做能讓大公司以資本代替勞工、採行更能配合較大經濟規模的生產方法、建立起專屬配銷通路或服務組織、同時運用全國廣告。大規模也會使率先配合變革的外人，更易挾帶可觀優勢進入產業。

規模擴增對產業結構會有什麼影響？我們可從一九六〇年代及七〇年代初的輕型飛機產業著手。產業成長使得西斯納公司（Cessna，該產業龍頭）的製造過程，得以從逐件小量，轉變為「準大量生產」（quasi-mass production）。結果西斯納從大

量生產中取得了規模經濟,而其主要對手卻遲未行動。假如西斯納的兩家重要對手,規模也大到足以開始進行資本更密集的大量生產,局外人想要進入就更難了。

產業成長的另一後果,是它會導致垂直整合策略更可行。之後,進一步提高障礙。產業規模的擴大也意味著,產業供應商的供貨量增加,整體客戶的採購量也跟著增加。銷售或採購量增加到某種程度以後,也許會有某種力量,誘使個別供應商或客戶開始向前或向後整合,進入產業。無論如何,供應商或客戶的議價力量都會持續上升。

另一種趨勢是,較大的產業規模比較容易吸引新成員進入,使得產業領導者更頭疼──新人規模大、根基穩固時,尤其棘手。許多大公司都要等到市場已達某一顯著的絕對規模(足以支應進入的固定成本,並對整體營業額作出具體貢獻)之後,才進入市場──它們可從既有事業帶進技術與資產,所以遠早自產業形成之初,早早加入。

例如,最早加入休旅車的,都是白手創業的新公司、以及規模相當小的多角化流動房屋製造商。市場規模大到一定程度後,大型農具和汽車公司紛紛加入。(這些公司有豐富的現成資源與休旅車競爭,但它們先讓小公司身先士卒,等事實證明市場的確不小時,才放心進入)。

(VIII)成本與匯率

產業用在製造、配銷、行銷等的投入有很多種。這些投入項的成本或品質變化,都會影響產業結構。這些可能如下:

❑ 工資成本(包含一切勞動成本);

❑ 材料成本；

❑ 資金成本；

❑ 傳播成本（包括媒體）；

❑ 運輸成本。

最直接了當的效果是：增減產品成本，影響需求。例如，電影製作成本在近幾年顯著增加。上升的成本，使得獨立製片遭到嚴重擠壓（相對於資金充裕的公司）。自一九七六年開始，稅法限制了電影的減免範圍後，情況更加嚴重，因為它截斷了獨立製片的一個重要理財管道。

工資率或資金成本的改變，可能會改變產業成本曲線的形狀，改變規模經濟，或改以資本代替勞工。「打電話服務就來」的人力成本上升，影響了許多產業。傳播與運輸成本的變化，也可能促成生產重組，影響進入障礙──傳播成本的變化也許導致各種省錢的銷售媒體一一出爐，改變產品差異化的程度，改變配銷布署等等；運輸成本的變化還可能導致市場疆界改變，增減產業內競爭者的實際數目。

匯率的波動也可能對產業競爭造成深遠影響。例如，自一九七一年以來，美元對日圓及多種歐洲貨幣貶值，已經在許多產業引發重大變化。

（IX）產品創新

產業結構變化的主要根源之一，是各種類型及不同來源的「技術創新」。產品創新是其一。產品創新可以拓展市場，進而促進產業成長，增進產品差異化，而且還有其他間接效果。快速引進產品的過程，以及隨之而來的高行銷成本，本身都可

能創造移動障礙。「創新」所需要的，是用新的行銷、配銷、或製造方法，來改變規模經濟和其他移動障礙。產品的大幅變革，也可能導致客戶經驗歸於無用，進而對採購行為造成衝擊。

產品創新可能來自產業內，也可能來自產業外。彩色電視的開路先鋒RCA，本身就是黑白電視的龍頭；然而，電子計算機卻是由電子公司首先推出的，而非機械式計算機或滑尺製造商。所以，預測產品創新時，也要檢視可能的業外來源。

要想了解產品創新對「結構」的影響，可從數位手表的引進說明。生產數位手表的規模經濟大於多數傳統手表。要在這個領域競爭，還需要大量資金，及全新的技術基礎（相較於傳統手表而言）。所以說，手表產業的移動障礙及結構的其他層面，都在快速變化中。

（X）行銷創新

如同產品創新一樣，行銷創新也會透過需求的增加，直接對產業結構造成衝擊。廣告媒體運用上的突破、新的行銷主題或通路等等，都會使公司接觸到新的消費者，減少價格敏感度（如電影公司在電視上打廣告促銷）。新通路的發現同樣能擴大需求或提高產品差異——想要輕鬆節省的行銷創新，則可降低產品成本。

行銷與配銷方面的創新，也會對其他元素造成影響。新形式的行銷手法，可能增減規模經濟，影響到移動障礙。例如，酒類行銷由原本低調的雜誌廣告，轉而透過電視網促銷，提高了該產業的移動障礙。行銷創新也可能改變與客戶的相對

力量，影響固定及變動成本間的平衡，進而對競爭態勢造成衝擊。

（XI）流程創新

能改變產業結構的最後一類創新，是在「製程」或「方法」方面。

創新可影響流程的資本密集度、增減規模經濟、改變固定成本的比例、增減垂直整合度，並影響經驗累積的過程等等。如果規模經濟經驗曲線能藉著流程的創新而擴充或延伸，使其超越國內市場的規模，更可促成產業國際化。

互動式演化流程帶動製造變革的情形，可以由一九七七年「電腦服務所」（computer service bureau）產業所發生的演變來說明。「電腦服務所」提供電腦設備及一屋子程式給形形色色的使用者；客戶包括企業界、教育界、及金融機構。傳統上，服務所主要服務當地的小型企業或附近機構（會計及薪資方面，簡單的套裝軟體）。然而，由於迷你電腦出現，小公司不難取得廉價電腦，產生了幾股動力，催生大型及全國服務所成立。首先，它們開發出更複雜的程式，試圖與迷你電腦有所區別（雖然耗資可觀）。而有鑒於這方面的投資由眾多使用者分攤比較經濟，業者因而日趨集中。其次，由於低價電腦服務的壓力，設備效率更受重視，激勵大公司進一步利用各地時區差異，運用非尖峰時間。第三，電腦科技的益趨複雜，將提高短期內開設服務所的技術障礙。這幾股力量在演化過程中加總起來，就會引導幾家主要服務所在製造流程方面進行變革。

製程創新改變產業結構的例子，可能來自業內，也可能來

自業外。例如，電腦化工具機及其他製造設備的發展，就可提高某產業的生產規模經濟。玻璃纖維製造商在一九五〇年代，創新玻璃纖維用於造船，因而大大降低設計及建造遊艇的困難，引發大量新公司投入，結果產業利潤嚴重受損。許多公司紛紛在一九六〇年至六二年產業激烈廝殺之際，中箭落馬。金屬容器產業的鋼材供應商則花費了極多資源，協助鐵罐業抵禦鋁罐進擊；包括用創新來減少鐵板厚度，並找出技術來降低製罐成本。這些例子都顯示出，公司必須用超出產業界限外的視野，來觀察技術變革。

（XII）鄰近產業的結構變化

由於供應商和客戶產業結構會影響到它們的議價力量，因此這種結構變化，對產業的演化就很重要。例如，服裝業及五金零售，在一九六〇年代和七〇年代蓬勃發展，推出大量連鎖店。由於零售業結構趨於集中，零售商對其供應產業的議價力量增加。服飾製造商遂逐漸受零售商擠壓，下單時間愈來愈接近銷售季節，並被迫作其他讓步。製造商不得不調整行銷及促銷策略，服飾製造業自然日趨集中。零售業的「大量銷售革命」（mass merchandising revolution），在其他產業所造成的效果也大致相同（手表、小家電、衛浴用品）。

相鄰產業間出現集中趨勢或垂直整合，固然吸引了許多注意，但其中更微妙的競爭方法變化，對演化所造成的影響同樣不容忽視。例如，一九五〇年代到六〇年代初期，唱片零售業就放棄了准許消費者在店內試聽的政策，對唱片業影響深遠。由於消費者不再能在店內選樣試聽，因此電台播放的內容，便

對唱片銷售舉足輕重。不過，由於廣告費率與忠實聽眾的人數愈來愈相關，電台便改採「四十大熱門歌曲排行榜」形態播出，重覆播放最受歡迎的幾首歌。如此一來，未經市場驗明正身的新唱片，就很難在空中播放。零售業的變革為唱片業創造出威力強大的「廣播電台」，改變了成功的要件。也迫使唱片業必須為新唱片購買電台促銷時段，確保新唱片得見天日。整體而言，也提高了唱片業的進入障礙。

相鄰產業結構變化的重要性，顯示出公司有必要診斷供應商及客戶產業的結構演化，並預為因應。

（XIII）政府政策

政府影響力會對產業結構造成重大而明顯的衝擊。最直接的，就是透過十分成熟的法規，對進入產業、競爭行為、獲利力等關鍵變數進行規範。例如，留待審議、附有成本加計償付條款的全國健保立法，會根本改變私人醫院及臨床實驗室產業的獲利潛力。政府法規中最常碰到的形式「發照要求」，往往會限制進入，因而形成進入障礙。政府訂價規定，也會對產業結構造成根本衝擊。現成的例子，是證券交易的法定佣金，由固定方式改為協議方式。固定佣金制為證券公司撐起了一把「價格保護」傘，並將競爭焦點，從價格戰轉到服務與研究。結束固定佣金的做法，又把競爭轉回價格，導致許多公司大量出走；不是就此倒閉，就是被併購。在新環境下，移動障礙急遽提高。此外，政府行動也會大幅增減國際競爭的可能（見第十二章）。

較不直接的政府影響，主要是針對產品品質與安全、環境

品質、關稅或外資等相關法規。雖說許多產品品質與環保法規的新法規，的確有助於達成某些有利於社會的目標，卻也提高資金要求，並透過新的研究及測試標準拉升規模經濟。不然就是削弱小公司在產業內的地位，升高新公司所面對的障礙。

保全業就曾遭受品質法規衝擊。由於保全公司在武器使用、逮捕技巧方面，未予保全人員足夠訓練，批評聲浪愈來愈高，因此明定最低訓練時數的法規勢在必行。儘管大公司很容易配合規定，小公司卻可能因爭取技能較高員工的間接成本增加，而嚴重受創。

（XIV）進入與退出

新成員的加入顯然會影響產業結構──特別是其他產業的大公司加入。公司之所以進入某一產業，是因為它們看到了其中的成長與獲利契機，並認為這些好處會超過進入所需付出的成本。許多案例顯示，「產業成長」似乎是對局外人最重要的訊號──它顯示出未來有利可圖（但往往是海市蜃樓）。吸引公司進入的另一個因素，則是明顯可見的未來成長指標，如法規改變、產品創新等等。例如，能源危機及與聯邦補助有關的立法草案，已誘使太陽熱能產業裡人滿為患。

根基穩固的老公司進入新產業（透過購併，或是內部自行發展的結果），常是推動產業變革的重大驅力。來自其他市場的老公司，一般都具備某些技巧或資源，可以在新產業內改變競爭態勢；事實上，這往往也是它們之所以決定進入的主因。這類技巧與資源，往往迴異於產業既存公司；許多情況下，又會改變產業結構。此外，來自其他市場的公司也可能較原有公

司易於洞察機會，改變產業結構；因為它們沒有傳統包袱，而其所在位置也有助於覺察到產業外的技術變革，用於業內競爭。

葡萄美酒月光杯

一九六〇年，美國酒類產業主要是由小型家族企業組成的，專門生產上等好酒，銷售到地區性市場。廣告或促銷活動極少，也沒幾家擁有全國配銷網，而大多數公司的競爭焦點，顯然都是以精緻美酒為主，產業獲利不多。

然而，一九六〇年代中期，幾家大型消費行銷公司〔如呼布蘭（Heublein）、聯合品牌（United Brands）〕，透過內部發展或購併，進入產業。它們開始斥資大作消費廣告，促銷低價上選好酒。由於這些公司本來就生產其他酒類，擁有烈酒零售店形成的全國配銷網，因此迅即擴充到全國。「頻頻推出新品牌」成為此一產業的法則。許多新品牌的品質層次都位於較低的一端，這是過去一些比較保守的公司，先前所不屑為之的事。結果，產業龍頭的獲利十分可觀。所以，不同類型的公司進入美國酒業以後，帶來該產業的重大結構變革。產業內那些由家族控制的早期公司，就缺乏技巧或資源來進行。

成員退出產業，會減少產業內的公司家數，增強大公司的主導地位，因而改變產業結構。公司之所以退出，是因為它們不再自認為投資報酬可能大於資金機會成本。退出過程會受「退出障礙」所阻；使留下來的較健康公司地位惡化，或導致價格戰，爆發其他競爭。結果，應該隨著產業結構變化而升高的集中化程度及產業獲利，反而不升反降。

演化過程是預測產業變革的工具。每道演化流程也都是某一關鍵策略的基礎。例如，政府法規改變所可能造成的潛在衝擊，意味著公司必須自問：「政府是否即將採取某些行動，影響產業結構元素？果真如此，此一變化對本公司相對策略地位有何影響？該作何準備，以便有效因應？」上述每一個演化流程，都可以拿來討論，並應反覆思索，甚至以策略規劃流程正式提出。

更重要的是，每一道演化流程都會指出許多重要的策略信號，所以公司必須不斷經常環視周遭。因為這類發展會影響替代品，另一產業的老牌公司如果有意加入，負責維護企業策略健康的高階經理人就要立刻警覺。這類警訊應該引發一連串分析，預測變化對產業的影響，及其因應之道。

最後，即使沒有重要特出事件做陪襯，前述的學習之道、經驗之談、市場變化、及其他許多流程，還是會照常運作。所以說，我們應時時注意。

| 連續撞擊的過程 |

在這一分析架構下，產業變革究竟如何進行？它們不是逐漸變革的，因為產業本身自成體系。產業結構裡只要有元素發生變化，就會牽一髮而動全身。例如，行銷方面的創新也許會帶出新的客戶區段，但為服務新客戶，它也帶動了製造方法的變革，進而增加規模經濟。首先取得這些效益的公司，有能力開始展開向後整合，接下來影響供應商的力量，及其他種種變化。所以說，某項產業變革往往會引然燃連鎖反應，帶來無數

變革。

　　儘管各行各業都會經歷產業演化，而且都需要策略回應，產業演化卻沒有一定的模式可循。因此，任何單一模式，都應加以拒斥。不過，有幾種格外重要的關係，將在這節檢視。

合併非必然

　　大家似乎都認為，產業早晚會走上合併之途。但大致說來，這種說法根本不正確。我們以一百五十一個美國主要製造業為大樣本就發現：一九六一年至一九七二年間，其中六十九個產業的前四大公司，在這段期間的市場總占有率增加了兩個百分點以上；同一時期，其餘五十二個產業的前四大公司，卻減少了兩個百分點以上。

　　所以「產業到底會不會合併」，透露出產業結構元素之間，最重要的關係可能涉及競爭態勢、移動障礙、以及退出障礙。

　　❑「產業集中」與「移動障礙」同步發生。假如移動障礙頗高，產業集中度八成都會增加。例如，美國酒業的集中趨勢就愈來愈明顯。葡萄酒市場的「標準品級區段」占絕大部分，而本章稍早提到的策略變革（密集廣告、全國配銷、快速的品牌創新等等），也大大提高了它的移動障礙。結果，大公司遠遠跑在前面，闖進來的新公司則相對有限。

　　假如「移動障礙低」（或正在下降），集中現象就不會發生。假如障礙低，失敗而退出的公司，就會有新公司瓜代。假如退出風潮是由經濟衰退、或其他大局所引發，

產業集中度就會暫時提高。不過只要產業利潤及營業額一有復甦跡象，新成員馬上出現。所以，當產業成熟後的淘汰，不見得表示合併會長期持續下去。

❑ **退出障礙「阻遏」合併。** 退出障礙會讓產業內的公司，繼續留下來營運——即使投資報酬偏低。就算產業移動障礙很高，如果退出障礙高得讓產業敗將不得不留下，領導廠商就無法仰賴合併取利。

❑ **長程獲利潛力要視「未來結構」而定。** 在產業演化初期的快速成長階段，利潤水準通常很高。例如，一九六〇年代末期，滑雪設備的銷售量每年成長二成以上，幾乎每家公司的財務狀況都很強。然而，一旦成長趨緩，一陣兵荒馬亂之後，較弱的公司慘遭滑鐵盧，接著進入戰國時代。產業內所有的公司，在這個調適階段，財務狀況都不大理想。留下來的公司能否享有平均以上的獲利，則視產業移動障礙及其他結構元素而定。假如移動障礙高，或隨著產業內的成熟而升高，留在產業的公司即使處於緩慢成長的新階段，也能享有正常合理的財務報酬。然而，假如移動障礙低，放慢的成長腳步也許表示：該產業再也無法享有高於平均的獲利了。因此，成熟產業可能和發展階段一樣有賺有賠。

｜ 楚河漢界 ｜

產業內的結構變化，通常都會伴隨著產業界線的變化。因為，產業界線會隨著判斷而變。（如圖8.4虛線所示）

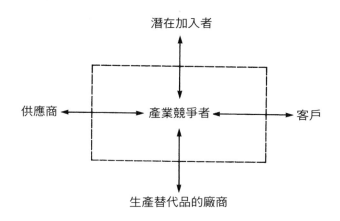

圖8.4 產業界線的變化

潛在加入者

供應商 ← 產業競爭者 ← 客戶

生產替代品的廠商

　　產業演化很可能影響這些界線。產業創新或相關替代品的創新，也許會有效擴大產業規模，讓更多公司處於直接競爭下。例如，運輸成本和木材成本比起來已相對低廉，導致木材供應形成了全球市場，不僅限於各洲大陸。「創新」增進了電子監測儀器的可靠性並降低其成本，使其有效地與保全競爭。這種結構變革，使供應商更容易以向前整合的方式進入產業，進而成為競爭者。大量採購自有品牌、指定產品設計標準的客戶，也有效成了製造業的競爭者（如西爾斯百貨）。分析產業演化的策略重要性時，其中一部分工作顯然包括分析「產業界線如何受影響」。

何須守株待兔

　　產業結構變化可能受公司策略行為所影響。公司如果能了

解，結構變化對其自身地位有多重要，便能設法以有利於己的
策略回應，或自己發起變革，影響產業走向。

公司影響結構變化的另一個方法，是對一切可能導致產業
演化的外在力量保持極度敏感。早起的鳥兒往往有機會導引這
些力量，配合公司地位。例如，我們可以(1)影響特定形態的法
規變革；也可(2)透過技術授權（licensing），或其他協議形態
影響產業外創新，改變它在產業內的傳布情況；還可(3)發起正
面行動，積極改善互補品的成本或供應（直接提供協助，協助
組成同業公會，或向政府陳情）。其他導致結構變革的重要力
量，也可加以利用。我們不應視產業演化為既成的「事實」消
極回應，而應視之為「機會」。

第二部

星空燦爛

產業環境

第九章

百家爭鳴喜相逢

零散產業的競爭策略

　　零散型產業（fragmented industries）是一種重要的結構環境，這樣的產業裡，有許多公司競爭，卻沒有一家擁有夠分量的市場占有率，對產業成果顯具重大影響。產業裡，通常中小型公司充斥，而且多半未上市，其中也沒有什麼單一明確的量化標準。這種產業環境之所以獨特，最重要的是因為其中欠缺市場領導者，來雕塑產業風貌。

　　美國或其他國家在經濟體的許多領域，零散型產業處處可見，以下領域尤其普通：

❑ 服務業；

❑ 零售；

❑ 配銷；

❑ 木製品及金屬製品；

❑ 農產品；

❑ 有「創意」的事業。

　　電腦軟體或電視節目聯合組織等零散型產業的特色，就是產品或服務具有差異性。但也有一些產業（如油輪運輸、電子零件配銷、鋁製品等）的產品基本上就不具差異。同屬零散，每家公司的技術複雜度也有很大差異。高科技的太陽能加熱，及垃圾收集、烈酒零售都是。表9.1所列出的是一九七二年中，在產業內排名前四大、但市場占有率未超過四成的製造公司。雖然配銷、服務等不在製造業範圍、新產業也尚未納入調查，但此圖已足以說明，零散型產業所涵蓋的範圍之廣。

表9.1 美國製造業的零散產業

產業 （四位數字類）	排名前四大公司的 總市場占有率 (%)	排名前八大公司的 總市場占有率 (%)
肉品包裝	22	37
香腸及其他加工肉品	19	26
家禽填料	17	26
家禽與蛋類加工	23	36
煉乳及奶粉	39	58
冰淇淋及冷凍甜點	29	40
流體牛奶	18	26
罐裝蔬果	20	31
脫水蔬果、湯品	33	51
冷凍蔬果	29	43
麵粉及其他穀類產品	33	53
麵包、蛋糕、及其相關產品	29	39
糖果蜜餞類產品	32	42
動物及海產油脂	28	37
鮮魚及冷凍包裝魚	20	32
窄幅織品廠	20	31
針織外衣廠	16	26
精緻植物、棉花	27	41
加穗邊的絨毯、小地毯	20	33
紗線（羊毛以外）	21	31
捻絲繞線廠	35	51
蕾絲類產品	34	51
家飾類填塞物	28	40
繩索、縫線	36	56
男用西裝及外套	19	31
男用襯衫及睡衣	22	31
男用圍巾領帶類產品	26	36
男用寬鬆長褲	29	41
女用絲襯衫及襯衣	18	26
女用洋裝	9	13

（接下頁）

產業 （四位數字類）	排名前四大公司的 總市場占有率 (%)	排名前八大公司的 總市場占有率 (%)
女用西裝及外套	13	18
婦幼內衣	15	23
兒童洋裝及短上衣	17	26
兒童西裝及外套	18	31
皮毛製品	7	12
長袍及大衣	24	39
防水夾克	31	40
皮衣及羊皮襯裡	19	32
裝飾腰帶	21	32
窗簾及布幔	35	43
帆布及其相關製品	23	29
鋸木場	18	23
木製廚櫃	12	19
活動房屋	26	37
組合式木屋	33	40
家飾類家具	14	23
全屬家具	13	24
床墊及彈簧	24	31
木製辦公家具	25	38
折疊式紙板及紙箱	23	35
瓦楞紙及硬紙箱	18	32
期刊	26	38
書籍出版	19	31
書籍印刷	24	36
商業印刷凸版	14	19
商業印刷石板	4	8
活字排版	5	8
照相製版	13	19
油漆及附屬品	22	34
混合式肥料	24	38
黏著劑及密封劑	19	31
鋪設用建料	15	23

（接下頁）

產業 （四位數字類）	排名前四大公司的 總市場占有率 (%)	排名前八大公司的 總市場占有率 (%)
潤滑油及油脂	31	44
鞣皮、製革	17	28
皮手套及厚手套	35	50
女用手提袋、錢包	14	23
水泥	26	46
建築用磚瓦	17	26
混凝土磚石	5	8
預拌混凝土	6	10
鋼線及相關產品	18	30
銅管、鋼筒	23	40
鋁鑄品	23	30
銅鑄品（紅銅、青銅、黃銅）	20	28
鉛管建材、青銅製品	26	42
暖氣設備（電力類除外）	22	31
合成建築用金屬	10	14
金屬門、窗框、飾邊	12	19
合成金屬板（鍋爐店）	29	35
薄金屬板	9	15
輸送帶及輸送設備	22	32
工具機（金屬成形類）	18	33
特殊染料、工具、絞轆、夾具	7	10
建築用金屬	14	21
螺絲機器產品	6	9
螺栓、螺帽、鉚釘、墊圈	16	25
鋼鐵冶煉	29	40
鍍金磨光	5	8
金屬塗布及相關服務	15	23
活塞及導管附件	11	21
線狀彈簧	26	38
合成導管與附件	21	32
工具機配件	19	30
食品機器	18	27

（接下頁）

產業 （四位數字類）	排名前四大公司的 總市場占有率 （%）	排名前八大公司的 總市場占有率 （%）
紡織機器	31	46
紙業用機器	32	46
抽水設備	17	27
鼓風爐、風扇	26	37
工業用爐灶、烤箱	30	43
收音機及電視通訊設備	19	33
卡車及公共汽車車體	26	34
造船及修船	14	23
工程及科學儀器	22	33
珠寶及貴金屬	21	26
洋娃娃	22	34
遊戲、玩其、兒童載具	35	49
運動用品	28	37
人造珠寶	17	27
人造花	33	44
鈕扣	31	47
招牌及廣告張貼	6	10
棺木	25	34

資料來源：美國人口普查局，《1972年製造業普查》（ *1972 Census of Manufactures* ）之製
造業集中度調查，表五

本章將檢視如何在零散型產業內，制定競爭策略的特殊問題。和第二部的其他各章一樣，本章也不打算對特定零散型產業裡的競爭問題，巨細靡遺的加以介紹。

│百花為何競放？│

產業零散的原因很多，難以一一盡數，在這類不同的產業內競爭，意義也大不相同。有些產業因歷史因素而零散（資源或能力），但其中並無「根本」的經濟性理由。很多產業裡，卻有潛在的經濟理由，舉其犖犖大者如下：

- **整體進入障礙低**。幾乎每一個零散產業裡都有較低的整體進入障礙。要不然，怎麼可能有如此多螞蟻雄兵充斥其間。不過，這雖然是產業零散的先決條件，卻不足以充分解釋其原因。產業零散的情形幾乎總會伴隨著一兩項其他因素，以下再加說明。

- **缺乏規模經濟或經驗曲線**。大多數零散產業的特色在於：企業的主要層面（製造、行銷、配銷或研究）缺乏明顯的規模經濟或學習曲線現象。許多零散產業的製造流程，幾乎都沒有規模經濟可言，也沒有成本遞減現象；它們只是單純的組合裝配作業（玻璃纖維及聚胺酯鑄模），或直截了當的倉儲作業（電子零組件配銷），也可能具有勞力密集的天性（保全警衛），或是偏重個人服務，或在本質上很難機械化（或例行化）。

在龍蝦撈捕這樣的產業裡，生產單位就是個別船隻。船隻再多，也降低不了多少撈捕成本，因為每艘船基本上都在相

同的水域作業，豐收的機會也差不多，因此，這一行有許多成本相當的小業者。而菇蕈栽植在不久以前，同樣抗拒透過規模或學習來節省成本。嬌弱的香菇則一向由許多了解訣竅的小業者，在洞穴內栽培。

☐ **高運輸成本。**太高的運輸成本會使廠房無法產生高效率，或無法控制生產據點大小。運輸成本與規模經濟取得平衡以後，就會影響廠房的效益範圍。水泥、液態乳品、高腐蝕性化學品等產業的運輸成本就相當高。而許多服務業的運輸成本實際上也很高，因為它們不是到府服務，就是要客戶到現場接受服務。

☐ **庫存成本過高或銷售量波動不定。**生產過程中，雖然可能有規模經濟存在，但如果儲藏成本過高，且銷售量不穩，規模經濟就無法成立。此時產量時增時減，因而糟蹋了規模大、資本密集的設施，讓它們無法運轉不輟。同理，假如銷售狀況非常不穩，波動幅度很大，則擁有大規模設施的公司，也許不比小而靈活的有利。規模較小、較不專業的設施或配銷體系，在吸收產量變化方面，通常也比大規模的專業系統彈性高（但在穩定運轉時，運作成本較高）。

☐ **與客戶或供應商打交道時，未因規模而受益。**客戶群或供應商的產業結構，會使公司與這些鄰接產業接觸時，未能因為規模大，而取得顯著的議價力量。客戶也許非常龐大，大到連產業內大公司議價時所占到的優勢，只比小公司多一點。有時，強大的客戶或供應商甚至會強勢到所有公司都保持小規模（刻意分散業務，或鼓勵新

成員加入）。

- **某些重要層面的「規模不經濟」現象。**導致規模不經濟的原因很多。快速的產品或款式變革促使我們快速回應，加強功能間的協調連繫。經常「引進新款」及「變化風格」的產業，更只能容忍短暫的領先時間，所以大公司比小公司沒效率（以女裝業、及以款式為競爭重點的其他產業最明顯）。

- 假如低間接費用收關成敗，小公司又有優勢了。身兼經營者的公司所有人，可在此時施展鐵腕，因為他既沒有退休金計畫的束縛，也沒有大公司包袱，更不受政府法規拘束。

- 高度多樣化的產品線則必須「迎合個別使用者的需求」，即使小量購買，也必須安插大量使用者界面，所以對小公司有利。商業表格也許就是這類「產品多樣化導致產業零散」的好例子。北美兩大商業表格製造商就僅握有3%或5%市場占有率。

- 雖說：「凡事總有例外」，但假如所需的創意所占分量極重，要在超大型公司內維持創意人的生產力就會難如登天。廣告業及室內設計業就看不到領袖。

- 假如嚴密的就近管制及營運監督收關成敗，小公司又別具優勢了。某些產業裡（尤其是夜總會、餐飲服務業等），密集親切的專人監督似乎難以避免。一般而言，這類行業管理者如果不在場，效率就會較差。

- 如果個人服務對業務很重要，此時小公司也會較有效率。個人服務的品質，以及客戶心目中對個別化貼心服

務的觀感,一旦達到某個規模門檻,就會開始走下坡。
這就是導致美容護理及諮詢業走向零散的原因。

❑ 假如地區形象與地區聯繫是成敗關鍵,大公司則位居不利。製鋁、建材供應以及許多配銷通路,與其能否「在地服務」很有關係。它們一定要在當地密集開發業務、建立人際網絡、努力銷售。這類產業裡,如果在地公司和區域性公司的成本並未顯居劣勢,它們的表現就會優於大公司。

❑ 市場需求殊異。某些產業的客戶品味涇渭分明,不同買主希望針對同一產品各自求變化,也願意(並能夠)額外付出,不願照單全收。任何一種特定產品變體的需求都很小,也找不出適當的數量來支持生產、配銷、行銷策略等(這些是大公司較有辦法操縱的優勢)。有時這些涇渭分明的現象之所以產生,是因為地域性或當地市場需求有異。例如,每一個在地消防隊都希望訂做自己的消防車,最好還裝有許多昂貴的鈴鐺、汽笛、及其他選用設備。因此,幾乎每一部消防設備都是獨一無二的;產品逐站生產,幾乎全用手工裝配。也難怪全國共有不下數十家消防製造商,但沒有一家坐上龍頭寶座。

❑ **產品差異程度高(重形象者尤然)。**假如產品差異化程度很高,而且特重「形象」,這種現象就會限制公司規模,讓效率低的公司反而有利。因為大規模也許與獨家專賣形象(或與客戶追求品牌獨享的願望)並不協調。另外,某產業的重要供應商,也可能很重視產品或服務通路是否獨特或形象特殊。例如,表演藝術工作者就偏

好小型訂位代理或唱片商，藉以塑造形象。

❏ **退出障礙**。假如有退出障礙存在，邊緣公司就會留在產業裡，延緩整合。除了「經濟性」退出障礙外，「管理型」的退出障礙似乎也在零散產業很常見。也許有些競爭者不以利潤為導向；也許某些事業有浪漫的吸引力或精采動人之處，吸引競爭者想待在產業裡，不在乎獲利的高低有無。（在漁撈業和人才仲介業很常見。）

❏ **當地的法規**。即使其他情況都不成立，地方性法規也可能是造成產業零散的主因。因為它可強迫公司遵守非常細瑣的標準，或針對地方政治情勢進行調整。這樣的產業有：烈酒零售、或乾洗、配眼鏡等個人服務業。

❏ **政府禁止產業集中**。法律嚴禁合併的產業包括：電力、電視、電台等，而限制跨州開分行的「麥法登法案」（McFadden Act），則阻礙了銀行電子轉帳匯款系統進行整合。

❏ **新興產業**。產業可能是由於太新了，即使沒有阻礙，也不可能有公司發展出足夠的技術與資源來，雄霸一方。太陽熱能與光纖產業在一九七九年，大抵就是如此。

以上特色只要有一項存在，就足以妨礙產業整合。假如，這些特色在零散產業裡都沒有出現，接下來就要談到重要結論了。

｜來自勝利的獎賞｜

克服零散以後，可能會形成一個非常重要的策略機

會──整合的報酬可能頗高。因為就定義而言，進入這種產業的成本既低，競爭者又弱小，幾乎如入無人之境。

稍早我曾強調，我們必須把產業視為一個「彼此相關的系統」，這個論點在此同樣適用。有些產業零散的理由，可能只是前述某一因素成立。假如這個妨礙整合的基本因素能加以克服，就會引發整個產業結構開始一連串的改變。

零散產業如何變化結構，可由養牛業來說明。這個產業長久以來的特色就是：許許多多小牧場、許許多多牛隻在放牧的土地上閒逛吃草，再運交肉品包裝業者加工。傳統上，養殖肉牛與規模經濟並沒有什麼相關；有的話，就是牛隻數目太大，必須趕來趕去，造成不經濟。然而，科技進步使得愈來愈多業者改在飼養場養牛。事實證明，狀況如能細心控制，飼養場讓動物增重的成本可比從前低多了。但是，建造飼養場需要大筆資金，運作起來又可獲得可觀的規模經濟。結果某些大型肉牛養殖業者紛紛崛起〔如愛荷華牛肉（Iowa Beef）和曼福特（Monfort）〕，產業也走向集中。這些業者大到足以向後整合，進入飼料加工業；或向前整合，進入肉品加工及配銷（後者帶來了自有品牌的開發）。在這個產業裡，形成零散的基本原因在於「養肥肉牛所使用的生產科技」。此一障礙一旦移除，連串結構變革便被引爆了，接下來開始風起雲湧。

細心鬆綁

化解導致結構零散的基本經濟因素，常見手法如下：

❑ **創造規模經濟或經驗曲線**。正如肉牛養殖一樣，假設科技變革可以帶來規模經濟或顯著的經驗曲線效果，整合

便可順水推舟的出現。（部分的規模經濟有時會比另一部分不經濟更重要。）

在製造業方面，創新導致的機械化及高度資本密集，已經促成了醫學實驗用動物供應產業，以及洋菇栽培業的整合。以「實驗用動物」來說，查爾斯河培育實驗室（Charles River Breeding Laboratories）率先使用昂貴的大型培育設施，讓衛生條件、動物生存環境的每一層面和飲食，都受到細心控制。這些設施產出更優異的研究用動物，同時也鬆綁了造成產業零散的根本原因。在「洋菇栽種業」方面，已有一些大公司進入了這個產業，率先試用複雜的流程，借助輸送帶、氣候控制，以及其他省人工、增收益的器械，控制洋菇生長。這些流程涉及顯著的規模經濟、大筆資金支出、複雜技術，並成了產業整合的溫床。

創造「行銷」規模經濟方面的創新，也能導致產業整合。例如，廣泛採用電視網行銷的玩具業者，就使得該產業大為整合。而在推土設備製造方面，由於提供資金融通的獨家經銷商興起，產品線齊全，該產業也開始整合；凱特彼勒公司則成了最大受益者。

同一基本論述也適用於其他功能方面的規模經濟，如配銷、服務及其他。

❏ **使分歧的市場需求劃一。**產品或行銷創新，可使迄今殊異的市場需求趨於一統。例如，某個新創產品的出現，也許會串聯起客戶品味；設計的變化，也許會大幅降低某個標準化產品的成本，使客戶認同標準化產品，捨棄又貴又獨家的訂製品。能讓組件標準化的產品，便能大

量生產，因而取得規模經濟，讓經驗成本下降，同時維持最終產品的異質性。這類創新潛能，顯然受限於產業潛在的經濟特性；但在許多產業，限制整合的因素似乎卻正是消弭產業零散原因時的能力與創意。

☐ **中性化或分化最易造成零散。** 有時造成產業零散的原因會集中在一兩個領域（例如，生產規模的不經濟，或客戶品味五花八門等）。克服策略之一是，想辦法把這些層面與事業的其餘部分分開。這方面最搶眼的兩個例子是：野營區及速食業。這兩個行業都要靠嚴格的就近控制，及良好服務來維持，而且基本上都是由許多個別小場所組成的。（它們必須貼近顧客、或接近主要高速公路和景點等。）

野營地和速食業一向四分五裂，其中有千千萬萬個身兼所有人及經營者的小業主。然而，這兩個行業在行銷與採購方面，卻有顯著的規模經濟（能滲透到全國的每一角落，使用全國性廣告媒體時，尤其顯著）。這兩個產業克服零散的方式，是特許授權（franchising）個別營業場所，讓它們的所有者兼經營者在全國性組織的庇蔭下營運，不但有專人負責品牌行銷，又可集中採購及提供其他服務；同時確保管制密切、維持良好服務、獲得規模經濟。此一概念衍生出野營業巨人 KOA，以及麥當勞（McDonald）、必勝客（Pizza Hut）等等速食巨人。

當前另一項透過特許授權而打破零散狀態的，是房地產仲介業。「二十一世紀」（Century 21）房地產在此一高度零散的產業裡，已透過對地方公司特許授權，快速擴充。這些加盟公司，在集團名號下，仍保有當地店名，只是以「二十一世紀」

為名，進行全國行銷。

假如零散的原因圍繞著生產或服務流程打轉，要克服零散，就要使「生產」從其他層面脫離。假如客戶市場區段甚多，或產品差異度極高，以致大家都偏好「只此一家、別無分號」的時候，精心設計的多重「不相干品牌名稱」或「風格包裝」，就可以克服市場占有率的限制。

另一種可能是，有些藝術家（或其他客戶或供應商）希望和較小的個人化機構（形象或聲譽獨特）打交道。唱片業已達成此夢想——業者使用多元專屬商標，並與相關品牌簽訂契約，利用相同的機構來進行唱片印製、行銷、促銷、鋪貨等工作；每一商標都獨立設計、試圖要為藝術家創造個人風采。然而，集團整體的市場占有率仍然相當可觀。例如，哥倫比亞廣播公司（CBS）與華納兄弟（Warner Brothers），就各自擁有兩成市場。

這種克服零散的基本手法，承認了零散的根本原因很難消除。策略則是要使企業體對零散敏感的層面中性化，以便共享其他，創造優勢。

- **進行收購**，創造關鍵多數。某些擁有顯著市場占有率的產業裡，即使在某些方面享有優勢，但因產業零散，要累增市場占有率極為困難。如果地方人脈是銷售關鍵，公司就很難打入他人地盤，擴充占有率。但如果公司能發展到某個標準，規模所帶來的一切重大優勢就會紛至沓來。此時，我們必須有能力整合並管理收購對象，大量購併地方性公司。
- **及早認清產業趨勢**。有時，產業一旦成熟，自然就會集

中或兼併；如果當初形成零散的主要原因出現在產業方
興未艾之時，這種情形格外容易發生。有時，外在的產
業趨勢還可改變零散的原因，造成產業集中。例如，
「電腦服務所」產業來自小型電腦及微電腦的競爭愈來
愈多。這類電腦新科技的出現，表示自此以後，中小企
業也有能力擁有自己的電腦了。於是，「服務所」便必
須加強服務大型、多點的公司，以便繼續成長。除了提
供電腦設備外，還必須提供更複雜的程式，以及其他服
務。這樣的發展態勢，增加了該產業的規模經濟，並導
致產業集中。

替代品的威脅，改變了客戶的需求，引發集中兼併，進
而刺激服務變革，因為它們愈來愈需要規模經濟。在其他產業
裡，客戶品味、配銷通路結構的變化，以及產業內無數其他趨
勢，都會直接或間接帶動零散。政府法規的變革也可能會提高
產品或製程標準，使得小公司無法創造出足夠的規模經濟，達
不到新標準而不得不合併。所以克服的重要方法就是：認清趨
勢所能造成的最終效果，並且讓公司占住優勢地位。

「卡在中間」的產業

到目前為止，我討論的產業零散原因皆植根於產業經濟，
以及提出方法來排難解紛。就策略目的而言，有個重點必須認
清楚：許多產業之所以零散，並非源自基本的經濟理由，而是
因為它們「卡在」某種零散狀態下無法動彈。卡住的原因有很
多，如：

❏ 現有公司欠缺「資源」或「技術」。有時，克服零散的

步驟其實非常明顯，但公司就是缺乏資源去做必要的策略投資。舉例來說，潛在的規模經濟有待開發，但公司卻缺乏資金及專業來做好大規模設施，或投入資金進行垂直整合。公司也可能缺乏足夠的資源或技術，來建立專屬配銷通路、專屬服務機構、專用後勤運補系統、或消費者品牌特許授權，促成產業集中。

❑ **既存公司短視近利或安於現狀。** 公司雖有足夠資源去促成產業集中，但情感上仍無法割捨某些造成零散的傳統做法、或未能洞察變革契機。這項事實再加上資源的缺乏，就構成了美國酒業之所以故步自封的原因。長久以來都只重視生產的酒商，顯然在發展全國性配銷網和消費者品牌認同方面疏於努力。直到一九六〇年代中期，一些大型的消費品及烈酒公司進入產業，才有轉機。

❑ **未受業外注意。** 為什麼某些產業在明白前述兩個情形後，仍在兼併時機成熟之際，長久維持零散？因為它們不受業外公司注意；沒有一家業外公司相信在灌注資源和新觀點進入產業以後，就能促成整合，帶來新希望。那些未受重視的產業（即使保證有亮麗前景可期），往往都是偏離主流的產業（商標製造、洋菇栽植等），或是缺乏魅力、無法令人馬上著迷（如空氣濾清器或濾油器）。產業也可能因太新太小，無法吸引大型老公司以其充裕的資源來克服零散。

假如公司能夠看出，某個產業的零散結構未能反映潛在的競爭經濟因素；這種眼光就能帶來重要的良機——公司也可能因為這樣的初始結構，輕鬆入行。因為導致零散的潛在經濟原

因既然不存在，就不須為了改變潛在經濟結構，承擔投資成本
或風險。

｜對付零散｜

　　在許多情況下，產業零散的理由的確是潛在產業經濟因素
所造成的。這類產業的特色不僅是「競爭者眾多」，它對供應
商與客戶的議價姿態通常也很低；結果就是獲利微薄。在這種
態勢下，策略性定位非常重要。公司所要面對的策略挑戰，則
是如何對付零散，成為極成功的公司。

　　既然產業家家有本難唸經，在零散產業中進行最有效果的
競爭，就沒有放諸四海皆準的方法可循。然而，在檢視特定情
況時，我們還是可以考慮一些可能的策略選擇。在零散產業的
特殊環境下，有些特定的手法可用來追求低成本、差異化、焦
點集中——有些可調整公司策略姿態，使之更適合零散產業的
競爭特性；有些則想協調向來支配產業的各股強大競爭力，使
其趨於和緩。

　　❑ **在嚴格管理下分權。**零散產業的常見特色，就是它們必
　　　須密切聯繫、事事在地管理、高度個人化服務、就近管
　　　制等等，因此重要的替代方案就是：「在嚴格的管理下
　　　實施分權」。這套策略並不打算要在少數幾個地點擴充
　　　營運規模，而是刻意縮小個別營運地點的規模，提高自
　　　主性。在這套方法背後是一套嚴格的中央控制體系，和
　　　一套以績效為導向的在地經理人薪酬制度。加拿大的英
　　　達爾公司（Indal，鋁擠型的產業）、幾家中小型報業連

鎖（過去十年間在美國崛起，目前還在持續成長中）、及高度成功的狄梨恩公司（Dillion，食品零售業）等等，都是幾個有名的例子。狄梨恩公司有套策略，就是收購一群小型地方百貨連鎖，讓它們保持自主，各有各的店名，各有各的採購群等等；此外再以「中央控制」和強大的「由內向外促銷」政策加強。這套策略避開了個別單位的同質化，避免某些食品連鎖店對地方狀況不敏感，同時還有個附帶效用——使工會組織熱絡不起來。

這類型策略的基本想法，就是認清並接受零散原因，但在地方經理人作業上面，增添若干程度的專業色彩。

□ 設施「公式化」。另一項替代方案就是：同時在許多地點建立起高效率、低成本的設施，並視之為關鍵策略變數。這套策略先設計一套標準化的設施（也許是廠房，也許是服務設施），然後不斷琢磨修正建構流程，使其合乎科學，在最低成本下運作。如此，公司的投資成本不但會相對低於競爭者，並可提供更有吸引力、更有效率的場所來作生意。幾家最成功的流動房屋廠商（如Fleetwood），就採用這個做法。

□ 增加附加價值。許多零散產業生產的產品或服務都算是大宗商品，或者看來大同小異。許多配銷事業採購的產品路線，不是和競爭對手一模一樣，就是相差無幾。在這類情況下，增加生意的附加價值也許是妙招——提供更多服務，或對產品進行最後加工（如分量包裝或打孔），或再出售給客戶前進行部分或全部組裝。

我們也許可以透過這類活動，強化產品的差異性，因而提

高獲利（這可能是基本產品或服務所無法做到的）。一些金屬
配銷商就成功的實現這項理念，將自己定位為「金屬類服務中
心」（metal service centers），一方面進行簡單的組裝，一方面對
客戶提供大量建議；這個行業過去只是純粹經手而已。部分電
子零組件配銷商也同樣頗有斬獲；它們把個別零件或成套零件
組，再裝配為電子連接器出售。

　　有時，從「製造」進入「配銷或零售」業的向前整合，也
會強化附加價值。這麼做可能會削弱客戶力量，或由於更能控
制銷售狀況，創造出更大的產品差異。

　　❏ **專攻特定類型產品或產品區段**。如果產業零散的原因，
　　　是由於產品線內品項過多，要讓績效保持在平均以上，
　　　最佳做法也許是「專業鎖定某個範圍明確的產品群」。
　　　這是第二章焦點策略的另一種變體，可以藉著產品數量
　　　的大幅增加，提高公司對供應商的議價力量。此外，這
　　　樣的結果也可以讓專業人士的專業技術及形象為世所公
　　　認（在特定產品領域），強化差異所帶來的效果。這套
　　　策略可較公司更清楚某產品領域，也更願意努力教育客
　　　戶，提供與此特定領域有關的服務。而實施這類專門化
　　　策略的代價，則是公司未來的成長會受部分限制。

　　產品專門化的結果，也可能帶來附加價值的增加呢！在零
散的美國家具市場上，非常成功的伊莎艾倫（Ethan Allen）公
司就是這樣一個有趣的例子。伊莎艾倫一向專精於美國早期風
格的家具，可以讓消費者自由組合單品，置放在專業設計的房
間裡，絲毫不顯突兀。

我們所銷售的是讓您能利用產品做出變化的各種可能，而不只是產品本身。我們提供給中產階級的，是富有人家才負擔得起的服務。

這種整合兩者的概念，讓伊莎艾倫的產品收費比別人貴兩成，再用這些錢在電視上大打廣告。同時它只透過獨一無二的獨立零售賣場網銷售，因而得以強化其差異性，避免與百貨公司和折扣店進行激烈的削價大戰。雖然該公司市場占有率僅及3%，獲利卻遠高於平均。

❑ **專攻特定類型。** 假如競爭激烈的原因，是市場結構零散所造成的，專攻產業內特定的客戶類型或許比較有利。也許我們可以鎖定議價力量最小的客戶（因為它們的年度購買量偏低，或是絕對規模太小，所以沒本錢議價）。也可以鎖定對價值最不敏感的客戶，或是最需要公司隨貨提供附加價值的客戶。如同產品專業化一樣，鎖定特定客戶的做法也會在提高盈利的同時，限制公司成長。

❑ **專接特殊訂單。** 不管客戶如何，公司面對沉重的競爭壓力，也可以鎖定特定客戶類型來接單。一種方法是只接需貨孔急、並對價格不敏感的小訂單。也可以只接照單訂製的產品；因為這種客戶對價格較不敏感，或可形成移轉成本現象。但是如前述，這種專門化的做法也可能會對數量造成某種限制。

❑ **瞄準特定地域。** 就算無法在產業內取得相當的市場占有率，或無法造成遍及全國的規模經濟現象（甚或造成反

效果），我們還是可以透過「包覆做法」（blanking），把設施、行銷注意力、銷售活動集中在特定地域，獲取顯著的經濟效益。這套政策能讓我們節省推銷人力、使廣告更有效、形成單一配銷中心等等。更何況，多點銷售所取得的生意極微，只會反過來加劇零散產業的競爭問題。「包覆」式策略對食品店就相當有效；但此產業雖然多了幾家大型全國連鎖，仍然是個零散型產業。

❑ **赤手空拳不矯飾**（Bare Bones ／ No Frills）。既然許多零散產業競爭激烈、獲利偏低，最簡易有力的另種策略也許是：盡力維持「赤手空拳不矯飾」的競爭態勢；也就是維持低管銷開支、低技術勞工、嚴格控制成本、高度注意細節的做法。此一政策可使公司在處於最佳地位拚價，獲得水準以上的報酬。

❑ **向後整合**。零散的原因，雖然可能預先擋掉了一大片市場占有率，但仔細的後向整合卻可能降低成本，並讓無力進行此類整合的對手感受壓力。當然，只有在完全分析之後（請見第十四章），才可作出此種整合決定。

｜ 可能的策略陷阱 ｜

零散型產業的獨特結構環境，有許多個性獨到的策略陷阱。在分析特定產業的各種策略性做法時，一些常見的陷阱都應標示為示警信號：

❑ **追求主導地位**。零散產業的基本結構如果無法大改，想要鰲頭獨占必將徒勞無功。別的不提，公司想在零散產

業內取得相當分量的大餅，通常也都注定失敗。在零散結構下的潛藏經濟因素，通常會在增加占有率的同時，讓公司效率低落、缺乏產品差異性，還要面對供應商與客戶的各種奇想。要讓人人滿意，通常會使自己面對其他競爭勢力時，處於極度脆弱的地位——雖然這種策略在其他產業可能非常成功。

在這方面，普利路公司（Prelude Corporation）結結實實的學了一個教訓。這個明文要成為「龍蝦業通用汽車」的公司，建造了一大隊昂貴的高科技龍蝦船艇、專屬維修設備及船塢設施，打算垂直整合進入卡車及餐飲業。只可惜，該公司船隊與其他人相比實際上並無顯著的撈捕優勢，而且偏高的費用結構與沈重的固定成本負擔，使它在面對產業捕撈量波動之際，顯得極其脆弱。過高的固定成本也使小型業者開始削價競爭；因為它們不以投資報酬率為衡量績效的基礎，反而對低得多的報酬率心滿意足。種種舉動的結果就是財務危機，繼而停止營運。普利路的策略裡，完全沒有提到導致產業零散的原因，所以它的占領策略當然也就無效。

❏ **缺乏策略紀律。** 要在零散產業裡贏得競爭，非有「嚴格的策略紀律」不可。除非原因能夠加以克服，否則零散產業的競爭結構，通常會使我們必須將焦點集中於嚴密的策略概念上。不但要有勇氣拒絕某些事業機會，並有勇氣對抗此一行業普遍公認的傳統做法。一個欠缺紀律或具投機色彩的策略，短期內或許可以奏效，但通常卻會對公司構成嚴重威脅，讓它長期暴露在常見的幾股競

爭勢力之中。

❑ 過度集中。許多零散產業內的競爭，基本上包括了個人服務、地方人脈、密切控制營運、以及回應趨勢或款式變化的能力等等。而中央集權式的組織結構，在一般情況下都是有害於生產力的，因為它會減緩反應速度、打擊地方人員士氣、逼走能幹的專業人員（提供多種個人服務）。雖然集中管制的方法相當有效——甚至在零散產業裡，也是管理眾多分支單位事業的利器——但這種集權式的結構卻可能造成大災禍。

同樣地，在零散產業的經濟結構下，集中式生產或行銷組織通常都不具規模經濟，甚至根本「不經濟」。因此，在這些領域實施集權，只會削弱公司力量，不會增強。

❑ 假定競爭對手的費用及目標與我們相同。零散產業獨具的特質，往往意味著這樣的產業裡，有許多小型私人公司存在。此外，老闆經理之所以留在這樣的行業，也可能是基於非經濟因素。在這種情形下，預先假設對手的費用結構或目標，是一項嚴重錯誤。因為它們往往以家為廠，運用家庭員工，規避控管成本，避開各項員工福利。縱使這類競爭對手「效率低落」，也不表示它們的成本比同業公司高。同樣地，這類公司也可能滿意於比一般大公司低的獲利力，而對保持銷售量及提供工作機會比較感興趣；它們對價格變動以及其他產業事件的反應，也就因而迥異於「正常」公司了。

❑ **對新產品反應過度。** 在零散產業，競爭者為數眾多，因

此買方往往可以施展勢力，利用不同競爭者之間的矛盾取利。在這種情況下，處於生命周期早期的產品，似乎可免於面對激烈的競爭。由於需求迅速擴增，而客戶大多不熟悉新產品，價格競爭就不怎麼激烈，而客戶也會要求公司提供教育與服務。這可真是令人寬心，因為公司就會卯力投注鉅資來回應了。然而，一旦成熟期的初期信號出現，需求達成以後，當初用來支撐這些投資所需的利潤就不見了。所以，如果對新產品反應過度而提高了成本及費用，是會帶來風險的，因為公司會在價格競爭裡，陷於不利。雖然對所有產業來說，迎戰新產品都是一項難題，但在零散產業尤其困難。

｜ 制定策略 ｜

上述討論事項的總結觀念就是，我們要開始大略畫出一個廣義的分析架構，以供零散產業制定競爭策略（**見表**9.2）。步驟一是產業及競爭者的整體分析，辨認出產業內各股競爭作用力

表9.2 零散產業內制定競爭策略的步驟

步驟一	產業結構為何？競爭者的地位如何？
步驟二	產業為何切割得七零八落？
步驟三	零散狀況能否克服？如何克服？
步驟四	克服零散狀況是否有利可圖？ 為此，公司應該定位在什麼位置來克服零散？
步驟五	假如零散無可避免，最佳因應方案是什麼？

的來源、產業內部結構、以及主要對手的地位。

步驟二則是以此為背景，認出造成產業零散的原因。（一定要完整列出，而且要確定這些因素與該產業經濟有關。）假如零散現象背後並無經濟基礎，這就是一個重要結論。

步驟三是在產業與競爭者分析架構下（請見第一章），逐一檢視產業零散的原因。有沒有可能透過創新或策略變革就可以克服？是不是只要注入資源，或某種新鮮觀點就夠了？產業趨勢能不能直接或間接改變這些因素？

步驟四要視前述問題是否有肯定回答而定。假如我們可以克服零散狀態，公司就必須評估產業的未來可能結構是否能帶來迷人報酬。要回答這個問題，公司必須預測，一旦產業整合後，產業內會有什麼樣的新結構均衡產生，然後再應用結構分析。假如產業整合真能保證報酬迷人，最後一個問題就是：公司要站在什麼樣的最好位置，才能善用產業整合所帶來的機會進行防禦？

假如步驟三分析結果發現，克服零散狀態沒什麼機會，步驟五就是「選出最佳替代方案來因應零散」。這個步驟一方面必須考慮前面提過的各種替代方案，一方面也要視公司特有資源與技術，考慮適合特定產業的其他選項。

這些步驟除了提供一系列分析流程，並定期檢視外，也會讓我們將注意力集中在重要資料上。於是，了解零散的原因、預測創新對這些原因的影響，以及認出哪些產業趨勢可能會造成改變，就成了我們在進行環境掃描和技術預測時的基本要求。

第十章

春風少年

新興產業的競爭策略

　　所謂的「新興產業」，是指那些剛剛成形，或因技術創新、相對成本關係轉變、消費者出現新需求、其他社經變革，而導致轉型的產業。新興產業一直都在前仆後繼地不時出現；一九七〇年代的諸多創新中，就包括了太陽能、電視遊樂器、光纖、文書處理、個人電腦、火災警報器等。從策略的觀點來看，新興行業的問題在老行業競爭規則根本改變、規模逐漸擴大之際，也會同時存在。例如，瓶裝水早已問世多年，但直到沛綠雅（Perrier）礦泉水躍上寶座之後，此一行業才呈現大幅成長，定義也發生了根本變化。當成長和重定義發生時，產業必須面對的策略議題，其實就和剛要嶄露頭角的產業，並無太大差異。

　　從策略制定的角度看，新興產業的基本特色就是「沒有遊戲規則」。新興產業的競爭問題在於：這整套新規則的建立，不但公司要能應付，而且可在新規則下繁榮茁壯。這種缺乏規則的情形，既是「風險」，也是「機會」；但不論如何，都必須妥為因應。

| 話說結構環境 |

　　新興產業的結構在發展階段，有好幾項因素似乎是大家的共同特色：它們多半缺乏穩固的競爭基礎、缺乏其他遊戲規則、一開始時太小太新。

常見的特色

　　❑ 技術的不確定。新興產業裡，通常對技術問題都有許多

不確定。例如,哪種產品的結構或外形最好?哪種生產技術最有效率?以煙霧警報器為例,究竟用「感光照相」較好或「離子化」偵測較好,就一直沒有定論(目前由不同的公司各自生產)。又如飛利浦和RCA兩家公司,正爭取使各自的影碟技術系統被採納為產業標準;就和一九四○年代,各家電視機系統逐鹿中原一樣。其他各種不同的生產技術方案也可能出現,只是它們都沒有經過大規模生產的驗證。以光纖製造來說,由各個不同的產業成員所推出的製程,就有五種之多。

❑ **策略的不確定。**這個特色與「技術性不確定」有關,但更為廣泛;也就是說,產業成員經常試用各式不同的方法。迄今為止,還沒有找出一套清楚認定的策略。各公司各自為政,進行產品或市場的定位、行銷、服務等等,同時推出不同的產品外形或生產技術。太陽能業者就採取多種立場,應付不同的零件或系統供應、市場區隔、配銷通路等。與此問題息息相關的是,公司通常對正在崛起的競爭對手、客戶特性、產業情況所知無幾。沒人知道全部競爭對手包括哪些?而且可靠的產業銷售成績及市場占有率數據,也極難取得。

❑ **初期成本高,**之後則急遽降低。在新興產業裡,「產量小」及「生澀無知」,往往會帶來較高的成本(與其可達效果比起來)。即使是那些很快上手的科技,新興產業的學習曲線往往還是陡峭得不合理。改善流程、廠房規劃等等的新點子迅速湧現,而當員工對工作愈來愈熟悉,生產力也就跟著大幅提升。銷售量的增加使得公司

規模和累計總產出再次大增。而如果此後產業新興階段的技術，比其應有的還更勞力密集，上述因素的影響更顯著。

學習曲線既然如此陡峭，原本很高的初期成本就會以極快的速度迅速下滑。如果學習所帶來的收獲能和伴隨產業成長而來的機會，獲取規模經濟，成本下滑的速度還會更快。

❑ **胚胎期的公司與衍生現象。** 新興階段的產業通常都會有新成形公司大量出現（和老公司的新單位相較）。放眼望去，當今的例子就有：個人電腦、太陽能、早期汽車工業、早期微電腦產業。這些新近形成的公司既沒有舊有遊戲規則的包袱，也沒有規模經濟形成攔阻，當然可隨意進入。

和新公司出現有關的，就是許多自立門戶的公司（由產業離職員工所新創）。迪吉多設備公司就在微電腦業繁衍出百子千孫，如資料統領公司（Data General）；而維瑞（Varian Associates）和漢威公司也有類似的情形。

衍生現象與許多因素有關。首先，在一個快速成長的產業裡，既然機會處處可見，入股分紅所能獲得的報酬，和坐鎮薪水比起來，似乎更迷人。其次，技術與策略在產業新興階段流動迅速，自然更有利於老公司員工坐享地利，構思泉湧。有時，他們跳槽的原因是為了提高潛在報酬；但自立門戶的情形也很普遍，因為上司不願冒險試用員工的新點子。（也許是因為這會讓過去的許多投資毀於一旦。）產業觀察家就認為，「資料統領」公司之所以成立，正是因為幾名迪吉多公司員工，未能說服公司採行他們認為極具銷售潛力的新點子。假如產業結

構未對新公司造成進入的實質障礙，新興產業內的衍生公司將四處林立。

❑ **首次購買者。**向新興產業購買產品或服務的客戶，基本上皆是首次購買的新面孔。因此，行銷工作的重點，就在於說服客戶購買新產業的新產品或服務。我們要讓客戶知道新產品或服務的基本特性與功能；讓客戶相信它們的確能發揮功能；而且說服客戶，在這麼多潛在利益下，購買新產品的風險其實還算合理。太陽能公司就正在說服房子所有人及買主，太陽熱能真的省錢，而且系統功能穩定可靠，不須等到政府減稅，就可使用。

❑ **時間短暫。**在許多新興產業裡，開發客戶或生產市場所需的壓力非常大，因此瓶頸必須儘快解決，不能慢條斯理的分析未來。同時，產業「傳統」的形成往往純屬偶然。例如，公司在發現有訂價表必要的時候，馬上採用新任行銷經理先前用的雙層訂價法，結果其他公司紛紛起而效尤，因為產業內缺乏現成的替代方案。

❑ **補貼。**許多新興產業裡都有「先來先補助」的趨勢——尤其是科技很新、或涉及社會關心的產業——補助來源可能來自官方或非官方。（一九八〇年代早期，太陽能及石化燃料改為天然氣之大幅補助就是有名的例子。）這些補貼可由補助金形式直接發給、透過租稅優惠方式間接提供、或直接嘉惠消費者等等。這種津貼往往會增加產業的不穩定，因為它是由政治決定而來的，隨時會在短期內大逆轉或修正。雖然就某些層面來說，「補貼」明顯有利於產業發展，然而它們往往會高度涉

及政府組織，以致禍福難料。不過。為了要克服萬事起頭難的痛苦，許多新興產業仍然設法尋求補貼。（養殖漁業者在一九八〇年就積極遊說，爭取補貼。）

早來早打拚

可想而知的是，在產業新興階段，移動障礙的結構組態往往和產業日後發展出來的特色不同。常見的早期障礙如下：

❏ 專屬科技；
❏ 配銷通路如何取得；
❏ 以合理的成本和品質，取得適當的原料及其他投入（如技術勞工）；
❏ 因經驗而來的成本優勢，再因技術和競爭方面的不確定而更形顯著；
❏ 風險（提高資金的實際機會成本，形成有效的資金障礙）。

如第八章所言，其中某些障礙（如專屬技術、配銷通路、學習效果、及風險）的重要性，非常可能會隨著產業的發展，而慢慢下降或消失。通常來說，早期的移動障礙不會認定品牌（因為還在創造中）、以及規模經濟（產業還太小）、或資金（因為當前的大企業皆有能力投注鉅資，進行低風險投資）。

這些早期障礙的本質，正是我們觀察新興產業內新創公司的關鍵。典型的早期障礙主要並不是因參與者必須掌握大量資源而來，而是由於必須承擔風險、必須技術創新、必須做出前瞻性決策來取得原料供應與配銷通路。這幾類障礙同樣能說明，為什麼老公司即使實力堅強，也不會是第一家進入的公

司，而是隨後跟進。老公司的資金機會成本較高，而且在產業發展早期，因為令人目眩神迷的科技變革太具威脅了，還沒有準備好要承擔科技及產品方面的風險。例如，玩具公司就在相當晚的時候進入電視遊樂器市場，雖然它顯然了解客戶、擁有品牌及配銷優勢等。同樣的，傳統的真空管公司太晚投入半導體製造，而濾網式電咖啡壺製造商也被自動滴漏式咖啡壺〔如「咖啡先生」（Mr. Coffee）〕所擊敗。然而，晚進入有晚進入的好處。

｜突破限制再出發｜

新興產業在發展階段，通常會遭遇不同程度的限制或難題。一方面是產業新創，一切正待整裝出發；一方面由於產業成長必須借重外力；還有一方面是因為產業發展過程中，必須勸服客戶以新代舊，因而產生若干「外部性」（externalities）。

❑ **無力取得原料和零組件。**新興產業需要新供應商，或需要原有供應商擴大生產或修正原料和零組件來因應；因為過程中，原料和零件嚴重短缺情形相當普遍。例如，一九六〇年代中期的彩色映像管就是影響產業參與的一個主要策略因素。電視遊樂器晶片一開始也十分稀少，在產品開發出來一年後，新成員才有辦法取得此種零件。

❑ **原料價格在短期內迅速攀升。**由於需求暴增、供不應求，以致在產業新興早期，重要原料的價格一飛衝天。這種情況可能純由供需法則造成；也可能是由於供應商

了解產業需貨孔急所致。但只要供應商一擴產（或整合成員疏通瓶頸），原料價格就會以同樣的速度垂直下降。但如果原料供應量無法輕易擴充（如礦藏或技術人才發生問題），此種價格下跌現象就不會發生。

❑ **缺乏基礎設施。** 新興產業的困難還包括了：缺乏適當的基礎設施導致原料供應發生問題。如：配銷通路、服務設施、受過訓練的技術人員、互補品（休旅車要有適當的營地，燃煤氣化科技要有足夠的燃媒供應等等）。

❑ **產品或技術未能標準化。** 產品或技術標準如果未能取得共識，就會加劇原料或互補品的供應問題，阻礙成本改善。這往往是由於新興產業未能解決產品和技術的高度不確定性所造成。

❑ **極可能過時。** 假如客戶察覺到，第二或第三代技術將明顯使現有產品落伍，新興產業的成長就會受阻。客戶會停下腳步，等待科技進步的腳步放慢，成本降低現象減緩。數位手表及電子計算機產業就曾出現此一現象。

❑ **困惑的客戶。** 新興產業中，客戶常常會困惑不已，因為產品的推銷手法和技術變化多得令人目不暇給，競爭者之間又各說各話──這些都是技術不確定所引起。再加上產業參與者標準不一，技術共識無法建立。這種混淆現象會使客戶心目中的採購風險升高，限制了產業的銷售成績。某些觀察家相信，電離式煙霧警告器和光電式煙霧警告器製造商彼此說法矛盾，因而導致客戶延後購買。有篇文章（一九七九年）描述太陽熱能產業的類似問題如下：

此產業未來健康與否，還要視設備績效滿足客戶需求的程度而定。「熱心過度、漠視、或自私自利，都會危害此一偉大能源能否在美國應用成功，」有人在丹佛（Denver）的太陽能會議如是說。雖然他強調，稅負誘因失效是造成產業不安的根源，但他同時怪罪責備那些消息不靈通的「太陽能救主、建築物太陽能系統故障，以及供應商信口雌黃等等。」

❏ **產品品質不穩**。由於新公司林立、缺乏標準、以及技術性不確定，所以新興產業的產品品質往往難以掌控。這些不穩定的品質，即使僅由少數幾家公司造成，也可能對整個產業形象與信譽造成負面影響。電視遊樂器的缺失（如燒毀電視的彩色映像管），就曾對產業早期成長造成阻礙─和數位手表初問世的情形很像。新近嶄露頭角的汽車維修加盟店，也曾讓客戶起疑。

❏ **在財金界心中的形象及信譽**。既然產業初創、加上高度不確定、客戶困惑、品質不穩，所以在財金界心目中，新興產業的形象與可信度皆不足採信。此一結果不只妨礙公司取得低成本資金，也會影響客戶取得融資。雖然籌資困難是新興產業的普遍現象，但某些產業（通常是高科技產業或「概念」公司）似乎成了例外。在微電腦及數據傳輸之類產業，即使新公司也可以得到華爾街青睞，廉價取得巨額資金。

❏ **通過法規**。假如新興產業所提出的新做法和原先不同（其他方式符合法規），要取得主管機關的認可往往曠日

費時，繁文縟節多如牛毛。例如，組合式房屋由於建築法規缺乏彈性，因而嚴重受制；而新型醫療產品則面臨一段很長的認證前測試。另一方面，政府政策也可能使新興產業的重要性一夜暴增，例如強制使用煙霧警告器即是。

就算新興產業位於傳統法規規範外，新法規也可能突如其來地出現，減緩產業進步。例如，向來不受法規重視的礦泉水，直到一九七〇年代中期，產業大幅擴張之後，才有轉機。然而，規模明顯擴大後，它們卻因商標和與健康有關的法規而幾乎窒息。自行車和鏈鋸事業也有類似現象——一旦產業的規模因蓬勃成長而擴充，政府就會不請自來。

❏ **成本偏高。**由於前述許多結構性問題，新興產業的單位成本往往比公司預期高得多。公司不得不先以低於成本的水準訂價，要不然就會嚴重限制產業發展。這個問題引發了所謂「成本 數量」循環。

❏ **受威脅的反應。**新產業的出現，勢必會對某些個體構成威脅。這些個體也許是生產替代品的產業；也許是工會；或是與舊產品緊密聯繫、且偏好舊有模式的配銷通路等等。例如，大多數電力公司正在遊說反對補貼太陽能產業，因為他們相信太陽能無法紓解尖峰承載電量所需。此外，營造工會則大力對抗組合房屋業。

遭威脅的個體對抗新興產業的途徑很多；可在法規或政治場上施壓，也可集體坐上談判桌談判。以一個受替代品威脅的產業來說，它的回應動作可以是犧牲利潤、降低售價（或提高行銷等方面的成本），也可以投資研發，提升自身產品或服務

圖10.1 受威脅產業對替代品的反應

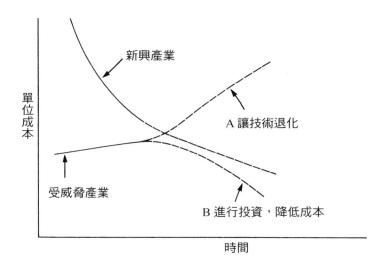

的競爭力（**請見圖**10.1）。假如受威脅的產業決定透過投資，設法拉低因品質受影響而調漲的成本；那麼，新興產業在削減學習成本及與規模有關的成本時，顯然就必須隨著靈活應變。

　　受威脅產業往往會在訂價時，犧牲利潤，或在成本縮減方面積極投資，以維產量；這種傾向就是一種「退出障礙」。假如退出障礙高，是因為資產特殊、或策略看起來很重要、情感上難以割捨，新興產業就很可能會面對意志堅決、打算決一死戰的對手，以致難以成長。

｜早來與晚到｜

新興產業在制定策略時，最重要的是：評估哪些市場會對新產業產品早開大門，哪些會隨後跟進。這項評估不僅能幫助我們專心努力發展產品、進行行銷，對預測結構性演化同樣重要，因為早早開放門戶對產業發展影響重大。

市場、市場區隔、甚至區段內的特定客戶，都會大大影響新產品的接納度。此一接納度的決定標準有幾項格外重要：

❑ **利益的本質**。決定客戶能否接納新產品或服務的最重要因素，也許是「預期獲利的性質」。我們可以把新產品的好處想像成一個連續——從「其他管道無法企求」，到「只提供成本優勢」都有；介於中間的，則是那些可以提供功能優勢，卻有其他對手可以用更高成本模仿的好處。

在其他條件不變下，最早採購新產品的，通常是那些功能優勢可以發揮的市場。因為成本優勢能否實際發揮，在新興產業剛剛起頭、充滿不確定、表現不穩的時候，通常令人存疑。然而，無論新產品的優勢是「成本」或「功能」，客戶接納度都還要看許多其他層面而定：

一、功能優勢——

1. 對特定客戶而言，此項功能優勢有多大？
2. 此項優勢有多顯著？
3. 在新產品所提供的功能範圍內，客戶在這方面改進的需要有多迫切？

4. 這項功能優勢會不會改善客戶的競爭地位？

5. 迫使變革發生的競爭壓力有多強？能幫助客戶對抗業績威脅的功能優勢，通常會比那些刺激客戶主動提早攻擊的較受歡迎。

6. 假如功能的增加會讓成本增加，客戶對價格或成本有多敏感？

二、成本優勢

1. 對特定客戶而言，此項成本優勢有多大？

2. 這項優勢有多明顯？

3. 可否藉由成本的降低，取得持久的競爭優勢？

4. 迫使變革發生的競爭壓力有多大？

5. 潛在客戶的企業策略，成本導向的程度如何？

在某些情況下，法規命令（其他經營實體的規定──保險公司的投保資格）會迫使客戶購買新產品，執行某種特定功能。於是，客戶通常會在合乎要求的產品中，選擇最便宜的購買。

□ **創造顯著優勢所需的技術水準。** 決定客戶會不會儘早採用新產品的第二項關鍵是：「應用該產品時，科技技術表現如何」。有些客戶即使只用發育不全的新產品基本功能，也能有所斬獲；然而，其他人卻需要更複雜的功能。例如，實驗室裡的科學家，就很滿意當年成本很高、速度卻相當低的微電腦，因為他們沒有其他真正的替代方案，可解決資料處理問題。反之，需要較低成本和較複雜版本機型的會計和管制軟體，就是在日後才發

展出來。

❑ **產品故障的成本。**如果產品故障的成本相當高,客戶採用新產品的時間就會比風險低的客戶來得慢。新產品如果必須和系統整合併用,故障成本就會很高;同理,它們因故中斷服務的代價也會很高。而風險大小,則視客戶擁有什麼樣的資源而定。和無力再買其他休閒品的顧客比起來,有錢人對新買雪車的故障,就比較不在意。

❑ **引進或移轉成本。**對於新產品引進,或以新換舊而言,不同的客戶都會有不同的成本。這些成本可與第一章及第六章討論過的移轉成本作個類比,它們包括:

○重新訓練員工的成本;

○取得新輔助設備的成本;

○在舊科技方面,未折舊投資(殘值)的沖銷成本;

○變革所需資金;

○變革所需的處理成本及研發成本;

○修正生產相關階段、或企業相關層面的成本。

變革的成本可能難以捉摸。假使一個客戶決定採用新的燃媒汽化技術,而不再向供應單位購買天然氣,他就必須設法因應特性改變的問題。對某些客戶來說,這會影響瓦斯在下游製造作業的功能,因此必須斥資再做修改。

當變革步調可任意決定時,變革成本常受影響。此外,以下因素也有影響:

❑ **新產品究竟是提供新功能,還是取代既有產品。**後者通常還涉及重行訓練、未折舊投資等方面的額外成本;

❑ **重新設計的周期長短。**通常,新產品如果能在正常工期

完成重設計，就比較容易取代原產品；反之，如果工期
無法預估，就較難取代。

❏ **後援服務。** 在採用時機方面，與變革成本密切相關的另
一因素是，客戶使用新產品時，能否應付必要的後援服
務（設計、維修等）。例如，假設新產品亟需熟手或維
修技師，那麼原先擁有這些資源、或這類處理經驗的客
戶，就可能一馬當先。

❏ **過時落伍的成本。** 對特定客戶而言，新興產業裡，日新
月異的科技究竟會使早期產品過時到什麼程度，實在因
人而異。某些客戶可從第一代產品中，得到他們用得上
的全部優勢，但其他人則非取得新一代產品不可（才能
保有競爭力）。囿於變革成本，後一類客戶就願意早些
購買。

❏ **不相稱的法規或勞工障礙。** 採用新產品時，法規究竟會
造成多大妨礙，其實要視客戶而定。例如，食品和製藥
商在製造過程中的任何變革，都受到嚴密監控；然而，
許多其他產業公司卻可自由改變流程。勞工協議所導致
的無力情形也一樣。

❏ **變革的資源。** 資金、處理技術、研發人員等變革資源不
同，客戶對變革的態度也不同。

❏ **對技術變革的認知情形。** 不同客戶對科技變革的安心程
度各不相同，經驗也不同。在技術進步快速、複雜度高
的行業裡，新產品的威脅就比穩定的低科技產業低。與
此相關的是：技術變革在某些產業，被視為改善策略地
位的「機會」；但在其他產業，卻被視為「威脅」。如果

其他條件一樣，前一種產業就很可能優先試用。

❏ **決策制定者的個人風險。**如果公司所採用的決策，在中短期內很可能被證實是錯誤的，面臨此一風險的決策負責人，就會避免迅速定奪。至於此一肉眼可見的個人風險到底有多大，則視買方所有權或權力結構而定。

｜危機即轉機｜

在新興產業裡，策略制定必須能因應產業發展的種種不確定與風險。產業新興之際，競爭者的遊戲規則多半尚未定義，產業結構不穩（很可能繼續變化），競爭者也不容易診斷。然而，此一階段，也很可能是策略自由度最高，也是策略決定最能發揮效益的一段時期。

❏ **塑造產業結構。**新興產業裡，最重要的就是「公司塑造產業結構的能力」。公司可以透過幾個選擇，設法在產品政策、行銷手法、訂價策略等領域，設定遊戲規則。而且應在產業底層經濟及資源許可範圍內，設法找出對其長期地位最有利的規則。

❏ **產業發展的「外部性」因素。**新興產業裡，「公司如何在產業目標與自身利益之間求取平衡」也很重要。由於產業形象、信譽、客戶困惑等潛在問題，新興產業的公司多少都必須仰賴產業內的其他公司。產業當務之急，就是誘發替代現象，吸引首次購買的新客戶。而公司最好在此階段協助推動「標準化」，插手管制低於品質標準的產品，揪出不負責任的生產商，對供應商、客戶、

政府、財金單位口徑劃一；召開產業會議或成立同業公
會，避免貶抑對手，也是可行之道。例如，醫院管理業
就從一九七〇年開始成長，而所有成員對該產業的專業
形象及其在金主心中的信譽，皆攸關重大。所以產業內
的公司一直以來都指名公開讚揚所屬產業及其競爭者。

這種需要互助合作的現象，似乎常會為某些公司帶來內部
矛盾；因為它們在追求本身市場地位的同時，卻往往危及產業
發展。而公司之所以抗拒產品標準化（使維修更容易，更能提
高客戶信心），是因為它想維持獨特性，或希望產業採納其特
定產品為標準，藉以獲取優勢。其實我們對於這種手法的長期
效果，都有精確的衡量標準。例如，煙霧警告器產業的有些公
司就在大力鼓吹可能傷害其他公司的產業標準。在此同時，客
戶對「何者最佳？」的疑惑，仍然有增無已。問題是，產業發
展是否足以讓此類困惑重大到影響產業未來成長？

我們也許可以這樣歸納：當產業已開始顯著被滲透時，產
業前景與公司前景一定要朝著相同的方向取得平衡。一直以產
業代言人自居（這麼做也的確對公司及產業都有利）、卻未能
認清自身定位必須改變的公司，一俟產業成熟，就被遠遠拋在
後面。

這種「外部性」還有另一層意思：在產業初期，公司也許
必須採取某種競爭策略（是它日後不想採行的），或參與某些
市場區段（即使它長期打算退出）。這類「暫時性」行動對產
業發展而言，也許是必須的，一旦發展出來，公司就可以自行
選擇最適地位。例如，因為既有設備與技術的品質，有礙於光
纖發展，即使康寧玻璃廠（Corning Glass Work）長期只想成為

光纖供應商，但也不得不被迫投資研究接頭、捻接技術、以及光纖所需的光源等。這類有別於公司長期理想的投資，就成了衝鋒陷陣的部分成本。

❏ **供應商和通路的角色變換。** 新興產業公司隨著產業規模的擴大，如想有所作為，就要在供應商及配銷通路的可能角色變化上開始準備。供應商也許會愈來愈願意（或不得不）在產品變化、服務、交貨等，回應產業的特殊需求。配銷通路也可能愈來愈願意投資設施、廣告等等，以配合公司。在變化初期，早早掌握機會，將可帶來策略槓桿效益。

❏ **移動障礙改變。** 誠如本章稍早略示，新興產業的早期移動障礙也許很快就會遭到腐蝕；並隨著產業規模的擴大，及技術日趨純熟，而被全然不同的障礙所取代。這項改變最明顯的意涵是，公司必須準備找出新方法來鞏固地位，不可單靠過去成功所倚的專屬技術、獨家款式等等。而要回應這種改變，則很可能要有相當大的資金投注（遠非最初階段所能及）。

❏ 另一意涵是，加入產業的新成員本質，可能會變成較具根基的公司；因為它們被產業愈來愈大的規模，及愈來愈看得到成績（風險較小）所吸引。競爭的基礎也成了較新形態的移動障礙（如規模和市場影響力）。新興產業裡的公司必須依據(1)對現在及未來障礙的評估；(2)該產業對各式公司的吸引力；(3)各公司跨越障礙的能力，預測可能加入者的性質。

產業規模日益擴大，及技術日益成熟的另一項意涵是：客

戶或供應商也許會透過整合方式，進入產業（如噴霧器包裝、休旅車、電子計算機）。但在整合發生的時候，公司必須隨時力保貨源和市場，設法阻止影響競爭的整合行動。

來得早不如來得巧

在新興產業內從事競爭，最重要的就是要「適時進入」。早期進入的風險雖高，但進入障礙可能偏低，報酬卻高。以下條件就適合早期進入：

1. 公司的「形象」或「聲譽」對買主很重要。公司可藉由開國元老的光環，進一步提高聲譽。

2. 早期進入可啟動企業內的「學習流程」（學習曲線對此公司相當重要，經驗難以模仿，而且不會因接著出現的新一代技術而歸於無用）。

3. 客戶的「忠誠度」很高。

4. 早早在原料供應、配銷通路等方面下工夫，可帶來「絕對成本優勢」。

在以下環境下，早期進入的風險則特別高。

1. 早期競爭及市場區隔的基礎，對日後產業發展的重要性不同。技術養成錯誤的改變成本，可能極高。

2. 打開市場的成本很高（如教育客戶、法規認許、技術打先鋒等）。而且，技術領先和開發市場所創造出的利益，無法由公司獨享。

3. 和新創小公司進行早期競爭的成本高，但稍後又將為更強大的對手所取代。

4. 技術變革將使早期投資過時，使較晚進入的公司因擁有

最新產品與流程而占有優勢。

　　❑ 戰術動作。那些限制新興產業發展的各項問題，隱約透
　　　露出，有些戰術動作也許能改善公司的策略地位：

　　○對原料供應商早做承諾，可使公司在未來原料短缺時，
優先得到供應。

　　○利用華爾街對該產業有興趣的時機──在還不到實際需
要資金的時候，就早早取得融資，降低資金成本。

互惠雙贏vs.兩敗俱傷

　　在新興產業裡，對付競爭者並非易事；特別是面對產業的
開路先鋒，因為它們的市場占有率頗高。新形成及自立門戶的
公司繁衍，會帶來許多怨憎；而且公司還必須面對前述的一些
外在因素，借助對手力量促使產業發展。

　　新興產業的常見問題就是：打頭陣的公司花費太多資源固
守高市場占有率，及回應長期成不了氣候的對手。雖然有時在
產業新興階段，公司的強力回應還算適當；但若能多花力氣建
立實力、發展產業，也許才最上算。鼓勵某些競爭對手加入產
業的做法有時也可能很適當（透過技術授權或其他）。因為新
興階段既然有這種種特色，公司通常都能從其他公司，及其從
旁協助技術開發的分上，得到好處。最好也能想辦法知道競爭
對手的數量，而不是在替自己留下一大塊市場占有率之後，才
在產業成熟之際，吸引有分量的老公司加入。要歸納出一個最
適策略實在很難，不過只有在極少數情況下，公司才有辦法在
產業快速成長之際，維持一個幾近壟斷的市場占有率，持續獲
利。

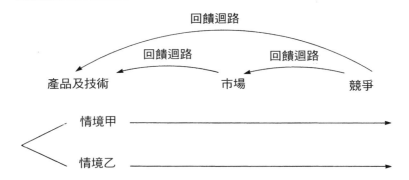

圖10.2 **在新興產業內預測**

| 又要馬兒好，又要馬兒不吃草 |

新興產業最重要的一面就是，「不確定性程度極高，變革卻勢所難免」。但如果不對產業演化結構提出或明或暗的預測，便無法制定策略。不幸的是，此類預測所涉及的變數數目通常很多。因此，需要有一套方法來減低過程的複雜。

在新興產業裡，「情境法」（scenario）是相當管用的分析工具。我們所謂的幾個「情境」，是針對世界的未來面貌，提出一套套各自獨立、但內在維持一致的觀點，並以選定的情境來勾勒出可能產生的結果。（**如圖**10.2**所示。**）

預測的第一步，是以成本、各種產品、功能表現等，估計出產品和技術的未來演化。（分析者應該挑出幾套並無內部矛盾問題的產品或技術情境，將可能結果涵括在內。）然後，再針對每一套情境，創造出各自的情境出來，看看哪些市場應該

開發,規模、特色如何。此時,第一套「回饋迴路」出現了;因為最早打開大門的市場,其本質會影響產品與技術的演化方式。分析者必須試圖將此一互動模式反覆建立到情境裡。

下一步就是為每一套產品、技術、市場情境,發展出競爭意涵來,然後預測不同競爭者的可能成就。這道流程中,應該對新公司的加入事先作預測;之後,還會收到進一步的回饋。因為,競爭者的本質與資源,可能影響產業發展方向。

發展出情境大要之後,公司便可開始檢視自身地位,評估腳本;或預先設想萬一情境真的發生,將如何採取策略行動。假如資源不虞匱乏,公司也許會設法促成最有利的一套情境發生;如果資源有限,或不確定程度頗高,也許就要被迫維持彈性。無論如何,清楚認出關鍵事件可讓這些事件顯示某一情境正在實際演出,得以早日排定策略規劃與技術監控的時程。

誰來晚餐

假如新興產業的最終結構,可讓成員獲得平均以上的報酬,且能讓公司在產業內創造出長期防禦地位,我們就說它具吸引力。

公司進入新興產業的原因,其實常常都是因為它們成長太快,或因為目前獲利非常良好,或因產業未來可望有很大規模所致。這些都是重要理由,但是最後還是必須借助結構分析。(請見第十六章)

第十一章

柳暗花明又一村

過渡到產業成熟

演化過程中，許多產業經歷快速的成長期後，會進入成長較溫和的階段，也就是一般通稱的「成熟期」。雪車、掌上型計算機、網球場及設備、積體電路等產業，是在一九七〇年代中期及末期進入成熟期的。但產業的成熟並不會在產業發展的定點發生，還可能由於創新、或其他促使產業參與者持續成長的事件，而延後到來。此外，成熟產業也可能由於策略上的突破，重新快速成長，二度進入轉折期。此時我們再來想想，如果某產業正轉入成熟期，而且勢不可擋，情形會是如何。

只要轉折時刻來到，對產業裡的公司來說，這個關鍵都很重要。在此階段，公司的競爭環境會發生根本變革，必須採取高難度的策略回應。但有時公司就是不能看清這些環境變革；即使看清楚了，必要的變革也會令公司遲遲不前。而且，轉入成熟期所造成的衝擊，如果超出策略考量之外，更會對公司組織結構及其領導角色造成影響。這些行政方面的影響，是公司在進行策略調整時，必須面對的困難癥結。

本章將利用第一部的分析基礎，檢視部分問題。焦點在於；認出因轉型階段而衍生的策略與行政問題，而非著重過程本身。

| 由一隻燕子看春天 |

轉入成熟期本身，往往能讓我們看出一個產業競爭環境的諸多變化。以下是若干可能趨勢：

1. **成長放慢，意味著有更多人競爭市場占有率。**公司如果無法守住慣有成長率，便會反守為攻，轉而搶奪其他公司。日

趨飽和的洗碗機產業在一九八七年，就發生了奇異、美泰格猛
攻赫巴特（Hobart）高價市場的情況。搶攻市場的競爭愈烈，
公司就愈必須徹底調整角度，重新對競爭者可能採取的行動與
反應做出假定（請看第三章、第四章）。過去對競爭者特色及
其反應的認識，如果不加揚棄，就該重估。競爭者不僅可能會
變得更激進，而且「誤會」和「不理性報復」的可能也更高。
在此一過渡階段，價格戰、服務戰、促銷戰都成了家常便飯。

2. **產業愈來愈偏好有經驗的重複買者**。產品不再新穎，而
是根基穩固正當的老產品。客戶也由於擁有購買經驗，或重複
購買，累積不少知識與經驗。焦點從決定究竟是否購買，轉成
在不同品牌間做選擇。要爭取這些轉性的客戶，就必須對策略
進行大幅重估。

3. **競爭變得更強調價格與服務**。由於成長趨緩、客戶更
有見識、而且技術更成熟，產業的競爭愈來愈以成本和服務為
導向。此一發展改變了公司在產業內的成功條件，必須徹底調
整一向的做法，不再以其他條件來競爭。成本方面所加增的壓
力，也可能迫使公司採購最現代的設備，提高資金要求。

4. **增加產能與人力再也不管用**。當產業步調隨著成長的
趨緩而調慢時，產能增加的速率也必須同時減緩，否則產能就
會過剩。擴充產能、增加人員的傳統做法因而必須再做根本變
革，擺脫過去的安逸心態。公司必須密切監控對手的產能增
長，並精準估計本身產能擴充的時機。因為快速消除過剩產能
所帶來的錯誤，再也無法藉由快速成長來遮掩了。

在即將成熟的產業裡，前述的觀點變革並不多見；因過度
擴充而超過實際需求的情形，倒是時有所聞。此一現象會導致

某一段期間產能過剩,而使過渡期引發價格戰的可能傾向更強烈。產業內,產能有效擴充的規模愈大,「過當」的問題就會愈棘手。如果所增加的高技術人才需要很長時間才能找到和訓練的,問題更麻煩。

5. **製造、行銷、配送、銷售、以及研發方法都會發生變化。**這些變化是由市場占有率競爭愈烈、技術成熟、顧客更加精明而來(部分變化請見第八章)。結果公司不是要根本調整功能政策,就是要採取某種策略行動,使轉向工作變得無關緊要。假如公司一定要對功能政策這類變革做出回應,就不免要有資金來源和新技術。而採用新的製造方法,則可能使前述產能過剩加劇。

6. **新產品及新用途愈來愈難取得。**成長階段可能是最容易發現新產品與新用途的時期了;但隨著產業日趨成熟,公司持續改良產品的能力會愈來愈受限制,成本與風險也會大增。結果迫使公司必須重新調整對新產品的研發態度。

7. **國際競爭增加。**技術成熟的結果(伴隨著產品標準化、以及成本日益受重視而來),顯著的國際競爭將會使得此項轉型變得更醒目。國際競爭者的成本結構與目標,通常和國內公司及其國內市場基礎不同。國內公司如果開始大量出口或對外投資,就是在大型市場(如美國)進入成熟期的前兆預示。

8. **產業獲利通常會在過渡階段下降;有些是暫時,有的則是永久。**成長趨緩、客戶更精明、更重視市場占有率,再加上必要的策略變革具有不確定性與困難……通常都意味著產業獲利將在短期內跌至成長前的水準。有些公司因而宛如風中之燭,占有率愈低愈嚴重。下跌的獲利將會某段時間的現金流量

減少，偏偏這段期間卻可能需金孔急。而且還可能使上市公司的股價暴跌，更難以籌得債務融資。至於獲利會不會反彈，則要視產業移動障礙的高低，以及產業結構其他要素而定（請見第一部）。

9. **經銷商利潤下降，但影響力大增。** 理由和前述產業獲利萎縮的理由相同，經銷商的利潤很可能會縮水，甚至鳴金收兵。這項因素在電視接收器與休旅車經銷商身上就常看到。此一**趨勢**會讓產業參與者爭取經銷商的動作更積極；但在成長階段唾手可得的經銷商，一旦進入成熟期就不然了；它們的身價會因而大漲。

｜轉型的策略意涵｜

隨著轉入成熟期而來的變化，通常是「產業基本結構」的變化。產業結構的每一個主要要素都會改變：如整體移動障礙、各式障礙的相對重要性、對立強度（通常會增加）等等。結構的變化意味著公司必須進行策略回應，因為競爭變化的基本性質也會變化。

我們通常會在轉型期，看到一些頗具特色的策略議題。這些議題的主要目的是在「檢視」，而非歸納出一套適用於所有產業的「通則」；就像人類一樣，所有產業的成熟情形也有不同。其中許多方法，即使在產業成熟以後，也可作為新公司加入產業的基礎。

殺出重重枷鎖

　　快速的成長往往可以遮掩策略錯誤；甚至可讓產業內所有公司苟延殘喘，或收益豐厚。策略的實驗性質濃厚，虎豹獅象都可以並存。然而成熟以後，粗製濫造的就會曝光，迫使公司必須首度面臨三種一般性策略做出選擇，成了攸關生死的決定。

錙銖必較的成本分析

　　成熟期的成本分析變得愈來愈重要，因為它必須：(1) 使產品組合合理化，以及 (2) 正確訂價。

產品組合合理化

　　成長期的產品線範圍應該寬廣，也該經常推陳出新；因為這麼做對產業發展既必要又有用。然而，到了成熟期就不能再因襲舊例。激烈的成本競爭及市場爭奪戰，迫使成本計價方式遠比先前精密，好讓獲利不佳的產品從產品線上知難而退，轉而主攻很有特色（如科技、成本、形象等），或擁有「好客戶」的產品。算出某群產品的平均成本，或者找出管銷費用平均值的老方法，已不再適用於「評估生產線」或「是否增減產」了。既然我們想將產品線合理化，有時就必 須安裝電腦化的成本計算系統（早幾年這套系統可沒那麼受歡迎）。這套剪除產品線的做法，正 是RCA集團之所以經營赫茲（Hertz）租車公司成功的關鍵。

正確訂價

雖然平均成本訂價的方法，或用整條產品線（非個別產品）訂價的做法，在成長期還算管用；但在成熟期，評估個別產品成本的能力必須提升，訂出個別產品價格的能力也必須提升。我們可以在產品線內，根據平均成本訂價法，悄悄的在價格上進行「交叉補貼」，掩護某些虧本的產品，並在對價格不敏感的市場上，拿獲利來貼補。此外，如果某些品項定價太高，交叉補貼還會招來削價競爭，或引來對手推出新產品。缺乏精確成本概念、無力訂出合理價格的競爭者，因為遲遲不對價格偏低的品項進行調整，有時就成了成熟產業的一個負擔。

進入成熟期以後，訂價策略的其他層面也該改變。例如，馬克控制（Mark Controls）公司就因刪除虧損產品，並和客戶重簽合約，成功的在競爭激烈的活塞業成就非凡。過去該產業的合約價格一向固定，依通貨膨脹調整定價的做法在成長期也不那麼重要，所以從來沒有一家公司覺得有必要議定自動漲價。然而到了成熟期，這個做法可就大有好處了（事實上，這個階段的價格愈來愈難調高）。

我們可以總結這幾點：即使在產業發展階段，推出新產品及進行研發才是要務；然而成熟期的「財務意識」還須再加提升。其實，對一個僅靠訓練和引導管理階層來提升財務意識的產業來說，這樣做相當困難。以馬克控制公司為例，他們乾脆借重外界的財務長才，在一個老家族企業充斥的產業裡，開始推動財務創新。

改頭換面妝新意

流程創新的重要性，在成熟期會相對增加。同時，設計產品及生產系統以降低成本來製造與控制的努力，也會跟著增加報酬。日本產業界就很看重這個因素；許多公司認為，它們就是這樣成功的（如電視接受器）。在漸趨成熟的工業食品服務產業裡，肯亭公司（Canteen Corporation）提升地位的關鍵就在於「生產設計」──不再讓地區廚師各自調理，而改配方為全國統一。結果不但改善了餐飲品質的一致性，更容易在服務地點間調動廚師、更易控制營運、節省了其他成本、生產力也提高了。

朋友是老的好

增加老客戶採購量，也許會比騎驢找馬更聰明。增加現有客戶銷量的方法有：提供周邊設備與服務、改善產品線層級、加寬產品範圍等等。這類策略會把公司帶入相關產業，成本卻比找尋新客戶低多了。在成熟產業裡爭取新客戶，通常都要和對手激烈纏鬥一番，所費不貲。

這個策略成功的例子有：南陸公司（Southland Corp，創辦7-Eleven）、家庭理財公司（Household Finance Corporation）、嘉寶食品（Gerber Product）。南陸公司在店裡增加速食、自助加油、小鋼珠等等，增加了「臨時起意」的購買，又不用花錢多設據點，就從消費者口袋多掏出了一些銀子。同樣的，HFC也添加了一些新服務，擴大產品線，同時擴大原已不小的客戶基礎；例如代客報稅、提供較大額貸款、甚至開辦銀行業務等

等。嘉寶公司的「每個寶寶多幾塊錢」策略，也是基於同一道理。除了原已領先群倫的食品以外，它們還加上了嬰兒服裝及其他嬰兒用品。

限時撿便宜

有時公司在轉入成熟期的過程中，陷入了困境，卻反而購得相當廉價的資產。假如科技變化的速率不那麼快，收購困頓公司或清算資產，倒是可以提高利潤、創造低成本地位。在釀酒業裡，名聲不大的海曼公司（Heilman）就這樣一炮成功。

儘管產業上層集中度愈來愈高，海曼公司卻在一九七二年至一九七六年間，以低價收購地區釀酒商與二手設備，來維持每年18%的成長率（一九七六年的銷售業績為三億美元），淨值報酬率超過兩成。產業龍頭反而因反托拉斯法，無法參與收購，只能被迫以市價建造大型新廠。懷特聯合公司（White Consolidated）也是。該公司專門收購瀕臨倒閉的公司〔如日光（Sunstrand）集團的工具機事業，以及西屋（Westinghouse）集團的家電用品〕，以低於帳面的價位買下，再削減其管銷成本。在許多情況下，這套策略相當利多。

張大眼睛選客戶

由於成熟階段的客戶愈來愈精明，競爭壓力愈來愈大，選對客戶就成了繼續獲利的關鍵。過去未曾動用議價力量的客戶（或因貨源有限無法大開殺戒），到了成熟期可就不再綁手綁腳。因此，如何辨認「好客戶」並予鎖定，就成了當務之急。

無須單戀一枝花

　　產業裡的成本曲線往往不只一條。在成熟市場內，整體成本非居於領先地位的公司，還是有可能找到另一些新的成本曲線，成為某類客戶、產品設計、訂單數量的低成本製造商。這個步驟對於第二章所說的焦點策略，關係重大。

　　想要追求彈性、快速、小量生產的公司，在針對訂做或小量訂購產品而設計生產流程時，也許比大公司更具成本優勢。這種情況下，有個可行策略是：只做圖11.1圓圈部分的訂單。這種成本曲線差異的基礎在於小訂單、照單訂製、小量特殊設計。

圖1.1 各種成本曲線

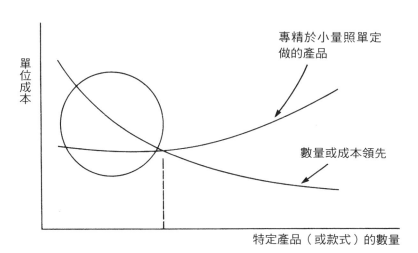

專精於小量照單定做的產品

數量或成本領先

單位成本

特定產品（或款式）的數量

轉戰海外

公司如果想避開成熟期，還可以藉著揮軍國際，進入較有利的產業結構。這種直截了當的做法，已經有人開始了。〔例如，金屬容器業的皇冠瓶蓋公司，以及農具業的馬西佛格森公司（Masey-Ferguson）〕。國內市場的過時設備，有時仍可有效地用於國際市場，進入該市場的成本因而大大降低。產業結構也可能對國際競爭很有利，因其精明能幹的客戶較少，對手也較少。但缺點是，此一策略必須面對國際競爭常見的風險，而且只能延緩成熟，無法對症下藥。

富貴險中求

假如要在成熟的產業裡競爭成功，必須動用大批資源與技術，才能進行必要的策略轉變，就不應視此變革為理所當然。因為這項決定不只考慮資源，還要考慮其他旗鼓相當的公司數量；產業在成熟期進行調適以及會經歷的騷動有多久、產業獲利前景如何而定。

對某些公司而言，「撤資」的策略也許比不確定要花多少錢，而一味增資來得好。經營液態乳品的迪恩食品（Dean Foods）就是這樣。迪恩公司一向重視削減成本，並以精挑細選的態度來購買節省成本的設備，不特別注重擴充市場地位。

假如產業領導者有很強烈的策略慣性，又與策略要求關係密切，這些大公司在轉型調適時，就不見得會占有優勢。反之，只要有機會取得資源，小公司卻將因彈性而取得優勢，比較容易進入市場區段。在轉型期進入產業的新公司，同樣可擁

有財務及其他資源，加上沒有包袱，因而建立起堅強的地位。只要產業長期結構有利，對潛在成員而言，轉型期所導致的騷亂反而使他們有機可乘。

| 危機四伏 |

除了未能認清上述轉型期的策略意涵外，許多公司還會掉入一些策略陷阱。

1. **公司的自我認知，及其對產業的認知。**公司會慢慢發展出一套對自己及相關能力的認知或形象（如：「我們是品質領導者」、「我們的服務超卓」），它們會反映在某種假定上，進一步形成策略基礎（見第三章）。隨著時間的過去，這些自我認知也許會愈來愈不合用；因為客戶的優先順序會慢慢調整，新的產業狀況再令對手一日數變。同樣地，轉型中的公司對自己的產業、競爭者、客戶、供應商，也可能有不正確的假定。然而，要改變這些過去的實戰假定，有時並不容易。

2. **卡在中間，不知如何是好。**第二章所提的「卡在中間」問題，在產業轉型進入成熟時尤其嚴重，常會把過去成功所帶來的迴旋空間給壓縮掉了。

3. **資金陷阱——為擴充成熟市場的占有率而投資。**拿錢投資的時候，當然要找個日後有辦法撤資的事業。在一個成熟、成長慢的產業裡，這項再下注擴充市場的假說，往往只是出於英雄心態。產業成熟以後，將使企業無法繼續增加（或長久維持）獲利，來回收資金，讓現金流入現值彌補現金投入。所以，處於成熟期的事業很可能是個錢坑；特別是在公司市場地

位不強，卻硬要在成熟市場裡自不量力的時候。

　　另一個相關陷阱是，太注重市場營收了，而忽視了獲利（profitability）。這種策略在成長階段也許值得，但在成熟期繼續如此，則為不智之舉。赫茲租車公司在一九六〇年代末期，很可能就有這問題，所以才讓RCA集團有機會在一九七〇年代中期的獲利絕地大反攻。

　　4. **短視近利，輕言放棄市場占有率**。面對轉型期間的獲利壓力，某些公司似乎總會設法維持不久之前的獲利──不惜犧牲市場占有率、或放棄行銷研發方面的必要投資，結果嚴重傷害了公司的未來地位。假如規模經濟對成熟產業很重要，不願在過渡期接受較低的獲利，就太短視了。產業進行調整的時候，獲利難免一時低落，切記冷靜回應，以免屢嘗敗績。

　　5. **痛恨價格競爭**，並作出不理性的反應（他們說：「我們不以價格取勝！」）。如果公司過去不須進行價格競爭，甚至避之唯恐不及，就會很難接受價格戰這個觀念。有些經營階層甚至認為，價格競爭有損顏面。以這種態度來回應轉型可能很危險；因為願意採取價格攻勢的公司，有可能會搶下具關鍵性的市場占有率，進而取得長期低成本優勢。

　　6. **排斥做法變革**，並作出不理性反應（他們說：「這些人在傷害產業！」）。轉型進行中，產業做法（例如行銷技巧、生產方法、配銷合約性質等等）難免也會跟著改變。這些變革對產業的長期前景也許很重要，通常卻會遭到抗拒。拒絕用機器來取代人工的做法，在某些運動用品業就存在。一些公司則不願開始積極行銷。「行銷在這行不管用；它就是需要人脈網絡。」諸如此類，不勝枚舉。此種抗拒將使公司在適應新環境

時，嚴重落後。

7. **過度強調有創意的新產品**，而非努力改良、並積極銷售舊產品。雖然在產業初期成長階段，成功很可能隨著研發及推出新產品而來；但到了成熟期，新產品和新用途卻很難再有豐收。此時，創新活動的焦點應該改變——「標準化」應成為主角，而非「求新」與「微幅調整」。但這樣的發展卻令某些公司不甚滿意。

8. **總以「高品質」為藉口**，不回應競爭者的侵略式計價與行銷動作。高品質可能對公司實力很重要，但隨著產業趨於成熟，品質間的差距往往會縮小（見第八章）。即使它們仍然存在，成熟產業的客戶卻可能愈來愈精明，因為他們買過這項產品，寧願用「價格」，來犧牲「品質」。同時，對很多公司來說，要承認產品品質並非最佳，或品質高得太沒必要，還是很難。

9. **產能過剩**。有些公司之所以擁有過剩產能，不是因為供過於求，就是因為要在成熟產業競爭，必須進行工廠現代化，因而帶來產能增加。只要產能一過剩，就會帶來各式「必須善加利用」的壓力，對公司策略造成傷害，使公司陷於困境（見第二章），無法集中焦點。或因管理階層的壓力，而使公司掉入增資陷阱。最好還是賣掉或除去過剩產能，而非持續握有。（我們顯然不能把它賣給在一旁虎視眈眈的同業。）

｜組織風雲變｜

我們常認為，組織變革是公司策略發生重大變革的結果，

也是公司規模發生變化、開始多角化的結果。在產業成熟階段，組織結構與公司策略是否密切配合同樣重要。這段轉型期對組織結構和制度發展也頗具關鍵，特別是在控制與激勵制度方面，更必須進行某些微妙的調整。

在策略層次上，我們討論過公司應該隨時準備調整自己的競爭優先順序，以因應產業成熟的不同需求。更注意成本、客戶服務、以及真正的「行銷」。少推出新產品，多改良老產品。成熟產業最需要的通常是：少一些「創意」，多注意細節和實用。

這些競爭焦點的轉移，顯然需要組織結構及後援變革來配合。此時我們亟需用制度來點明和管制不同事業領域，以及在成熟的事業裡，採用更緊縮的預算、更嚴密的管制、建立一套以績效為基礎的新激勵制度（比先前更正式）。存貨、應收帳款等財務資產的重要性也更甚以往。這一切變革都是療養院、休旅車等產業成功轉型的關鍵。

為了使公司在成本方面更具競爭力，各功能部門間及各生產設施間的協調連繫都必須加強。例如，產業成熟意味著，一直獨立營運的區域性工廠，從此必須相互結合，加強連繫；不但要建立新制度與新程序，連工廠經理人職掌也要大幅變更。

這些變革的進行過程中，有時會發生抗拒現象。如前所述，一向以領先開路及高品質形象自豪的公司，會發現自己很難涉足「沒品味」的價格競爭、或侵略式行銷。在這些領域競爭，會讓組織上下都鬱結難解（從門市現場到推銷人員都是）。為迎合成本而犧牲品質，及嚴密監控成本的做法都會遭到抗拒。不只如此，新的報告規定、新管制措施、新組織關

係、以及其他變革，都會被視為是個人自主性的損失及威脅。公司進入成熟階段，就必須準備對各個階層人員再教育，重新賦予工作動機。

帶人要帶心

一般管理階層也要注意到，組織內的激勵氣氛會伴隨著產業轉入成熟期，發生微妙變化。在轉型期之前，成長階段的升遷機會通常很多；躬逢其盛的企業人通常情緒亢奮；工作內在的滿足感，更使得公司不需要透過正式的內部機制建立忠誠。可是在更成熟的競爭環境下，成長減緩、吸引力減少、興奮程度降低，原先的拓荒精神與感覺也逐漸褪去。這樣的發展帶給經營階層的，是許多極其困頓的難題。

1. **降低對財務表現的期望**。經理人對成長與獲利的接受標準必須降低。假如經理人仍嘗試達成舊標準，他們所採取的行動就會嚴重傷害公司未來在成熟市場的長期體質——除非該公司的市場地位無人能比。這種調降過程並不好受，因為組織過去一再成功達陣，已使追求財務績效成為堅強的傳統。但我要趕快再補充：最高經營階層在調整期望時，也同樣難受。

2. **組織紀律要求更嚴格**。前述成熟產業裡的種種一般性環境變化，將使公司在執行選定策略時，更不容鬆懈、更講紀律、更需以各種有形無形的方式，讓組織層級上下一心。

3. **調降升遷期待**。在比較成熟的產業環境裡，過去的人事晉升速率不可能再維持。然而，經理人仍習於過去的升遷步調，並依此界定個人成就。許多經理人在轉型期因此掛冠求去，讓總經理承受相當重的組織壓力。最高經營階層的挑戰，

是要找出新方法來激勵員工、並予獎賞。這方面的轉型壓力，促使某些公司走上多角化經營，以求和過去一樣成長勝利。如果單單為了這個理由而實施多角化，可就因小失大了。

4. **更關心人的問題。** 適應成熟產業新氣候，及策略優先順序變動的過程中，必須更關注內部員工的人性問題。公司必須透過一套組織機制，來建立認同感與忠誠度；同時發展出一套比快速成長階段更細膩的激勵辦法。也要用內化的支持與鼓勵，來替代過去外在的刺激與獎酬；同時在員工調適困難時，施以援手。

5. **再度集中。** 先前，產業成熟對成本控制所帶來的壓力，可能會讓一些工廠或其他單位，建立成自主的利潤中心；然而，公司有時必須扭轉此一方向。當初用來在產業發展階段，促銷新產品或開闢新市場的利潤中心，尤其應該撤銷。

重新依功能劃分組織架構，會擴增中央的權力，進而大幅減少管銷費用，增進單位間的協調連繫。對成熟事業而言，「協調聯繫」比「企業家精神」還重要。皇冠瓶蓋公司就用這方法扭轉乾坤；陷於困境的德士菲（Texfi）紡織，則正勉力嘗試；漢堡王也用它來對抗麥當勞。

| 總經理的調適 |

產業過渡到成熟階段以後，通常意味著公司將有新生活方式（如果轉型必須進行多項策略調整）。快速成長及開疆闢土的興奮不再，取而代之的是：成本控制、價格競爭、強勢促銷等等。此一生活方式的改變，對總經理而言，可謂別具意義。

　　總經理也許會發現公司氣氛的變化，是他所不願見的。他（她）再也無法像從前一樣，給予那麼多機會和升遷了，還必須透過規定細密的正式制度，嚴格考評。舊有的融洽與情誼在這種環境下，也許很難維持。隨著組織重要需求的改變，總經理所需的技巧也不同於以往。嚴格的成本管制、跨功能協調聯繫、行銷技巧等等，都可能迥異於快速成長所需的技巧。這些新技巧既具策略性、也具行政意義，應用起來加倍困難。最後，總經理所曾擁有的興奮及開拓心情，都被與日俱增的跟進及存亡壓力所取代。一種不愉快的感覺因而油然而生。

　　所以對總經理而言，過渡到成熟期往往令他們如寒天飲水；身為公司「開國元勳」的總經理尤甚。以下是兩種常見結果：

❑ **拒絕轉型**：總經理未能認清某些變革（並同意進行），或缺乏所需技巧。結果，繼續久抱既有策略與組織安排不放。這種固執的回應態度，其實不只在轉型期出現，有些公司在遭遇其他不順遂時，也常如此。——

❑ **沈潛下來**：總經理體認到自己無法接受公司的新生活方式，或認為自己的管理技巧不符新環境需求，於是交出控制權，隱身幕後。

　　這裡面所蘊含的一則重要訊息，不僅對總經理本人很重要——也對各式經營階層很重要。在成熟的產業裡，評量事業單位經理人的標準通常必須有所改變；而總經理的技巧與態度也必須改變。基於這些理由，在進入成熟期時，經理輪調制度就很有必要。目前多角化公司的一個趨勢就是，對不同事業單位的經理人套用相同的標準，不管各人策略情況是否根本不

同；希望專精於某些領域的經理人，換領域也一樣能勝任。注
意過渡期的各項管理暗示，就可以趨吉避凶，轉危為安。

第十二章

情定日落橋

式微產業的競爭策略

為了方便策略分析起見，我們先為「衰退產業」下個定義：「凡連續在一段相當長的時間內，單位銷售額呈現絕對下跌走勢者」。因此，產業的衰退不能歸咎於營業周期、或其他短期的不連續現象（例如，罷工或原料短缺），而是反映出真實狀況，所以必須發展出「結束棋局」的策略。產業式微的現象一直都在，但此種結構困境之所以普見，卻可能是肇因自全球經濟成長減緩、快速的成本膨脹導致產品替代，以及電子、電腦、化學等領域的科技持續變化所致。

雖然大家都誤以為式微產業是產品生命周期的一個階段，所以似乎很熟悉，但其實這方面的研究很少。生命周期模式所列出的產業衰退階段包括了：利潤縮水、產品線被剪除、研發與廣告費用減少、競爭者數目滑落等特徵。

針對式微現象，最能為眾人所接受的策略處方是「收割策略」；也就是說：停止投資、設法讓該事業產生最多的現金流量、最後進行脫產。現今常用於企劃上的「產品組合模式」，也對式微產業提出同樣的勸戒：切莫投資在成長遲緩（或負成長）的不利市場，而應撤出現金。

然而，我們對式微產業進行大範圍的深入研究後，發現式微期間的競爭本質，及各公司因應的策略替代方案，遠比想像中複雜。不同產業回應式微的手法，差異很大；有些產業溫文爾雅的退下舞台，有些則經歷苦戰、過剩產能一拖再拖、以蒙受巨額營運虧損而聞名。而成功策略之形式多端，也差可比擬——有些公司在式微產業大舉增資，提高了日後的獲利能力，因而收益豐碩；有些公司早在式微現象人盡皆知之前就退出了，它們雖然完全放棄「收割」，卻得以免於對手日後必須

承受的損失。

│解釋衰退因素│

在第一章的分析架構下，我們可以發現多項結構性因素對產業在式微階段影響重大的競爭本質。產業銷售額萎縮的情形，會使此一階段波動劇烈。然而，競爭壓力究竟會把獲利腐蝕到何種程度，還要看某些關鍵而定。例如，產能能否輕易離開產業？留下來的公司要多努力，才能阻止營業額下跌？

市場需求

需求走跌過程及市場區段的特色，對式微階段的競爭影響重大。

不確定性

競爭者對「需求是否確定繼續下滑」的認知，是影響「終局」競爭的最重要因素。假如公司認為，需求可能復甦或走穩，它們就可能會設法固守城池，繼續留在產業裡。但如果它們堅持頑抗，無視於銷售額的萎縮，卻可能引發產業大戰。螺縈產業就曾一直期待反敗為勝，搶回被尼龍與鋼絲攻占的線圈市場；並打敗其他纖維，奪回紡織市場。

反過來說，假如所有公司都確定，產業需求會持續下滑，大家便能順水推舟、將產能井然有序的撤出。例如，乙炔業者很快就了解到：天然瓦斯成本飆漲的現象勢不可擋，同時將使許多使用乙炔的化學處理程序，改以較便宜的乙烯取代。此

時，即使是最沒效率的公司也早早準備收拾細軟退出。

各公司對未來的需求各有各的看法──如果公司預測產業復甦機會頗高，它們就會固守到底。過去的相關實例也顯示，公司對未來衰退與否，也會受它在產業裡的地位及退出障礙所影響。公司地位愈強，或臨去前退出障礙愈高，對未來的預測就愈樂觀。

式微的速率與模式

衰退的速度愈慢，公司愈可能為短期因素所蒙蔽，無法好好分析本身地位，也愈無法確定產業未來是否衰微。「不確定因素」大大增加了此一階段的波動可能。反過來說，假如需求跌幅甚大，公司就很難為樂觀的預期自圓其說。營業額的大幅衰退更會使公司放棄整個廠房，或脫售整個部門，快速調降產業產能。走跌過程是否平順，也會影響此種確定性。假如產業銷售額一向起伏不定（如螺縈和醋酸纖維），我們就很難分辨銷售額究竟是真的走下坡，或只是階段性波動而已。

衰退的速率也受公司決定從產業撤出產能影響。如果某一產業的產品有一兩家主要生產商決定退出，需求可能會瞬間暴跌。因為以此為重要投入原料的客戶，害怕關鍵原料持續短缺，就會急如星火地四處找尋替代品。所以早早宣布退出產業，將大大影響式微速度。一旦需求開始走低，減少的產量就會提高成本，乃至提高價格，讓下跌的速率愈來愈快。

「留下不用的需求」結構

需求下跌時，殘留的少量需求將決定剩餘競爭者的獲利能力，對獲利力多少都有些好處。例如，雪茄產業的主要「殘留

需求」裡，上等雪茄這個區段就不容易被替代——因為此區段的客戶對價格不大敏感，而且也樂見差異性讓產品更上層樓。有本事在此領域維持不敗的公司，就算產業走下坡，獲利還是能高於平均，因為它們能抗拒各股競爭作用力。皮革業裡的裝潢皮革就由於「技術」及「差異性」而有類似情況。反之，乙炔業裡未能被乙烯取代的市場區段，還是會遭其他替代品威脅。由於乙炔固定製造成本太高，以乙炔為大宗商品的市場價格戰反而格外激烈。殘留需求機會的獲利潛力相當不樂觀。

　　一般而言，假如殘留需求所面對的，是對價格不敏感、或議價力量較小的客戶，由於這些客戶移轉成本偏高（或具第六章所提的一些特質），能夠堅持到底的公司都能獲利。如果殘留需求只是一種更換性需求，而且原廠製造商的需求已經消失，它們對價格就不會太敏感。此外，最後獲利能力如何，還要看殘留需求是否容易被替代、或有更強的供應商出現、以及產業是否有移動障礙存在（可保護公司免遭他處失利的覬覦者攻擊）而定。

式微的原因

　　諸多產業需求的走下坡，對式微期間的競爭，有如下意義：

❑ **科技性替代**。產業衰退的原因之一，是「科技創新」創造了替代品（如電子計算機取代了滑尺）；或「相對成本」與「品質」的改變（如合成皮替代真皮）。此項因素對產業獲利頗具威脅：因為替代品增加，通常會讓銷售量如影隨形地減少，同時削減利潤。如果產業中某些

需求絲毫不為所動,或有本領力抗,而且具有一些有利特質,對利潤所造成的負面效果就會減輕。替代品可能伴隨未來需求的不確定而出現,但還要看產業而定。

☐ **人口因素**。客戶群數目縮水,也是原因之一。以工業品來說,客戶人口減少,會降低下游產業的需求。但這種情形,不是因替代品的競爭壓力而來。因此,假如受此因素影響的產業產能,能井然有序地撤出,則倖存的公司,就可能與從前一樣獲利。然而,人口因素通常變幻莫測,因而使前面所提的式微競爭變得很不穩定。

☐ **需求轉移**。需求改變的原因,可能是因社會性因素、或其他因素改變了客戶需求及品味所致。例如,雪茄消耗量的下跌,大部分就是因為社會對雪茄的接受度垂直下降所致。然而,就像前一個因素一樣,需求轉移未必會讓現有銷售的替代品壓力更大,只是,它同樣充滿了不確定性(以雪茄為例,許多業者就預測需求將再翻升)。這種情況對式微期的獲利威脅極大。

衰退的原因不僅可讓我們更了解:公司眼中未來需求的不確定有多高,也能讓我們大概看出,留在殘餘區段裡繼續奮鬥的公司會有多少獲利。

| 欲走還留 |

產能撤出市場的方式,對式微產業競爭舉足輕重。正如進入產業會碰到障礙一樣,退出產業同樣有障礙;由於退出不易,某些公司即使報酬低於正常,仍然繼續留駐。結果,退出

障礙愈高，打死不退的公司就愈難過。

退出障礙的形成有幾個基本因素：

一、資產又耐又專

如果企業的資產高度專業，只限用於特定事業、公司、或地點，公司投資的清算價值就會減損，形成退出障礙。專業資產只能賣給有意使用的同行（如果非常專門，甚至必須原地使用），不然它們就會身價大減，而且往往七折八扣。有意在同一產業內購用這些資產的客戶通常很少；因為，會使式微產業內某公司出售資產的同一原因，可能也令潛在客戶裹足不前。例如，乙炔製造廠或螺縈工廠就有這類專門設備，如果不賣給同業，只能報廢。再加上乙炔廠房很難拆解與運送，所以這麼做不敷成本，甚至比報廢價格還高。一旦乙炔和螺縈產業開始走下坡，願意接手的買主個個避之如蛇蠍；工廠的價格都以遠低於帳面價的價錢，賣給投機客或只能自救的員工團體。存貨也可能一文不值，周轉率非常低時，尤然。

假如某一產業的資產清算價值很低，即使預期未來現金流量的現值不高，公司還是留在產業裡（比較划算）。假如資產屬耐久財，帳面價值也許會大幅超出清算值——即帳面產生虧損，留在產業裡卻比較合效益；因為，折現後的未來現金流量，將會超過公司脫產後所能取回的資金機會成本。此外，在帳面價高於清算價的情況下脫售，將帶來呆帳，也會對退出造成妨礙。

評估特定事業專用資產時，問題在於：眼前到底有沒有市場繼續需要這些資產。有時，資產可以賣給不同經濟發展階

段的海外市場（在本國沒什麼價值），提高清算價值，降低退出障礙。然而，無論海外市場是否存在，專門性資產的價值通常會隨著產業的日薄西山，開始益趨明顯。例如，雷神公司（Raytheon）在一九六〇年代初期，彩色電視機對真空管的需求還不虞匱乏之時，出售資產。比那些直到一九七〇年代初期，真空管已明顯成為夕陽產業後，才設法脫售真空管製造的公司，多拿了一大筆清算價值。自此之後，還有興趣採購的美國製造商已寥寥無幾，因為對較落後國家供應真空管的外國公司，當美國產業明顯式微之際，不是已有設備，就是議價力量大增。

二、固定退出成本

退出的固定成本如果太高，就會減低某事業的實際清算價值，進而加高退出障礙；可觀的勞工安置成本就是。事實上，在某些國家（如義大利），退出產業的固定成本十分龐大，因為政府不准公司削減工作機會。脫售時，通常必須經歷很長的時間，才有辦法消化具有專業能力、所費不貲的大批全職經理人、法務人員、以及會計人員。而為了在退出之後，繼續照顧老客戶取得零件，這項安排的損失折現值就是退出成本。管理階層或一般員工也必須重新安置、重行訓練。取消長期採購或銷售契約，也涉及大筆違約金……許多情況下，公司都必須付費，另找其他家公司履行前述契約。

通常，退出產業還有一些隱藏成本。脫售決策一旦走漏，員工生產力就會開始下跌，財務表現也大不如前。客戶迅速退出，供應商也失去承諾的興趣。這類問題，也是執行收割策略

時遭遇的問題。它會導致產權脫售前最後幾個月，虧損急遽擴大，很可能產生一筆退出成本。

另一方面，退出有時也會讓公司避開某類固定投資。例如，為了符合環保規定（或其他法規），公司要留在產業就要再投資。這類投資要求會加速速度退出，除非能產生相當於（或大於）公司折現清算價值的報酬。

三、策略性退出障礙

單就特定事業的經濟層面考量，即使多角化事業單位並未面臨退出障礙，但公司整體卻可能面臨障礙；因為該事業對整體策略很重要。

☐ **相互關聯性**。某個事業可能是整體策略的一部分，和一整群事業有關，和它脫離關係就會減損整套策略。此一事業也許對公司認同度與形象很重要；也許會傷害公司與主要配銷通路間的關係，或降低採購時的整體影響力；也可能造成某些設施或資產的閒置現象（沒有替代用途，無法對外公開出租）。終止與某一客戶的獨家供應關係，不只會封鎖了其他產品的銷售機會，甚至會波及其他事業商機，嚇走原來靠該公司供應原料與零件的客戶。和這種相互關聯度障礙最具關鍵的是：公司有多大能耐可從式微產業釋出資源，轉移到新市場。

☐ **金融市場籌資難易**。退出也許會降低資本市場對公司的信心，更難吸引到有意收購的對象。縱使從事業的觀點觀之，塗銷脫售事業所產生的呆帳是個合乎效益的行為；然而，這麼做即使不影響營收成長，也會提高資金

成本。繼續經營的期間內，如果陸續發生小額虧損，也許比一次巨額虧損來得合算。塗銷範圍大小則要視資產折舊值相對於清算價值的情形，以及公司能否逐步脫產而定。

❏ **垂直整合。**假如該事業與其他事業垂直關聯，那麼退出障礙的影響就要看式微的原因是否影響「整個垂直鏈」，或只影響「一個環節」而定。乙炔產業的沒落，使得下游許多以乙炔為原料的化學合成業者跟著沒落。假如公司同時涉足乙炔與下游加工業，關掉乙炔廠不是導致下游斷炊，就是迫使公司另找外援。由於乙炔需求下滑，所以公司也許可以和外人談出好價錢，最後恐怕還是得退出下游……此時必然會波及整串垂直鏈。

反之，假如上游單位賣出的原料，因替代品而過時，下游單位一定會積極向外尋找替代品供應商，避免競爭地位受影響。因此向前整合的公司也許會加速退出，因為該事業的策略價值已經消失，反而成了公司整體的策略負擔。

四、資訊障礙

某事業與公司其他單位的關係愈密切（特別是共用資產或有買賣關係）時，愈難釐清該事業的真實表現。表現差的事業可以隱藏在相關事業成功的光環下，甚至完全不考慮合效益的退出。

五、情感障礙

雖然以上所提的退出障礙，根據的都是理性的經濟評估（或因資訊不足，未能理性評估）；然而，退出某一事業之困

難，似乎不僅限於經濟層面。在許多個案研究中，管理階層所投入的情感及執著，再加上自信的能力與成就，以及對自身前途的恐懼，都會有所影響。

就單一事業公司來說，退出事業會使經理人失掉飯碗；因此從個人角度看來，會造成若干不快：

❑ 驕傲大受打擊，帶來棄械投降的烙痕；

❑ 可能會錯失一個享壽連年的事業體；

❑ 承認失敗，減少轉換工作的機會。公司的歷史與傳統愈久，高階經理另謀他職的可能就愈低，愈可能妨礙公司退出。

大量證據顯示，這類個人與情感障礙，同樣存在於多角化公司的高階主管身上。狀況不佳的部門經理，顯然與單一事業的公司主管處境相似。要他們提議脫售當然很難，所以決定何時退出的重擔，就落在高階管理階層身上。然而，最高管理階層對特定事業的認同，也許仍然很強——如果這些事業是成立已久的早期元老，已成為公司歷史核心的一部分，或是由現任主管所創辦或收購。例如，通用磨坊（General Mills）決定脫售原始事業（日用麵粉）時相當痛苦，花了好幾年才做出決定。

除了「認同感」會影響多角化公司最高階層的決定以外，「自尊」及「對外在形象的關切」也是。同理可證，如果多角化公司的最高經理人曾在可能脫售的事業裡扮演要角，尤其如此。此外，和單一事業公司相比，多角化公司更能以有餘補不足；甚至可以隱瞞某一問題部門的失利。這種本領也許會讓情感因素，趁隙影響脫售決定。儘管多角化應有的好處之一，就是使公司在投資時更超然、更不受情緒左右。

許多脫售案例都顯示，經理人因素所造成的退出障礙，可能非常強烈；以致除非最高管理階層改朝換代，否則即使某事業績效持續不彰，也不可能割捨。雖然這個情況比較極端，但似乎每個人都同意：「脫售」也許是經營階層最不願作的必要決定。

經理人障礙可能會隨著公司退出經驗的愈來愈多而減少。例如，常見技術失敗及產品替代的化學產業就是；產品生命通常很短的部門，和較易覺察新事業機會的高科技產業也是。

六、政府與社會性障礙

在某些情況下（尤其在國外），因為政府考慮到對工作機會及對當地社會的衝擊，要結束事業簡直不可能——脫售的代價是由公司其他事業做出退讓，或接受某些禁制條款。即使政府並未正式介入，社區壓力以及非正式的政治壓力，也會強烈阻止公司退出。

而許多管理階層對員工與當地社會的關懷，雖然無法轉換成金錢，也絕對同樣真實。脫售往往讓人們失業，可能傷害到當地經濟。這種關切通常和情感性的退出障礙輪番上演。例如，陷入衰退的加拿大可溶性紙漿產業，有許多工廠都位於「一家公司獨大」的小鎮，所以當魁北克（Quebec）紙漿廠準備關閉時，社會壓力大如泰山壓頂。高階經理因而痛苦不堪；同時，還要承受各種正式及非正式的政府壓力。

由於退出障礙作祟，公司即使財務表現不如以往，還是可能會繼續留下來競爭。產業萎縮的同時，產能並未外移，競爭者為了求生，個個咬牙苦戰。在一個退出障礙很高的式微產業

裡，就算最強、最健康的公司，也很難在過程中全身而退。

七、資產處置機制

公司處置資產的方式，會影響到式微產業的潛在盈利能力。以加拿大溶解紙漿產業為例，某大廠並未歇業，而是以遠低於帳面價的折扣轉售給一群創業家。既然投資金額較低，接手公司的經理人，也許會做出「對自己合理、對其他公司卻嚴重不利」的訂價或其他決策。把資產賤價賣給員工，也有同樣的效果。因此，假如式微產業的資產留在產業內，而不是自此棄而不用，對競爭的後續發展恐將更不利——比原公司繼續留駐還糟。

用政府補助方式，把羸弱的公司繼續留在式微產業裡也一樣糟糕。產能不只未能移出市場，而且受補貼公司還會進一步挫傷產業的獲利潛力，因為它的決策角度不同。

爭個你死我活

由於銷售額下跌，處於式微階段的產業對激烈的價格戰尤其敏感。式微階段留下來的公司，在下列情況廝殺格外激烈：

❏ 產品被視為是大宗商品；

❏ 固定成本高；

❏ 被退出障礙所羈絆，許多公司無法離開產業；

❏ 一些公司認為，在產業內維持競爭地位在策略上極其重要；

❏ 留下來的公司相對勢力相當均衡，少數一兩家無法輕易贏得競爭；

❏ 公司不確定自己的相對競爭實力，因此在地位改變時，
會不計後果、死纏爛打。

式微產業競爭對立的變化，會因供應商與配銷通路的影響
而加劇。走下坡的時候，產業對供應商而言就不再是重要客戶
了，因此價格與服務都會發生變化。同理，假如配銷通路經手
多家公司、或能掌控上架空間的大小與位置、能影響最終客戶
的購買決定，那麼，隨著產業的式微，通路力量就會增加。例
如，對雪茄這種「衝動購買」財來說，展售位置就對銷售成敗
影響很大。在產業式微期間，雪茄配銷通路的力量大增，賣方
利潤卻相對下跌。

從產業競爭的角度來說，式微期間最糟的情況也許是：一
兩家公司在產業內的策略地位相對弱勢，但卻擁有可觀的整體
公司資源，而且留在該事業的決心非常強。由於屈居弱勢，它
們為了提升地位，不惜展開足以威脅全產業的削價行動。而這
種堅持到底的精神，也迫使其他公司不得不有所回應。

| 四種選擇 |

一般討論到式微期間的策略，我們總繞著「撤資」或「收
割」兩個問題打轉，其實策略選項的範圍很廣（雖然對特定產
業而言，未必每案皆可行）。我們可以簡單地依式微期的四種
基本競爭方法，說明策略的範圍（見圖 12.1）——公司可以單獨
採行，也可以依序採行。但不同策略的分野，實務上並不清
楚；只是分開討論比較方便。這些策略間差異極大，不只追求
的目標不同，對投資的意涵也殊異。採取收割或脫售策略時，

圖12.1 策略選項

領先	利基	收割	資金
設法取得市場占有率的領先地位	在特定區段，創造或守住堅強的地位	運用自己的長處，設法在可掌控的情況下抽回	快速脫售儘早在產業式微期間，結清投資

企業會想盡辦法撤資（這是典型的式微策略目標；如果採取領先或利基策略，公司也許會為了鞏固自己在式微產業的地位，進行投資）。

此處我們先探討每一策略選項的動機，以及常用的戰術步驟。

（一）領先策略

如果式微產業的結構，會讓留下來的公司取得高於平均的獲利，公司就可採取領先策略，善用形勢。目標是：成為產業內唯一的公司，或是成為碩果僅存的少數公司。一旦取得此一地位，該公司將視產業銷售模式的後續發展而轉攻為守，或收割。這項策略的前提是：追求領先地位的公司將比較有利。

有助於執行領先策略的戰術如下：

(1)投注資金，在訂價、行銷、及其他領域積極展開攻勢，以建立市場占有率，並確保其他公用迅速撤出產能；

(2)以高於行情的價格收購對手整條產品線，取得市場占有率（降低對手的退出障礙）；

(3)收購對手產能，促使它們早日淘汰；這樣做還可降低對

手的退出障礙，確保產能不會在產業內出售。

(4) 以其他方法降低競爭者的退出障礙。例如，自願為對手產品製造備用零件、接洽長期合約以生產自有品牌等；

(5) 透過公開宣示或行動，展現其留在事業的強烈決心；

(6) 透過競爭行動，清楚展現實力優勢，打消對手雄霸產業的想法；

(7) 開發並釋出可減少產業不確定感的可靠資訊，使競爭對手不致因高估產業實際前景，繼續前仆後繼；

(8) 提高它們留在產業的風險，促使競爭者必須投注更多資金研發產品或改善流程。

（二）利基策略

所謂的利基策略即是：在式微產業中，認出可維持需求、減緩衰退、而又能讓公司獲取高報酬的區段（或需求群）來。接下來再投入資金，在此區段內建立地位。最後，還要改採收割或脫售策略。

（三）收割策略

在收割策略中，公司的目的是：儘可能增加公司現金流量。公司可完全刪除新投資，或予大幅刪減、減少設備維修；或減少廣告與研發經費，利用過去留下來的剩餘力量提高價格，或利用過去商譽，繼續銷售圖利。其他常見戰術如下：

❏ 減少款式；

❏ 縮減合作的通路數目；

❏ 放棄小客戶；

❏ 慢慢減少服務（如，交貨時間、修護速度、銷售支援等方面）。

彎腰拾穗

事業終究是要脫售或清算。

不是所有的事業都可隨時收割。實施收割的前提是：公司過去擁有某些可供賴以維生的扎實長處，以及式微產業環境並未陷入惡戰。公司如果沒有一些長處，在提高價格、降低品質、中止廣告、或採行其他戰術以後，就會嚴重損及銷售。假如產業結構因素導致式微期變化多端；對手將會抓住公司投資不足的弱點，攫取市場占有率或壓低價格，使得收割期降低費用的優勢盡失。此外，有些事業很難進行收割，因為能減少小量費用的選擇非常有限──說得極端一點，有些工廠如果不維持開銷，馬上就無法營運了。

收割戰術基本上可分兩類：客戶看得到的（如調漲價格、減少促銷），和客戶看不到的（如延後維修、放棄邊際客戶）。沒有相當實力的公司，八成只能採取「看得到」的行動，至於現金流量的增幅，則視事業本質而定。

站在管理的立場，式微期所有策略選項當中，收割策略所能創造的需求也許最大；可是，文獻上的探討仍然不多。實際上，想在掌控下完成清算，可謂十分困難，因為問題林林總總：員工的士氣與留任、供應商與客戶信心問題、高階主管的激勵問題等等。如果根據第三章的組合規劃技巧，將準備收割的事業劃歸「行情低於面值股票」（dog），激勵效果同樣不大。奇異電氣、米德公司（Mead Corporation）已花了一番工

夫，設法讓經理人在特定收割狀況下，採取一些激勵動作，但這些努力的成效尚不明朗。而其他管理問題則尚待解決。

（四）快速脫售

為了讓淨投資金額極大化，公司因而在式微階段的早期脫售（而非等到收割期、或事後再賣出）。早早脫售才能賣到好價錢；因為，賣得愈早，需求走下坡的不確定性愈低，其他市場（例如國外公司）愈不可能不加思索地囫圇吞棗。

在產業衰退前、或事業成熟階段就予以脫售，也許是大家有志一同的看法。衰退趨勢一旦明朗，此一資產的業內或業外買主議價地位都會增強。反過來說，早日售出也可能引起風險；萬一日後事實證明，公司對未來的預測是錯的。

快速脫售可能會迫使公司面對退出障礙（如形象與相互關係等）——雖然及早脫售多少有助於舒解這些因素。而品牌自有、或銷售產品線給競爭對手的策略，也可減輕一些問題。

| 如何迎落日 |

前述一連串分析步驟，將可決定式微產業內的公司地位：

❏ 依據第一節的各項條件，產業結構是否在式微有所幫助（甚至可獲利）？

❏ 每個重要競爭對手所面對的退出障礙為何？誰會快速退出？誰會留下？

❏ 留下來的公司在競取殘餘需求時，相對實力有多少？在退出正式成為事實之前，公司地位面對退出障礙所受的

　　腐蝕有多重？

❑ 公司必須面對什麼樣的退出障礙？

❑ 面對於殘餘需求，公司的相對實力如何？

　　在選擇策略的過程中，公司一方面要考慮留在產業是否值得，一方面則要考慮公司的相對地位。而決定其相對地位的關鍵長處與弱點，未必是先前發展階段所看重的那些因素；反而是可能留下來的區段或殘存需求，以及式微期競爭特質下的特定情況。採取領先策略與利基策略時，能否「讓競爭者加速退出」也很重要。處境不同的公司，在面對產業式微時，最佳因應策略也會各不相同。

　　要知道公司如何選擇策略，大概可由圖12.2看出一些端倪。

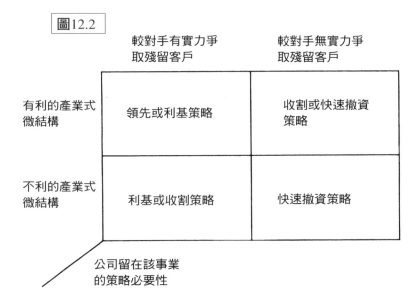

圖12.2

	較對手有實力爭取殘留客戶	較對手無實力爭取殘留客戶
有利的產業式微結構	領先或利基策略	收割或快速撤資策略
不利的產業式微結構	利基或收割策略	快速撤資策略

公司留在該事業的策略必要性

收割或脫售

假如產業結構由於不確定性低、退出障礙低，而有助於公司在式微階段獲利；則實力派的公司可以尋求領先地位，或捍衛某項利基。但這樣做還是要根據「產業結構」在留下來的多數區段，是否適合全面競爭而定？有實力的公司能影響領先地位的建立，落敗的便識相退出。一旦領導地位確立，公司則可享受到產業結構所帶來的回報。沒有特定長處的公司，便不可能全面（或在特定利基上）取得領先地位；但它可以善用產業形勢，展開有利的收割行動；也可以選擇及早脫售（視收割可行性，和售出機會大小而定）。

假如產業不利於衰退，是因為不確定性高、競爭者退出障礙高、或可能導致「終局對抗」變幻莫測——想用投資來建立領先地位的做法，就不大可能有所得。相對地位堅強的公司，不如趁機縮小規模，藉以鞏固利基或進行收割。假如公司沒有特長，只要情況容許，最好儘早抽身；因為其他退出障礙較高的公司，很快便會以大吃小。

第三個構面是；公司留在事業裡的策略有什麼需求。例如，現金流量的策略性需要，可能會使決策偏好採取「收割」或「早日出售」策略；即使方向指的是「領先」策略。就操作層面考量，公司必須評估本身策略的需要本質，並與其他條件重疊考慮，決定正確因應之道。

及早下定決心採取領先策略，可讓我們釋出必要的信號鼓勵對手退出，並取得建立領先的時機優勢。及早決定脫產的好處，則在前面已討論過。延宕時機只會導致公司放棄比較極端

的選擇，只能在利基與收割策略之間取其輕。

　　這些產業策略的關鍵，就是找出能鼓勵特定競爭者退出的做法。有時，高占有率的對手實際退出之後，才是採行侵略性策略的好時機。如此一來，公司也許願意等待良機俟機收割，直到主要對手決心退出，之後再進一步。假如市場領導者決定退出，公司即可準備投資；假如市場領導者留下，公司就繼續收割，或乾脆立即脫售。

｜飛蛾撲火｜

　　要在圖12.2裡，找出公司定位，需要大量的深入分析。然而許多公司卻違反圖中產業結構與策略選擇之間的基本一致性原則。這類研究也透露出：可能還有許多其他陷阱。

- **未能認清式微的事實。**後見之明告訴我們：告誡「不可太樂觀，期待式微產業會復甦」的做法，說來容易做來難。然而，就算不確定性原來就難以論斷，但有些公司就是未能客觀的正視衰退趨勢（長期認同某一產業，或對替代品的認知過於狹隘）。高退出障礙的存在，也可能微妙地影響了經理人對環境的認知；因為悲觀教人痛苦，他們只尋找樂觀的訊息。而那些最能客觀地處理衰退過程的公司，似乎是同時參與替代品產業的公司，因為它們較能看清替代品的前景及式微威脅。
- **打消耗戰。**和退出障礙高的對手作戰，通常會導致災難。因為這類競爭對手被迫激烈回應，在大量投資沒有回收之前，不會輕言放棄。

❏ **沒有明顯長處**，卻進行收割。除非產業結構非常有利，要不然沒有明顯長處，就在式微階段進行收割的公司通常都會失敗。只要行銷或服務退步，或價格上升，客戶馬上會掉頭他去。在收割過程中，事業的轉售價值或許也會逐漸消散。既然收割行動本身具備這麼多競爭與管理的風險，我們在採行這項策略時，一定要深思熟慮。

未雨先綢繆

假如公司能預測式微階段的產業狀況，就能在成熟期採取若干步驟，大大地改善自己的地位。就成熟期的策略地位而言，這些行動其實所費不多。

○盡量減少會讓退出障礙升高的投資。

○找出對公司最有利的市場區段，並予以強調。

○在這些區段創造「移轉成本」。

第十三章

航向五湖四海

全球產業的競爭策略

　　所謂的「全球產業」就是：競爭者的策略地位，在主要地理區域或國際市場，都受其整體全球地位根本影響。例如，IBM公同在法德兩國銷售電腦時，它的策略地位就因他處發展出的科技與行銷技巧，再加上全球製造體系配合良好，因而大幅提升。我們有必要將各地理區（或國際市場）的產業經濟及競爭者情況合併檢視，不宜個別視之。

　　處於這類產業的公司要用全球觀點，站在協調一致的基礎上從事競爭，不然就會面臨策略劣勢。雖然就多國企業散布的情形而言，有些產業可視為國際化產業；但它們卻沒有全球產業的基本特質。例如，在許多消費性包裝食品產業裡，雀巢、Pet、CPC這類公司都在多國營運。然而，除了相當有限的產品開發以外，分支機構都是自立自主的，而且競爭情勢平衡與否，以國家為單位為準。公司不見得要在國際上競爭，才算成功。因此，擁有多國競爭者的產業不一定就是全球產業。不過，我們要體認，「全球化的程度」（globalness）無疑是個程度問題；因為從事國際競爭的策略優勢，在產業之間各個不同。

波瀾壯闊的國際化

　　一九七〇年代，已有愈來愈多產業成為（或正在蛻變成）全球產業。此一重要的結構環境，可能愈來愈風行。不管就任何標準來說，貿易與對外投資都已大幅增長，而其策略地位也隨著產業走向全球，變化得又快又劇烈。電視接收器、機車、縫紉機、汽車等，都是明顯可見、但又算不上典型的幾個例子。此一「全球化」運動和一八九〇至一九三〇年間，美國產業中「地區」轉變為「全國」的情形做個比較，就可發現兩者

有許多類似。此外，揮軍全球的影響還可能更深遠。幾乎每一產業的經理人都必須承認：全球性競爭縱使未成事實，此一氣候亦不容忽視。

國際競爭與國內競爭不同之處甚多。以下是幾個常被提出的重點：

❏ 因素成本在不同國家之間各有不同；

❏ 外國市場之間的環境各異；

❏ 外國政府各有各的角色；

❏ 監控外國競爭者時，各有不同的目標、資源與能力。

不過，運作在全球性產業裡的結構因素與市場作用力，倒是和那些比較偏重國內市場的產業相同。這類產業的結構分析，除了必須納入外國競爭者外，還要涵蓋更大範圍的潛在加入者、更多替代品、目標及個性大不相同的公司、看法更歧異的策略重點等。但是，五股競爭作用力在此同樣適用，而決定其作用力強弱的潛在結構性因素，也同樣大同小異。我們稍後會看到，成功的全球性策略，多數都是因為能在較複雜的環境中，認清這幾股市場作用力所致。

│又愛又怕受傷害│

公司參與國際活動，不外有三種機制：授權、出口、對外直接投資。通常，公司轉戰海外的第一步，不是出口就是授權；只有在累積相當的國際經驗之後，才會考慮直接投資。在真正屬於全球性競爭的產業裡，我們最常見到出口或對外直接投資。在許多國家之間出口明顯活絡，可為全球競爭的可靠表

徵;但產業內重大的對外直接投資,卻未必如此。這些投資基本上都是由一些各自獨立的國外子公司所組成的;而每個分支機構的競爭地位,則主要取決於所在國的資產及特殊環境。

基本上,產業之所以走向全球化,是因為公司能夠在許多國際市場上協調統合,兼具經濟效益。取得這種全球策略優勢的獨到來源甚多,妨礙也不少。分析師的任務就是要針對特定產業,逐項評估上述因素,了解公司為什麼不能全球化;或反過來探討哪些因素足以打敗阻礙。

跨出國界的優勢

全球優勢的來源,大致上來自四個方向:一、傳統的比較利益;二、規模經濟、或是學習曲線延伸至規模以外,超過個別市場所能累計的數量;二、產品差異化所帶來的優勢;四、市場資訊與科技所帶來的「公共財」特性。

❑ **比較利益。**比較利益的有無,是全球競爭的典型決定要素。假如某些國家在生產某一產品方面,具有「因素成本」與「因素品質」的重大優勢,這些國家就會成為生產所在,然後出口至其他地方。在這類產業裡,全球性公司在這些具有比較優勢的國家裡的策略地位,就對其世界地位很重要。

❑ **生產的規模經濟。**假如公司在主要國際市場以外,還可取得生產或服務方面的規模經濟;它就可能藉由集中生產與全球競爭取得成本優勢。例如,現代化的高遠煉鋼廠所擁有的起碼效率規模,就差不多是全球需求量的四成。有時,垂直整合的好處乃是決定「能否獲致全球生

產經濟」的關鍵；因為，垂直整合體系的效率規模，比
某國市場規模還大。要追求生產方面的經濟，也就意味
著不同國家間須有出口移動。

❑ **全球經驗。**對於某些因獨家經驗、而可能導致成本顯著
下降的科技而言，能在不同的市場銷售類似產品，可謂
一魚多吃。如果某類型產品可在好幾個國家銷售，累
計銷售量就會更高，並為全球競爭帶來成本優勢。這
種情形似乎已經出現在輕型堆高機製造業，並由豐田
（Toyota）獨占龍頭。就算只在單一地域市場進行競爭，
學習曲線先前早因累計產量已達高點而走平，全球競爭
也會讓我們加速學習。因為公司本來就可透過工廠間的
改革分享，取得經驗；經由全球競爭而產生的成本優
勢，當然也可以在生產並未集中化的情形下，在各國市
場發生。

❑ **後勤支援系統的規模經濟。**假如國際後勤運籌體系本身
的高固定成本，可透過許多國際市場分攤，全球競爭就
有成本優勢了。從事全球競爭，也使公司得以採用較專
門的系統（如專業貨船）取得後勤體系的規模經濟。例
如，日本公司就因使用專門船舶運送鋼鐵及汽車原物料
和成品，而節省大筆成本。這種以全球數量來考量營運
的情形，也會讓我們對後勤安排再做全盤省思。

❑ **行銷的規模經濟。**雖然行銷功能的許多層面，本質上都
必須在各個國際市場執行；不過某些產業的行銷規模經
濟，卻可能超出國家疆界之外。最明顯的，就是那些
全球共用同一支銷售隊伍的產業。例如，重型營造業、

飛機和渦輪發電機製造業的銷售任務就不但複雜、買主又少、採購也不頻繁。因此,公司可由好幾個國家的市場,來分攤由一群高薪、高技術銷售人員所帶來的固定成本。

我們也可能透過全球共用專屬的行銷技巧,取得行銷效益。既然來自某一市場的知識,可以不費分文地用在其他市場,全球性公司當然可以享有成本優勢。例如,麥當勞所標榜的「配方」(formula),或天美時手表所宣稱的「嚴酷測試」(torture test)行銷手法,都是全球適用的好例子。有些品牌的名字就是能跨越不同地域使用,雖然公司通常必須在每一個地方分別投資來鞏固品牌。然而,有些品牌名稱只要透過經貿媒體、技術文獻、強勢文化、以及其他無須花錢投資的原因,就可以打出國際知名度。

❑ **採購的規模經濟**。能因採購議價能力較高、供應商生產所需的長期成本較低,所以不須在單一國內市場競爭,就取得規模經濟的全球性公司將可擁有成本優勢。例如,全球電視機製造商顯然能以較低的成本,購得電晶體和二極真空管。在產業採購量相對小於產業原料或零件的產量時,此種成本優勢最可能發生。(大部分議價籌碼在採購量大時,都可能被束之高閣。)假如公司與原料的萃取(礦藏)或生產(農產品)直接相關,類似優勢也可能產生。例如,開採特定礦物礦藏的基本效率規模,如果比該公司必須在較大市場動用的需求量還大;那麼,以效率規模採礦、並進行全球競爭的公司,就會擁有成本優勢。但因公司必須完成全球競爭,才能

取得此一優勢，所以無法以效率規模採礦，再轉售多餘礦藏。

☐ **產品差異化。** 在某些事業裡（尤其是進步神速的科技），全球競爭會讓公司聲譽高人一等。例如，在高度追求流行的化妝品產業產品，若在巴黎、倫敦、紐約等地露臉，公司就可利用這個形象，成功打開日本市場。

☐ **獨家專享的產品技術。** 公司如能在幾個國家應用獨家技術，就可產生全球經濟效益。當研究的規模經濟，相對大於個別市場的銷售量時，這點尤其重要。電腦、半導體、飛機、渦輪等產業就是。某些科技進展的花費，更是高到必須進行全球銷售，才可能回收。全球競爭也讓公司有機會與世界各地的科技接觸，進而提高技術競爭力。

☐ **生產能否移動。** 產品或服務的生產可以移動的時候，來自規模和專屬科技的共享，還會形成一種特殊效益。例如，重型營造業為了執行工程，把工作人員在國家間調來調去；油輪則遊走世界各地運載石油；地震測量人員、石油器材、顧問也都可以移動。在這類產業，創建並維持組織及發展專屬科技所需的固定成本，可以輕易由許多國家分攤。此外，公司投資培養技術人員或使用某些可移動設備的成本，比起單一國家雇用可划算多了——這又是另一個超越單一市場規模，而獲取經濟效益的例證。

構成全球優勢的因素，通常一呼百應，而且還彼此互動。例如，生產方面的規模經濟，就是入侵國外市場的基礎，接下

來還會帶來後勤支援或採購方面的經濟效益。

全球優勢的各項因素之重要性，顯然要看兩件事情而定。第一，事業受全球經濟效益影響的層面，對總成本多重要？第二，對全球競爭者有利可圖的此一事業，對公司競爭態勢有多重要？對某些產業來說，即使優勢領域只占總成本相當低的百分比，仍然不容小覷。此時，即使全球競爭只帶來些微成本或效能提升，也可能影響重大。

障礙在，不遠遊

妨礙取得全球競爭優勢的因素，可謂五花八門。這些因素加起來，可以完全阻止產業成為全球產業。即使就整體而言，全球競爭的好處遠比這些絆腳石重要，但對那些不從事全球競爭的國內公司而言，這些障礙因素仍可望帶來有用的策略利基。有些障礙屬於經濟性，可能提高全球競爭的直接成本；有些不見得會直接影響成本，但卻會增加管理工作的複雜度。第三類障礙則純粹和法令或政府約來有關，並不反映經濟環境。最後，還有些障礙只和產業現有成員的認知或資源限制有關。

一、經濟性障礙

❑ 運輸和倉儲成本。「集中生產」的經濟效益，和幾個不同國家專業工廠（及轉運）間「整合式生產」的效益，都會被運輸或倉儲成本所抵銷。像預拌混凝土、危險化學品、肥料之類產品的運輸成本高，所以必須在各個市場分別設廠——雖然生產成本本身，可因廠房規模超越個別市場所需而降低。但基本上，競爭是一個接一個市

場進行的。

❑ **不同的產品需求。**假如各國所需不同,全球競爭就會受到阻礙。由於文化、經濟發展、收入水準、氣候等因素作祟,各國市場所需的產品,除了會在成本、品質、功能之間互有取捨外,也會在風格、大小、以及其他層面有所不同。例如,電腦化縫紉機雖然正在美國與西歐打開銷路,但開發中國家需要的卻是較簡單的腳踏式機型。即使需求本質相同,不同的法律約束、建築條例、或技術標準,也會使不同國家的市場,需要不同的東西。這種多機型的生產需求,將妨礙我們取得全球規模經濟或阻礙學習,同時可能妨礙我們繞著地球找獲利(不同機型,意味著原料或零件需求也不同)。

不同產品需求所導致的全球競爭障礙,顯然要視公司因應各國所需的「改變成本」而定。假如只做表面處理,或不花太多成本(生產流程還算標準)就可大概應付,全球型公司仍可攫取大半全球規模經濟。

❑ **固若金湯的配銷通路。**如果我們必須在每個國家市場上,都取得配銷通路,就會阻礙全球競爭。如果客戶為數眾多,但個別採購量甚少,想要競爭取勝就必須和根基穩固的獨立經銷商搭上線。以電氣產品為例,這類單品(如負載中心或斷電器)的售價,因為小到不足以建立自有配銷通路。外國公司要打入固若金湯的配銷體系,便十分困難——除非它作出重大退讓(大到令自己卻步),否則配銷通路根本沒誘因來愛用外國貨。假如產業很新,或剛要起步,以致配銷通路不那麼穩固,瓶

頸就不難突破。同時，假如大量產品經由少數通路過關，而不須說服許多小通路，外國公司取得通路的機會也比較大。

❏ **推銷人員。**假如產品須由當地製造商派員直接推銷，它的國際對手就得面對規模經濟障礙（尤其對手的產品線範圍廣泛時）。這個因素會阻礙產業進一步走向全球。（醫學用品便是；因為它必須對醫生詳加說明，所以成本頗高。）

❏ **在地維修。**必須由當地工廠提供修護的產品，同樣令國際競爭者望而卻步。

❏ **對交貨期敏感。**流行周期短、科技變化速度快等因素所導致的交貨時間敏感，都會對全球競爭造成阻礙。集中化生產、產品開發、或行銷活動的地點與各國市場距離遙遠，就會延誤回應。對時裝業和配銷業來說，這些都是無法接受的缺點。假如當地需求本身有異，情形更糟。

此外，我們還要考慮，貨品在國際運送所需的實際時間。這段領先時間大致可說是成本，因為理論上每批貨都可空運（儘管費用高的嚇人）。重點是，就算我們用低廉方式運送，運送成本也不可能規避全球載運——運送時間實在太長了，實在無法及時回應。

❏ **地域市場內區隔複雜。**如果各國市場，都在競爭品牌之間具有相當複雜的「價格/功能」取捨心態，基本上就會阻礙全球競爭。複雜的市場區隔更會增加產品線的變化，更有能力去生產訂製品。生產額外花樣所增加的

成本，會有效削去整合式製造體系裡，集中生產的成本優勢。在地公司更應認清當地市場的各個區段，善加調適。

❏ **缺乏全球性需求。**如果大量主要國家之間，產品需求不存在，全球競爭就不可能發生也許因為產業很新，或因產品只適用於少數市場的特殊顧客群。

這種方興未艾的情況，也許意味著產業缺乏全球需求。這套觀念認為，最初引入產品的市場，足能讓產品屬性發揮最高價值的市場（如在高工資國家，推出節省勞力的創新產品）。久而久之，產品被模仿而擴散之後，其他國家的需求也跟著出現；於是，原創公司開始對外出口；最後，甚至進行對外投資。一旦需求擴及海外、技術散播後，外國公司也會按著進行海外生產。

當產業成熟，並帶來後續的產品標準化及價格競爭時，海外公司也許可在產業內取得重要地位（由於它們在產業發展一段時間後才加入，獲得成本優勢、或享有比較利益）。以上論點顯示：出現全球競爭之前，必須先達到一定的成熟度。（雖然，今天我們所需的成熟度，顯然比十年前低；因為，今日能快速將新產品散布至全球各地、且具全球競爭經驗的多國企業到處都是。）

二、管理性障礙

❏ **行銷任務不同。**即使風行全球的產品看來都很類似，但其行銷任務卻可能因地域而異。配銷通路的本質、行銷媒介、以及如何以省錢方式接觸客戶，都可能大相逕

庭。讓全球競爭者因而無法沿用由某一市場取得的行銷
知識,而且也很難和當地競爭者一樣,有效在地行銷。
雖然我們想不透,為什麼全球性競爭者就是不能將集中
式生產或研發工作,和地方行銷結合起來;但實務上,
這麼做實在很難管理。所以在某些行業裡,顧客可能基
於各式理由,還是偏好和當地公司打交道。

❑ **密集的在地服務**。如果說,展開密集的本土化行銷、服
務、或其他互動,是公司進行產業競爭的必要條件;那
麼,公司會發現自己在一個全球整合的基礎上運作,實
在很難和當地對手競爭。雖然我們以為全球化公司透過
分權單位執行這些功能;但在實際操作時,由於管理工
作太過繁複,以致還是當地公司反應較快。假如密集的
在地行銷與配銷誠屬不可或缺(不僅著眼於全球經濟效
益),則全球化公司由其他集中活動裡所取得的利益,
反而比不上當地公司。例如,就算一家全球化的金屬工
廠,可因跨國營運取得若干生產與技術利益;但如果密
集的在地行銷、隨叫隨到、以及迅速檢修比較重要,當
地公司就會表現更好。

❑ **快速變化的科技**。全球性公司在科技變化快速,以致產
品與流程必須頻頻修改,才能應付各地需求時,會發生
營運困難。此時,自給自足的國內公司就比較能隨遇而
安。

三、制度性障礙

❑ **政府障礙**。政府對全球競爭所造成的障礙很多,而且多

數假「保護當地公司或當地就業機會」之名。

○關稅規費——效果和運輸成本一樣,都會限制生產規模經濟;

○配額;

○官方或半官方機構(例如電話公司、國防承包商),對地方公司的優惠採購;

○政府堅持在地研發,或要求零件必須在地產製;

○租稅優惠待遇、勞工政策、或其他有利於當地公司的營運法規;

○反貪法案、稅法、或其他不利於國際營運的地主國政策。

政府障礙對在地公司(所有權屬當地)很有好處,也可要求公司在地生產,導致全球生產所帶來的經濟效益歸零。政府法規還可以迫使公司在特定國家只能銷售特定品型,使行銷實務因國家而異。

政府障礙最可能發生在比較「醒目」的產業,影響某些重要的政府目標(如就業、區域開發、策略原料的本地來源、國防、文化意義等)。例如,政府障礙就在電力發電與電信設備產業影響很大。

☐ **認知或資源障礙。**最後一種阻礙全球競爭的因素,與產業內現有公司的認知和資源限制有關。其實,認清機會、從事全球競爭本身就是一種創新。更特別是,這種認知可能涉及某些國際議題,範疇遠遠超過先前的國內活動。既存公司也可能缺乏必要的遠見。而且要在國際立足,所需資訊與研究成本相當高。這類世界級規模設

施所需的建造成本,或滲透新市場的開辦資金,都需要大量資源。也許早已超過現有公司的能力範圍之外(管理及技巧也是)。

產業內,幾乎都有全球競爭障礙存在。結果,即使是競爭性格大致可稱為全球化的產業,也保有若干「地方色彩」。而國內公司則在某些市場或某些市場區段內,由於某些阻礙因素特別顯著,而更有優勢。

| 翩翩起舞 |

少有產業一開始就是全球產業,但它們卻會慢慢經過一段時間,演化成形。稍後我們將討論,在創造全球產業時,最普遍的幾項引發因素——它們不是有助於建立或增強全球競爭優勢,就是有助於全球競爭障礙的減少或消除。然而,除非重大策略優勢出現,否則僅僅去除障礙,並不足以導致全球化。不管怎樣,經濟面或制度面變革固然可以創造潛力,但唯有公司採取策略性創新,產業才可能全球化。

引爆全球化的環境

- ❑ **規模經濟增加。**某些可增加生產、後勤、採購、研發方面規模經濟的科技進步,顯然可以觸發全球競爭。
- ❑ **運輸或倉儲成本降低。**運輸或倉儲成本的下降,顯然是促進全球化的誘因。過去二十年間來,運輸費用長期實質的下降,就是造成今天全球競爭增加的關鍵。
- ❑ **配銷通路合理化。**假如配銷通路源源不絕,外國公司取

得通路的負擔也許可以因而減輕。將通路加以合理化，也有類似效果。舉例來說，假如某產品的配銷通路，由許多各不相屬的零售商，移轉到幾家全國性百貨公司和大型連鎖賣場身上，外國公司取得配銷通路的壓力，就會大幅減少。

❑ **因素成本改變**。因素成本改變，將可大幅增強全球化。勞工、能源、原料等成本的提高，可改變生產或配銷的最佳配置狀態，使全球競爭更具吸引力。

❑ **國內經濟與社會環境範圍趨窄**。公司之所以需要變化產品及行銷手法、取得當地配銷通路，部分原因是由於不同地域市場的經濟環境有異所致。各市場的經濟發展程度、相對因素成本、收入水平、配銷通路本質、可用的行銷媒介等等，率皆不同。當各地域市場與某一特定產業的關係日趨密切，彼此經濟與文化環境愈來愈像時，只要該產業出現全球優勢來源，發生國際競爭的可能就會增加。例如，美國能源成本的上升，使得它和國外更同步，再加上美國與其他國家每人平均收入的差距縮小，導致汽車業者積極轉而生產全球銷售的小型車；汽車工業也更加全球化。相對於歐美的快速成長，遠東和南美地區則似乎使這些市場的經濟環境更接近消費性產品，結果形成更激烈的消費性產品全球戰。

❑ **政府限制減少**。政府的政策改變，進而取消配額、降低關稅、增進技術標準的國際合作等作為，皆有助於提高全球競爭的可能。例如，歐洲經濟共同體的形成，便促使美國在歐洲的直接投資大增。

變臉求創新

即使缺乏環境誘因，公司也可藉著策略創新，展開全球化。

☐ **產品重定義**。假如國家間必要的產品差異減少，其他因全球競爭而來的潛在優勢就可能浮上檯面。有時，國家間的產品差異，會自然而然的隨著產業的成熟及產品標準化而消失。然而，公司重新設計產品以後，可以使它們在許多市場上重新出擊。如通用汽車及幾家公司就推出「世界車」的做法。還有人經由行銷創新，重新定義產品的形象或概念，有時也有助於鬆綁。例如，本田（Honda）就把一款機車，在美國重新定義為實用、易駕馭、乾淨俐落的「運輸工具」，一改過去專給油膩、威猛、儡人、穿皮夾克人士騎乘的印象。日本本田加上美國市場之後，在機車生產上，獲取可觀的全球規模經濟。重新定義產品形象，也可降低取得配銷通路的種種困難。

☐ **找出市場區段**。即使產品在不同的市場必須有所區別，許多國家還是可能共有某些區段；但也可能未能好好服務。例如，日本和歐洲公司，就能在美國取得小型堆高機及小冰箱市場的重要地位。因為美國製造商並沒有好好照顧這些區段，只注意主戰場。這些區段所需的獨特技術、設施、及行銷手法，只有透過全球規模經濟，及國內公司無法可想的限制，才能建立。另一些市場區段則沒有那麼擔心全球競爭障礙的限制。對交貨時間最不

敏感的「長天期、高品質」印刷業區段，就以放眼全球著稱，其他區段仍以國境為界。

❑ **降低適應成本。**假如公司能找出方法，以較低的成本改變基本產品，迎合在地口味；那麼，由國界差異所導致的全球競爭障礙，就可獲得紓解。例如，松下（Matushita）企業號稱開發出一種電視接收器，接收 PAL（用於德、英）與 SECAM（用於法國）兩種截然不同的系統信號。而易利信（Ericsson）也無視於各國對電信轉換設備的需求差異，發展出一屋子組合套裝軟體，用來轉換共用硬體，適應地方情勢。凡在產品組合方面進行創新，使之便於調整或增加相容範圍者，都可能打開全球競爭的大門。降低特殊品項成本的生產科技變化，也會導致相同結果。

❑ **設計變革。**帶來零件更標準化（必須進行全球採購，才可取得規模經濟）的設計變革，或需要新零件（同樣有採購經濟效益）的變革，都可能引發全球競爭。

❑ **分散製造地點。**在某些產業裡，政府要求在地產製的規定，可以藉由「集中生產（全部或局部），在地組裝」，而迂迴規避。假如規模經濟主要來自其中一種或多種關鍵零件，則集中生產就會強烈激化全球競爭。

❑ **資源或認知限制的鬆綁。**新公司的加入將可消除全球競爭的各項資源限制。新成員也可採取全新策略、重新出擊，不受制於全球化前的包袱。日本及幾個亞洲國家的公司（香港、新加坡、南韓等），就相當成功地轉化了產業。

外國公司有時較美國公司更能認清產品重定位的可能，也較能認清機會，跨國服務市場，因為它們在母國市場已有這類競爭經驗。例如，日本機車廠商所面對的市場，長期以來一直把機車當作日用交通工具；歐洲公司之所以長期生產小冰箱，也是因為其居住空間一向比美國小。

進入大熔爐

許多產業裡，全球化的重要樞紐一直都是：「外國公司之所以能進入美國，是因為這個市場碩大無比」。認識到美國市場的策略本質之後，外國公司開始急於創新，以求取得管道。另一方面，由於美國公司本身就有大市場，所以不急於設計出適用全球的方法。

令人訝異的是，美國政府政策容許外人進入的情形，和許多其他國家比起來，實在是寬鬆得可以。這種自由，部分是來自協助日德戰後經濟復甦的德澤所致。

｜競逐全球｜

和國內競爭比起來，全球性產業競爭有幾項獨特的策略議題。這些問題本身雖然要靠產業、母國、和地主國共同解決。但以下卻是全球競爭所必須面對的。

❑ **產業政策與競爭行為**。全球產業的特色是：「不同國家的競爭者，各自以其母國為基地，進行全球營運」。進行競爭者分析時，尤須一併考量美國以外的公司及其母國政府──兩者關係複雜，涉及多種規範形式、補貼、

以及其他協助。從公用本身的觀點來看，母國政府通常都有一些並不純屬於經濟方面的目標（如就業、國際收支等）。政府的產業政策不但能塑造公司目標，提供研發經費，還會在許多方面影響公司的全球競爭地位。母國政府可以協助公司在世界市場進行磋商談判（重型營造、飛機製造業）；還可透過中央銀行，幫助公司籌資銷售（農產品、國防產品、船隻等）；或運用政治籌碼，增進公司在其他方面的利益。某些情況下，母國政府可藉部分擁有或完全擁有，直接介入公司營運。這些支援的後果就是，退出障礙很可能提高。

全球產業的競爭者分析，在公司和母國之間的關係未經徹底檢視前，就不可能進行。母國的產業政策，以及母國政府與該產品主要市場政府之間的政經關係，也必須好好了解。

全球性產業內的競爭，通常都會因政治考量（未必與經濟有關），而遭到扭曲。採購飛機、國防產品、或電腦時，除了要看公司產品是否優於對手，也要看母國與採購國之間的政治關係而定。道意味著：全球產業的競爭者不僅需要大量政治訊息，而且公司與母國及採購國政府間的特定關係，也具有相當的策略重要性；也許一定要採取某些行動，來累積政治資本。例如，即使不合經濟效益，也要在主要市場進行裝配。

❑ **與主要市場地主國政府之間的關係。**公司與主要市場地主國政府間的關係，對於全球競爭非常重要；因為地主國「政府」手中握有各種可阻礙全球性公司營運的機制。

在某些產業，政府就是主要買主；其他產業中，它們的影響則比較間接，強度卻並無二致。喜歡行使權力的地主國政

府，也許會全面禁絕全球競爭；也許會在同一產業內，創造出許多不同的策略群。杜茲（Doz）所作的研究中，指出了三個策略群。第一群以「協調整合」為基礎，進行全球競爭。第二單是不強調整合的多國籍企業（通常市場占有率較低），而強調「因地制宜」。這些公司不但能逃避政府所設下的多項阻礙，還可能實際獲得地主國政府支持。最後，第三群則由「當地公司」所組成。對國際公司而言，對地主國政府關切之事可回應到什麼程度，就成了一項關鍵。

嘗試進行全球競爭的公司，也許必須在某些主要市場競爭，以取得必要的經濟效益。例如，公司也許需要某個主要市場的「數量」，以滿足全球生產策略。因此，我們很需要從策略的角度出發，在這些市場上保護自己，影響其執行整體全球策略的能力。這時，地主國政府在這些國家的議價能力就產生了，而公司為了保存整體策略，必須作出讓步。例如，製造電視與汽車的日本公司，就必須在美國生產部分產品，以滿足美國的政治關切，維持在美銷售量（這是它們全球競爭優勢的關鍵來源）。另一個例子是IBM的當地雇用政策──在不同國家之間平衡「公司內部」的貨物運送，以及在當地進行某些研發。

❑ **整個系統的競爭。**「全球產業」在定義上，指的是公司視競爭為全球活動，並據此建立策略，所以在市場地位、設施與投資等方面，形成一套協調整合的全球模式。競爭者的全球策略，通常在不同市場或生產地點上只會局部重疊。從整個組織系統的觀點來看，也許只需在特定市場及地點從事防禦性投資，競爭者就無法收割

歸屬於整體全球地位的優勢。

❑ **競爭者分析的困難**。在全球產業裡，由於外國公司充斥，且須分析全套組織系統，所以分析起來格外困難。一般來說，外國公司的資料都比較難取得。此外，分析起來，也要考慮一些難以為外人所理解的組織面因素——如勞工行為、管理結構等。

| 成功出走 |

全球產業的基本策略選項有好幾個。最基本的抉擇是：它是否「一定要」進行全球競爭？還是可以找到其他利基，建立防禦性策略，以便在某些國家市場競爭？這些策略選項如下：

❑ **產品線廣泛的全球競爭**。此一策略的目標，就是將該產業的整個產品線，都投入國際市場；利用全球競爭優勢的各項資源，形成產品差異，或取得整體低成本地位。此一策略需要大量資金，及長期抗戰的決心。而為了創造最大競爭優勢，公司與政府的關係重點是：致力減少全球競爭障礙。

❑ **全球焦點**。此一策略對準了產業特定區段，並以此為目標，讓公司在區段內從事全球競爭。選定這個區段的原因，是因為此處造成全球競爭的阻礙不但最少，而且還可以在此防範產品線廣泛的全球競爭對手進犯，並取得低成本地位，形成產品差異。

❑ **國家焦點**。此一策略利用各國市場的差異，創造出一種在特定市場集中焦點的做法，使公司勝過競爭對手。這

種焦點策略的變體，目的在藉由鎖定差異化或低成本優勢，滿足某國市場的特定需求，或鎖定最受全球競爭經濟限制的某些區段。

❑ **尋找受保護的利基。**某些國家會藉由各種政府限制排除全球競爭者。例如，要求在產品裡必須有高比例的本地產製成分，或課徵高關稅等等。所以說，公司必須有效因應這類具有限制的特定國家市場，且極度關注地主國政府，讓此項保護措施繼續保有效力。

有些全球產業裡，實施全國焦點或尋找受保護利基是不可行的——因為沒有任何因素會阻礙全球競爭；但也有些，全球產業可採用這些策略來對付競爭對手。愈來愈受歡迎的手法是透過「跨國聯盟」，或在同產業不同母國的不同公司間訂定「合作協議」，來執行更具雄心的全球產業策略。運用「聯盟」方式可讓競爭者集合眾力，克服執行全球策略的困難（科技、行銷通路等領域）。聯盟行動在飛機（奇異和Snecma）、汽車〔克萊斯勒與三菱、富豪（Volvo）與雷諾（Renault）〕、電氣產品（西門子和Allis、Chalmers等），正方興未艾。

｜望、聞、問、切｜

在這個討論架構下，我們似乎還可有出幾股對既存全球產業或對創造新興產業都極重要的趨勢。

❑ **國家之間差異縮小。**許多觀察家指出，已開發國家與新興工業化國家之間的經濟差異，在所得、因素成本、能源成本、行銷實務、配銷通路等方面，都會愈來愈小。

部分原因是由於多國籍企業積極地將其技巧散布全世界。但無論如何，它們都有助於減少全球競爭障礙。

☐ **產業政策更主動**。許多國家的產業政策不斷改變。現在的日本、南韓、新加坡、西德等政府一改被動或保護姿態，開始主動出擊，刺激精選出來的產業進行發展。它們同時協助一些不適合該國發展的產業結束營業。此一新產業政策，讓這些國家產業有了大膽行動的靠山，進而轉型為全球產業。例如大量設廠，以及投入大筆先期資金，以便打入新市場等。所以，儘管公司會從不受政府青睞的產業中消失，但留在全球產業的公司，舉措卻會異於以往。隨著後者愈來愈受政府支持，公司可用於競爭的資源及利害關係，也會跟著增加。因政府介入而備受重視的非經濟性目標，也會愈來愈有影響力。這些因素可能造成國際對立態勢升高，退出障礙升高，進而促進國際競爭。

☐ **國家認可並保護特殊資產**。各國政府似乎愈來愈能從經濟競爭的角度，察覺自己的特有資源，並愈來愈盼望運用這些資產所有權，攫取經濟利益。如石油、紅銅、錫、橡膠等天然資源就是最明顯的例子──它們不是透過政府所有權來直接控制，就是透過與生產者合資而間接控制。其次，七〇年代南韓、台灣、香港的大量低工資半技術或無技術勞工，則是另一項可見資產。這類特有資源的積極運用，正反映出政府的產業政策哲學發生了變化。

進行全球競爭時，此一姿態對這種受保護資產具有相當重

要的策略意義。外國公司也許根本無法有效控制關鍵資源。以石油為例，政府方向的調整，已導致石油公司的策略方向也跟著調整——它不再密集零售，或採取其他著眼於生產階段的獲利活動，轉而在每一個垂直階段追求獲利。其他產業的這類調整，也可為母國某些公司帶來全球競爭的若干基本優勢。

❑ **更自由的技術流通。** 更自由流通的技術，會使得許多競爭者（包括新興工業化國家在內），都有能力投資建立現代化的全球規模設施。某些公司（特別是日本公司）變得熱中向海外銷售技術，還有一些已購得技術的公司，願意低價轉售。

❑ **新興大型市場慢慢崛起。** 由於市場超大，美國一向是兵家必爭之地。中國、俄羅斯、印度，最終也可能成為未來的大型市場。此一可能具有多項意涵。首先，假如中國和俄國控制了進入通路，該國也許會變成重要的全球強權。其次，取得這些市場的進入通路，將成為影響未來的一項關鍵策略變數，因為成功的公司將可拿下很大規模的市場。

❑ **來自新興工業化國家的競爭。** 過去十至十五年間出現了一個現象，那就是新興工業化國家（尤其是台灣、南韓、新加坡、巴西）的崛起，利用其廉價勞工或天然資源等傳統優勢，持續不斷的參與競爭（如紡織、玩具、塑膠產品等輕型製造業）。然而，新興工業化國家的競爭，也對某些資本密集產業（造船、電視機、鋼鐵、纖維業等）造成愈來愈大的衝擊，不久甚至可能波及汽車業。

　　基於以上所述，新興工業國家可能斥鉅資進行大規模的設施投資，積極尋求新科技、爭取授權、或承擔高風險。缺乏下列進入障礙的產業最難抵抗新興工業國：

○快速的變動科技（維持獨家專享）；

○高技術勞工；

○對交貨期敏感；

○複雜的配銷與服務網；

○高度消費者行銷：

○複雜而具技術性的銷售任務。

　　這些因素雖然可能不會絆倒已開發國家競爭者，它們卻是新興工業化國家的燙手山芋。因為這些國家的公司無法解決資源與技術所需問題，而且經驗不足，又缺乏信譽與關係。再加上各地情況殊異，以致無法了解自己在已開發國家的傳統市場將碰到什麼樣的考驗（例如，配銷、消費者行銷、與銷售）。

第三部

最後的對決

策略決策

Competitive Strategy

競爭策略

第十四章

打通任督二脈

垂直整合的策略分析

　　所謂的「垂直整合」，就是將那些技術上截然不同的生產、配銷、銷售、及其他經濟流程等，結合在單一公司進行。這麼做代表了公司決定利用「內部或行政交易」，而不透過「市場交易」來達成經濟目的。

　　例如，公司原本可以透過市場，和某家獨立銷售機構簽約，負責提供服務；但如今卻擁有自己的一支推銷隊伍。同理，原本可能和某家獨立採礦公司簽約、由其供應原料的一家公司，如今卻自行開採並製成最終產品。

　　理論上，目前由單一公司包辦的所有功能，都可由一大堆獨立的經濟實體組合執行，各單位再集中和一個簡單的協調中心簽約（只要一張桌子和一名經理）。事實上，部分圖書出版或唱片業者就差不多是這個模式。許多出版商將編輯、版面設計、插畫、印務、通路、銷售工作統統外包；本身只保留出版決定權，以及行銷、財務兩項工作。某些唱片公司也同樣把工作發包給獨立藝術家、製作人、錄音工作室、唱片壓縮廠、以及配銷與行銷組織，以利創作、製造、銷售。

　　然而，在大多數情況下，公司都會發現自行執行大部分所必要的行政、生產、配銷、或行銷等流程，會比外包給許多獨立個體更有利。它們相信，內部執行可以讓公司更省錢、更保險、也更容易協調聯繫。

資金、效益及整合

　　許多垂直整合的決策，都建立在「自製或外購」的架構上，只強調財務計算這類決策細節；也就是說，它們一心只想到估算整合所能省下的成本，是否能與所須資金達成平衡。然

而，垂直整合決策所涉及的層面，其實還更寬廣。

垂直整合決策的本質，不在財務考量本身，而在考量這些計算背後的數字。決策時，不能只想到成本分析以及所需的投資，還要考慮整合時，更廣的各種策略議題；以及管理垂直整合事業體所會遇到的某些「令人混淆不清」的行政難題──足以影響整合成敗。這一切都不易量化。垂直整合決策的成本與效益〔例如有多大的影響與策略重要性（直接的經濟層面，和它對公司間接造成的影響）〕，才是本項策略的精髓。

本章將檢視垂直整合所造成的經濟與行政後果，並在策略架構下，協助經理人選擇合適的垂直整合，決定建立或解散。為了在策略上找出對公司最適當的垂直整合，我們先要平衡垂直整合在經濟與行政上的效益與成本。這種平衡關係以及特定的效益及成本本身，皆會視特定產業及公司特定策略處境而不同。這種成本及效益問題，也會受公司打算「漸進整合」（部分自製，部分外包），或「完全整合」影響。同時，整合的許多效益，也可以用「準整合」方式（quasi-integration，即利用負債、淨值投資或其他方式，使垂直相關的公司形成聯盟，而不須取得所有權）獲得，不致引發全部成本。

此處所呈現的架構，並不是一套「公式」，而是一種「指引」；一方面可用來確定經理人已考慮了垂直整合所帶來的重要效益與成不，一方面則可讓經理人敏於察覺若干常見陷阱；而且提出可能替代方案，以獲取同等利益。這套架構必須與特定研究狀況下的詳細產業與競爭分析，及決策公司的審慎策略評估併用。

｜上下一心｜

　　雖然在任何決策中，策略整合都相當重視一般性成本效益；但重要性如何，則視特定產業而定。這些考慮在向前或向後整合中都很適用，只不過角度上必要作些調整。為了討論方便起見，我把垂直鏈中的賣方，稱為「上游」公司，把買方稱為「下游」公司。

生產力與效率規模

　　垂直整合的效益，首重公司向鄰接階段買（賣）產品或服務的「數量」，和該階段效率生產設施的「規模」。讓我們先舉個「向後整合」的例子來說明。凡有意進行後向整合的公司採購量，必須大到足以支撐一個相當規模的內部供應單位，以便完全獲取該「投入項」的生產規模經濟，否則公司就會陷於兩難──它必須接受內部自行生產投入項所產生的成本不利；要不然就得在公開市場，銷售一部分上游產品。然而在公開市場兜售過剩產品實非易事，因為公司也許會不小心賣給競爭對手。假如公司需求不超過效率單位的規模，便須負擔若干整合的成本，按下來就該考慮收益了──公司可不是要建立未達效率規模的小型設施，用來自給自足的；或建立達到效率規模的大型設施，同時承擔在公開市場上的買賣風險。

要怎麼收穫，先怎麼栽

（一）整合的經濟效益

假如傾全力生產的結果足以取得應有的規模經濟，則「垂直整合」最常被提及的效益就是：在聯合生產、銷售、採購、控制、及其他領域，達成經濟效益，或節省成本。

❑ **合併運作。** 把技術上全然不同的作業結合在一起，會讓公司更有效率。以製造業來說，這項行動可減少生產流程步驟、降低處理成本、減低運輸成本；而且還會充分運用某一層級裡原本不可分割（如機器時間、實際空間、維修設施等）的閒置產能。在熱軋鋼的典型例子中，假如製鋼與軋鋼整合，那麼在進行熱軋時，鋼胚就不必重加熱。金屬也就不必在下一道作業之前，預作表面處理，防止氧化；閒置的「投入項」（如特定機器的產能），則可以在這兩道流程中，都派得上用場。設施可以置放在彼此靠近的地方；就像許多大量使用硫酸的產業（如肥料公司、石油公司）向後整合一樣。踏出這一步，可去除運輸成本；對硫酸這種危險又難處理的產品，更可節省大筆運費。

❑ **內部控制與協調。** 公司整合以後，對於安排時程、協調作業、應付緊急狀況的成本皆可望降低。整合的單位因為彼此靠近，所以有助於協調聯繫與控制。「自己人」也比較會把姊妹單位的需求放在心上，不須為了應付未能預知的情況，預留太多閒置空閒。原料供應更穩

定、或交貨更順利，結果公司更能控制製造時程、交貨流程、以及維修作業。因為供應商未交貨所損失的收益，將遠低於生產中斷的成本，因而很難確保他們準時交貨。此外，產品改款、重新設計、或推陳出新也可能較易透過內部協調來進行，更快進入情況。這種效益控制，可以削減閒置時間、庫存需求、以及減少控制人員。

❑ **資訊**。作業整合可以減少蒐集某類市場資訊的需要，降低取得資訊的整體成本。用來監控市場，與預測供給、需求、價格所需的固定成本，也可由整合後的各部門分攤，不然每一個事業體都必須分別承擔。例如，整合後的食品加工業者，就必須在垂直鏈上的每一段，用上最終成品的銷售預測。同樣的，市場資訊在組織內的流通，也會比在一系列獨立個體，來得更順暢。所以說，「整合」可使公司獲得更快、更正確的市場資訊。

❑ **規避市場交易**。公司可藉由「整合」，節省因透過市場交易而產生的部分銷售、比價、議價、交易成本。雖然內部交易通常也需協商，但因而產生的成本應該不會像對外銷售或採購一樣高。因為它不需要推銷人員，也不需要行銷或採購部門；此外，也不需要促銷，及其他行銷成本。

❑ **穩定關係**。如果大家都知道採購與銷售關係穩定，上下游部門也許就能發展出更有效率、更專業的程序來因應彼此（獨立供應商或客戶會在交易過程中，受到對手擠壓，所以無法做到）。用來應有客戶或供應商的專業程

序，包括了：專業化後勤體系、特殊包裝、獨特的紀錄
與控制方式、以及其他咦能節省成本的互動。

穩定的關係也讓上游單位得以調整產品（品質、規格）來
適應產品調性、對下游單位的確切需求、或讓下游單位更有彈
性地配合上游單位的特性。在沒有垂直整合的情形下，獨立個
體如果彼此緊密相關，在進行調適時就必須付出風險溢水，使
成本更高。

❑ **垂直整合經濟的特色。**整合的經濟效益，是垂直整合分
析核心的原因，不僅因為它對整合自身、外在都很重
要，而對以下整合議題也很重要。它的重要性顯然各個
公司都有不同，依其策略及長處與弱點而定。例如，採
取低成本生產策略的公司，就會比較重視各種經濟效
益。同樣的，行銷能力有缺失的公司，也可藉由迴避市
場交易，節省較多成本。

（二）跨入技術領域

垂直整合的第二項好處，是可以慢慢走入技術領域，使公
司熟悉上下游事業的某些基礎關鍵技術。例如，許多電腦主機
及迷你電腦公司開始向後整合，進入半導體設計與製造業，更
認識此一科技。許多領域的零件製造商也向前整合成為系統，
發展出一套複雜的認知體系出來，了解零件如何使用。為了技
術而整合的做法，通常都是漸近或局部的；因為完全整合會帶
來若干技術風險。

（三）確保供需無慮

「垂直整合」能確保公司在緊急階段，仍能取得供應；或

在整體需求低迷之際，仍可找到出路。不過，整合只能保障下游吸收能力所能及的上游。吸收能力如何，顯然要看競爭狀況對下游單位需求的影響而定。假如下游產業的需求下降，內部供應單位的銷售量或許也低，對內部供應單位的需求，也會跟著降低。因此，整合或許能降低公司被客戶拒絕往來的風險，但無法實際保障需求。

雖然垂直整合能降低供需的不確定性，避免價格波動，但這並不表示，內部移轉價格不會反映市場混亂。在整合的公司內部，產品會在單位間以移轉價格在內部轉來轉去，反映市價，以確保每一個單位都會好好經營。假如移轉價格偏離市價，原來在開放市場賣得好的，等於必須補貼另一個單位。這種情況下，上下游單位的經營者，也許會根據這些人為干預價格作決策，結果降低該單位的效率，傷害它的競爭地位。例如，假設某個上游單位供應給下游的價格，遠比市場公開價格低，公司整體就可能受害。那些根據人為低價做事的下游經理人，則設法擴充該單位的市場地位，接下來要求上游單位以補貼價格，供應更多產品。

因此，確保供需這件事，不應視為市場上下游「已有完全的保護」，而應視為「減低供需影響的不確定」。既然青黃不接的風險降低；供應商或客戶又忠心不貳；在緊急狀況下，必須支付高於平均市價的價格才能應變的風險也低；照理說，上下游單位應該都能夠作更好的規劃才對。當上下游屬資本密集階段時，削減不確定性的做法尤其重要；如石油、鋼鐵、鋁土等產業。

（四）抵銷議價力量及投入成本的扭曲

假如公司必須和議價力量強大的供應商或客戶打交道，且可獲得高於資本機會成本的報酬；那麼，整合即使無法再省一毛半錢，對公司還是值得。透過整合來抵銷議價力量，不僅能降低供應成本（向後整合），或提高實際售價（向前整合），還能讓公司運作得更有效率，不再採取一些沒價值的做法。相較於公司所屬產業，供應商或客戶的議價力量，將受其各自所屬產業的結構而定。

透過向後整合來抵銷議價力量的做法，還有其他潛在利益。將某一投入項供應商所賺的利潤加以「內化」以後，就可以讓我們看出該投入項的其實價格。接下來，便可選擇是否在整合前，調整最終成品價格，以創造整體雙贏的最大利潤。公司知道投入項的其實價格以後，也可以改變下游製造流程所需的投入項組合，提升營運效率，進而也可增益整體獲利。

雖然從公司的角度看，了解原料的真實機會成本並作調整配合，好處相當明顯。但我們必須注意，傳統的移轉訂價（transfer pricing）政策會阻礙公司獲得利益。假如某投入項的外部供應商擁有議價力量，依市場價格所作的內部移轉，將會高於該投入項的其實機會成本。不過，以管理激勵效果來說，市價移轉可以產生若干行政上的效益。

（五）增強差異化能力

垂直整合將可增強公司差異化的能力，並與其他公司有所區隔——公司既能掌控經營，提供的附加價值也會更多。例如，垂直整合可使配銷通路得到更妥善的控制、提供更優良的

服務、或透過自製專屬零件，多多創造差異化。

（六）提高進入及移動障礙

假如垂直整合能帶來以上好處，移動障礙就會因而提高。這些好處可讓整合的公司比整合前多些競爭優勢──不但價格更好、成本更低、風險也更低。如果不整合，就會屈居下風；產業新成員也不得不被迫先整合。整合的淨效益愈大，其他公司必須整合的壓力也愈大。假如整合帶來的規模經濟顯著，或資本要求障礙過高，則此種迫切感，將提高產業內的移動障礙。反之，假如規模經濟與資本要求不大，則整合的迫切感，就對競爭沒有太大影響。

（七）更上一層樓

有時，公司的整體投資報酬可因垂直整合而提高。假如考慮整合生產階段的投資報酬，大於公司資金的機會成本；那麼，就算整合沒什麼經濟效益，這樣做還是有利可圖。常然，正在整合的公司在計算鄰接產業的投資報酬時，一定要把克服該階段進入障礙的成本也納入，不能只考慮現有產業的投資報酬。因此，與其他可能加入者相比，整合還是具有某些潛在優勢。

（八）防範封鎖

即使整合並沒有甚麼正面效益，但我們還是要設法防杜對手因整合而壟斷上下游。競爭對手的廣泛整合，可能綁住許多供應來源、理想客戶、或零售管道。結果，未整合的公司只能人棄我取；於是，這些殘餘的供應商或客戶品質就會處於劣

勢。一旦遭受封鎖，進入配銷通路的「移動障礙」就會提高，或取得合適原料或供料商的「絕對成本障礙」提高。

公司如果不進行整合，就會面對被排除在外的劣勢；客戶或供應商被封鎖的比例愈高，情況愈糟。同理可證，產業新成員也必須先整合再加入。而必須整合的壓力，也會提高移動障礙。這種問題，在美國水泥和製鞋業也引發了許多公司進行防禦式整合。

有得必有失

垂直整合的策略成本，基本上包括了進入成本、彈性、平衡、管理整合公司的能力、以及使用內部組織誘因與市場誘因等。

（一）克服移動障礙的成本

要垂直整合，公司顯然必須克服移動障礙，才能在上下游競爭。不管怎麼說，在進入新行業的一般策略選擇中，「整合」都算特別（雖然常見）。由於內部買賣很可能是垂直整合所致，因此正在整合的公司，通常可以快速超越某些移動障礙（如取得配銷通路或形成產品差異），進入毗鄰行業。然而，假如障礙是由技術專屬、或原料取得來源有利而來，要克服由這種成本優勢所導致的障礙，就必須付出成本。最常發生垂直整合的金屬容器、噴霧包裝、硫酸產業，由於技術廣為人知，工廠不必太大就可達到起碼的效率規模。

（二）拉高營運槓桿

垂直整合將增加公司固定成本所占的比率。例如，公司

在現貨市場上購買某種投入品的一切成本都是變動的。假如
該投入是內部自製，公司必須承擔生產所涉及的一切固定成
本——即使景氣轉壞或其他原因導致需求降低。由於上游事業
銷售額衍生自下游事業銷售額；所以任一事業發生波動，都會
帶動整個垂直鏈發生波動——可能由產業循環引起，也可能由
競爭或市場開發引起。因此，整合會增加公司的營運槓桿，將
使收益的周期震幅更大。從這個觀點來說，雖然整合對風險的
淨效果如何，要看它是否減少其他層面的事業風險而定；但垂
直整合無疑會提高事業風險。至於到底會在特定事業裡，拉抬
營運槓桿到什麼程度，則要看固定成本所占比率而定。假如事
業的固定成本低，營運槓桿增加的有效程度就會有限。

寇帝斯出版公司（Curtis Pubishing Company）就是一個因
廣泛進行垂直整合，而創造營運槓桿風險的好例子。寇帝斯為
供應它為數甚少的幾種雜誌——主要是《週末晚郵》（Saturday
Evening Post），建立了一個龐大的垂直企業體。當一九六〇年
代末期，該雜誌陷入困境時，對整個寇帝斯集團的財務績效，
造成毀滅性衝擊。

（三）你健康，我快樂

垂直整合意味著，某個事業單位的成敗，起碼有部分是公
司內部「供應商」或「客戶」（也許是配銷通路一所引起的。
技術變革、零件改變設計、策略失誤、或管裡問題，都可能導
致內部供應商的產品或服務成本偏高、品質低劣、或不符所
需、或導致內部客戶或配銷通路失去市場地位，因而不適合繼
續當客戶。和發包比起來，垂直整合又提高轉換成本。例如，

加拿大著名的菸草製造商伊瑪斯科（Imasco），就向後整合，進入成品所用的包裝材料產業。然而，技術的變革導致這種包裝比上不足，該公司卻又沒有能力生產。經過千辛萬苦，終於脫售。羅勃霍爾（Robert Hall）男裝所遇到的困難，也有部分可歸咎於完全倚賴自製。

要了解這類風險的範圍，就要實際評估；內部供應適或客戶遭遇麻煩的可能，以及外部或內部變化是否很可能迫使姐妹單位進行調適。

（四）整體退出障礙更高

會進一步增強資產專門化、策略互動關係、或與某事業清感連繫的整合，都可能提高整體退出障礙。而且可能影響任何退出障礙（見第十二章）。

（五）資金要求

和獨立個體打交道，用的是外人資金；但垂直整合所消耗的資金卻會在公司內產生機會成本。垂直整合所創造的收益，必須不小於公司資金的機會成本，才符合本章策略考量，「整合」也才會成為一項好選擇。即使整合的好處很明顯，但假如公司打算進入獲利潛力偏低的行業（如零售或配銷），這些好處也許不足以將整合的收益提高至公司門檻之上。

這個問題可用公司所考慮整合的上下游事業資金需求來說明。假如相較於公司籌資能力而言，資金需求可能偏高；那麼，再投注資金，就會讓公司在他處承受策略風險；也就是說，將挪用到其他地方的所需資金。

整合也會減少公司分配投資資金的彈性。既然整條垂直

鏈的績效有賴於每一環節；公司為顧全大局，也許會被迫投資某些不重要的環節，無法讓資金好好配置。例如，有某些供應原料的大型公司整合後，由於缺乏進行資金進行多角經營，以致受困於低收益事業而動彈不得。因為整合後的資本密集式營運，消耗掉大部分可用資金，只為保全營運中的資產價值。

（六）對外關係遭封鎖

整合後，也許就切斷了供應商或客戶的技術互動。「整合」通常意味著公司必須扛起責任來，自行開發技術，不再倚賴他人。假如公司不打算整合，供應商就願意積極支持公司進行研究、工程支援等。

假如市場上有許多獨立供應商或客戶從事研究，或者研究規模甚大，或擁有特別難以仿冒的訣竅，那麼，技術封鎖就可能成為一大風險。我們想藉整合直接跨入相鄰事業技術之時，此種風險絕對難免；不過，若因此因噎廢食，也有風險，兩者可相互平衡。即使公司只是部分整合，仍在公開市場上買賣，它還是在冒險排除科技；因為整合將使公司與供應商或客戶產生競爭關係。

（七）維持均衡

公司上下游單位的產能必須維持均衡，不然就會問題叢生。垂直鏈裡，擁有過剩產能（或過剩需求）的某階段，必須在公開市場上出售部分「產出」（或購買部分「投入」），否則就會損及市場地位。常會迫使公司和對手進行買賣的垂直關係，則會讓這種作法別具困難。因為對手害怕屈居第二，或想避免強化對手地位，而不願和公司打交道。反之，假如過剩產

品可輕易在公開市場出售，或投入品的過剩需求可輕易得到滿足，不均衡的風險就不致太大。

　　造成垂直鏈各階段失衡的原因很多。首先，兩個階段之間，產能效率的增幅通常不夠均等，即使是成長中的市場，還是會出現短暫失衡的現象。某一階段的技術變化，也許會帶動方法改變，使該階段產能有效增加；而在產品組合與品質方面的改變，則導致各垂直階段的產能呈現不均現象。

（八）褪色的誘因

　　垂直整合下，買賣關係別無選擇。因而減弱上游事業的表現動機，因為它只負責對內銷售，不靠業務競爭。相反的，向公司內部其他單位採購時，議起價來，也不會像對外面議價時那麼無情。所以，內部交易會減弱誘因。但同時在審核內部擴充產能的計畫或買賣契約時，也可能不夠嚴格。

　　這些褪色的誘因實際上是否會減弱垂直整合公司的績效，還要看垂直鏈上規範各行政單位關係的管理結構與程序是否發揮功能而定。我們經常看到，公司的內部交易政策寫道：如果內部單位缺乏競爭力，經理人可自行決定是否使用外部產品，或售予外人。然而，光有這類程序還不夠。決定是否內舉不避親時，各單位經理通常都得負舉證責任，必須向最高經營層解釋；而大多數經理人都會避免因此與最高經營階層互動。此外，組織內部的公平意識和同志情誼，也會使「公事公辦」的合約極難履行──尤其是某單位收益極低，或不採購就會嚴重受困時。然而，這卻也是最需要公事公辦，保持距離的時刻。

　　以上困難，會帶來所謂的「爛蘋果」（bad apple）的問

題──假如上游或下游單位有了毛病（策略上或其他方面），
問題就可能蔓延到健康的夥伴身上；有些單位可能要被迫（甚
或自願）接受較高成本，解救遭遇麻煩的單位；或接受成本
高、品質差的產品；或以較低價格從事內部銷售。就策略的角
度看，這種情況可能對健康單位造成傷害。假如母公司真的打
算伸出援手，最好還是直接補助或支援，而不透過姐妹單位。
然而，由於人性使然，即使最高經營層了解這點，要冷酷以待
並不容易。所以，病弱單位的存在，可能會危及健康單位。

（九）管理要求殊異

　　就算已有垂直聯繫，各事業單位間的結構、技術、與管理
還是可能各異其趣。金屬的初步開採與製造就相當不同；一方
資本非常密集；另一方則否，但必須密切監控生產，而在服務
與行銷方面，也強調因地制宜。製造與零售基本上是不同的。
如何管理如此不一樣的事業，可能是整合所必須付出的主要成
本，也可能在決策中引入重大風險因素。能把垂直鏈一環經營
很好的同一批管理階層，卻可能無法有效管理另一環。因此，
對於垂直相關的各事業單位來說，套用一般的管理手法和一般
假設，只會適得其反。

　　然而，由於垂直連繫的事業單位彼此間相互交易，因此從
管理的角度看來，我們很可能在有意無意中把它們一視同仁。
組織架構、控制、激勵、資本預算編列綱領等，及其他由本業
而來的管理技巧，都可一體適用於上下游。同樣地，由本業經
驗發展而來的判斷與規則，也可套用於開始進行整合的事業。
這種將相同管理風格套用於不同單位的傾向，是整合的另一項

風險。

評估垂直整合的策略成本與效益時，不僅必須檢視眼前，也要考慮產業結構未來的可能變革。以今日來看，整合所產生的經濟效益似乎很小，但等產業更成熟，就會變大；或者，產業成長以及公司成長，說不定會讓公司很快就支援某個具有規模效率的內部單位。要不然，技術變革的減緩，也會減低被某個內部供應單位死纏不放的風險。

前向整合的特定議題

除了前面提過的整合的成本效益以外，向前整合還有好幾項特定議題。

❑ **創造產品差異的能力更高。** 向前整合可以讓公司更成功地讓自己與別人有所區別，因為公司能控制更多製程元素或產品銷售方式。德州儀器之所以向前整合進入手表、計算機等消費性產品，建立品牌形象，其中的電子零件，基本上都是必需品。經營養牛場的曼福德公司也向前整合，介入肉品包裝與配銷，部分目的就是要建立自有品牌。

既提供產品維修、又銷售產品，能讓公司產生特色（雖然產品本身不見得比對手優異）。有時，向前整合進入零售業，能讓公司掌控推銷員的表現、店面硬體設施與形象、推銷人員的動機、以及其他有助於產品差異化的零售要素。而在所有這些案例中，整合的基本概念是增加附加價值，提供差異化的基礎──這是未整合的單位所無法提供的。但增加產品差異性的同時，公司也可能

在不知不覺中提高了移動障礙。

❏ **取得配銷通路**。向前整合能解決配銷通路問題，並移去
通路所擁有的一切議價力量。

❏ **更易取得市場資訊**。在垂直鏈上，產品的潛在需求，往
往決定於前面某個階段。這個階段會決定生產上游階段
的需求大小及組合。各類建材需求，就是承造商或開
發業者在平衡了客戶對可用材料的品質與成本要求之後
所形成的。在此，我們把制定這些關鍵性市場決策的階
段，稱為「需求領先階段」。

向前整合接近（或介入）「需求領先階段」，可讓公司取得
重要的市場資訊，進而使整條垂

直鏈運作得更有效率。簡單說來，公司因而得以早日決定
產品需求量，不必從客戶訂單裡間接推斷。詮釋客戶訂單的工
作非常複雜，因為中間每個階段都會囤積存貨。所以早日取得
市場資訊，不但可以更合宜的調節產量，也可降低過剩或不足
所帶來的成本。

資訊帶來的效益也許不僅止於適時取得需求量的訊息。藉
著參與「需求領先階段」的競爭，公司可以適時取得各種一手
資訊；早一點知道產品最適組合、客戶品味趨勢、以及競爭發
展狀況。這種資訊不僅有助於公司在上游階段，迅速調整產品
特色和組合，並可降低調適成本。

許多公司都會或明或暗地在事業裡，採取與「需求領先階
段」整合的策略。在加拿大數一數二的珍士達公司（Genstar
Ltd.），就從原來的水泥及建材業向前整合，跨入房屋建築與重
型營造業。加拿大的英達爾公司，則從原來的金屬滾軋、射出

377

　　成形、塗布處理等，向前跨入成品製造。這兩家公司都非常重視市場資訊，也以此作為向前整合的合理藉口。

　　為此目的而進行的向前整合究竟有何效益，還要看「需求領先階段」的市況變動程度而定（不管生產的目的是為了要累積存貨，還是要照單生產）；以及公司不需借助整合，就能取得前方市場資訊的能力而定。營造業和金屬品製造業最終需求的周期循環速度很快，組合變動也快。需求的周期循環、時有時無、變動不居，都增加了及時資訊的價值。假如最終需求極穩，從客戶處取得的市場資訊也許已足敷使用。

　　來自客戶處的資訊正確度，要視產業而定。雖然我們很難一言以蔽之；不過，假如小客戶多如繁星，透過非正式的抽樣，也許可以讓我們清楚看出市場現狀。相反地，如果有幾家大客戶存在，也許就表示正確的前丑資訊很難取得——某一特定客戶之規格或組合變化結果，可能是主導力量。

　　❏ 提高價格。在某些情況下，向前整合會讓公司的實際整體價格更高；因為公司可針對大致相同的產品，對不同客戶實施差別訂價。問題在於，這麼做有時可能引發套利現象，而且也可能違法。假如公司整合進入的事業較有需求彈性，應該降低收費；那麼，在銷售給其他客戶時，或許可以抬高價格。然而，我們一定也要把銷售同一產品的其他公司統統整合進來，不然就要設法讓產品有所區別，以免客戶轉而它去，把競爭對手的產品當作完全替代品。

　　另一種做法則是，透過整合使價格更配合最終客戶的需求彈性——也許就有客戶願意支付較高的價錢，更密集的使用同

一產品。然而，公司很難依不同的使用頻率調整價格；因為使用率很難衡量。但如果公司同時提供收費服務，或出售必須併用的補充品，便可先將基本訂價壓低，再透過銷售相關產品來收回需求彈性不同所產生的利益。影印機和電腦業者就是。只要顧客並未在購買基本產品時，被迫一併購買附帶品，就不違反「反托拉斯法」。

向後整合的特定議題

後向整合也有些特定的議題必須加以審視。

❑ 專屬知識。公司如果在內部自行生產所需，就可避免和外人分享獨家技術。（供應商有了技術才能製造零件或物料。）零件的精確規格，會讓供應商清楚最終產品的設計或製造特色；或者，零件本身就是最終成品的獨家秘訣。假如公司無法在這樣的情況下，自行內部產製，供應商就可獅子大開口，構成加入的威脅。拍立得就為了這個理由，在很長一段時間裡，自行產製許多專屬零件，剩下的才外包。

❑ 差異化。向後整合讓公司得以擴大差異化。取得關鍵投入的生產控制權之後，把差異化做得更好。假如整合得以讓公司拿到特殊規格的投入，最終產品就可再加精進，最少也能和競爭者有所區隔。即使是肉眼難以區別清楚的普度雞肉，由於弗蘭克普度（Frank Perdue）就是飼主，而得以誇稱它們都經特殊處理。假如在公開市場購買一般雞肉加工，就比較難誇耀。

| 預留退路 |

　　整合的某些經濟效益可能透過獨立公司之間適當的長短期契約而取得。只要讓兩家獨立公司廠房接近，便可輕易取得處理過程的結餘。金屬容器工廠有時會緊鄰大型食品加工廠，以輸送帶連結，避開運輸成本。此外，明訂交貨日程的單一來源長期契約，也可以節省銷售與協調聯繫的成本。

　　然而，契約並非總能帶來整合的所有經濟效益；因為它們至少有一方會被極大的風險儡住，而且各有所圖。這些風險及利益差異的存在，往往導致獨立公司無法簽約，不是因為協商成本，就是因為考慮訂約後的爭論。於是，整合成了必要之舉。

　　不管怎樣，公司還是應該時時考慮與獨立事業體簽約，以便取得和整合一樣的效益。因為垂直整合的陷阱之一是：許多原本可透過與其他公司簽訂明智協議的好處，都被整合的成本或風險吃掉了。

一、腳踏兩條船的漸進式整合

　　漸進式整合是部分向前或向後整合，其他需求則在公開市場上採購。此時，公司必須努力支撐內部運作以達成「規模效率」，額外的需求則可透過市場加以滿足。假如公司的規模不足以讓內部單位達成運作效率；這類規模小所帶來的不利就必須從淨利益裡，加以扣除。

　　漸進式整合可帶來許多好處，還可以減少一些成本。但假如不完全整合所喪失的利益，超過了成本結餘，這種結果就有

待商榷。在漸進式整合和完全整合之間，不同產業有不同的做法；同一產業間，不同公司也有不同的做法。

整合的成本

漸進式整合比完全整合所拉升的固定成本還低。而且，漸進的程度（向外採購產品或服務的比例）可視市場風險來調整。公司可以利用外面獨立供應商來承擔波動風險，而內部專屬供應單位的生產速度，則保持平穩。汽車業就是這樣，許多日本製造業也普遍可見。這種漸進做法，可以預防前述不同階段間的不均衡現象。至於何謂「最適」程度，則視預期市場的波動大小，以及預期技術變化（或其他事件）導致各階段間可能不均衡而定。然而，漸進式整合通常都必須和對手交易，如果風險很大，漸進整合就不是明智的做法。

漸進式整合會降低從一而終的風險，同時讓公司接觸外界研發活動，為內部誘因問題提供部分解答。這種內部供應單位（或客戶）與外面獨立供應商（或客戶），兩者並存的情形，可在彼此間形成競爭，進而提高工作表現。

整合的效益

漸進式整合讓公司證明自己可能進行完全整合；結果對供應商或客戶構成強力約束力量，同時又不必害怕失去完全整合所抵銷的議價力量。還能讓公司詳細了解鄰近產業的營運成本，以及緊急貨源所在。這些因素會產生額外的議價優勢。這類頑強的議價地位，是各大汽車及國際性石油公司的特色（它們花錢購買油輪運輸，以補自有船隊的不足）。只維持一家先鋒測試工廠，而內部生產作業沒有完全成熟的做法，有時可帶

來類似於漸進式整合的多項效果，所需甚至更少。

　　漸進式整合會給公司帶來許多整合所能得到的資訊利益。不過，有些垂直整合的效益卻減少了；部分效益減少的比例與漸進式整合金額比起來，更難相提並論。如果外界供應商與內部單位的產品必須精確搭配，倒會實質增加協調聯繫的成本。

二、有點黏又有點不黏的準整合

　　「準整合」指的是：在垂直相關的事業體之間，建立一種介於「長程契約」與「完全擁有所有權」之間的關係。常見形式如下：

　　❑ 少數股權投資；
　　❑ 貸款或貸款保證；
　　❑ 預付採購款；
　　❑ 獨家經銷協議；
　　❑ 專門後勤設施；
　　❑ 合作研發。

　　某些情形下，準整合可以取得垂直整合的部分或許多效益，卻不需負擔所有成本。它可在買賣雙方間，創造更多共同利益、促成某些專門化安排（如後勤設施），降低單位成本、降低供需中斷的風險、緩和議價力量等等。這種共同利益源於商譽、資訊分享、雙方高層人員之間更頻繁的非正式接觸、以及在對方身上看到的直接財務風險。此外，準整合還可降低完全整合時所可能產生的成本，免於為鄰接事業單位供需負責。也不必像完全整合一樣，進行百分之百的投資，不必管理。

　　「準整合」應視為「完全整合」的替代方案。關鍵點在於：

負起完全的責任，透過準整合所建立的共同利益，是否可取得
足夠的整合效益，使得成本及風險的降低，足以勝過完全整
合。整合的某些效益，如投資報酬的增加、促進產品差異化、
或提高移動障礙等，也許都難以藉「準整合」來獲致。所以我
們應該先分析特定事業裡「垂直整合」的每一項成本與效益，
並逐項與「準整合」比較，看看是否值得。

｜以訛傳訛不可信｜

　　我們要注意幾項與垂直整合效益有關的錯誤觀念：

　　1.「某階段的堅強市場地位，會自動延伸到另一階段。」

　　我們常說，在本業擁有堅強地位的公司，可以整合進入另
一個競爭激烈的鄰接事業，延伸觸角。如果有家實力堅強的消
費品製造商，向前整合進入競爭激烈的零售業。雖然整合後的
零售商可以接下製造商的一切業務，提高占有率；但如果許多
零售商都急於替它推銷產品，製造商反而更有利。製造商當然
可以提高對專屬零售商的售價（儘管只是單位間的帳面利潤移
轉），但如果專屬零售商真的跟著調價，競爭地位就會變壞。
所以，整合根本不會讓某一堅強的市場地位自動延伸。唯有整
合本身能產生一些實質效益，才會讓市場力量有所延伸，事業
體的合併才會提升競爭力。

　　2.「內部自己來的成本總是比較低。」

　　垂直整合有很多潛在的成本與風險，與外面交易則可避
免。而且，聰明的訂約關係，還可能讓公司獲取整合效益，無
須承擔成本或風險。但整合的經濟效益往往為人所誤導，以至

於範圍太小了，讓整合決策忽略了許多這類問題。

3.「整合進入競爭激烈的產業，通常自有道理。」

要整合造入高度競爭的產業，常常是不智的。這種產業裡，公司賺取的收益偏低，而且又拼命想提升品質、服務客戶。買賣時，因為產業裡總有很多公司可供選擇；整合只會使成就動機黯淡，創造力遲鈍。

4.「垂直整合可拯救策略病弱的公司。」

雖然垂直整合的策略可在某些情況下，支撐企業策略地位，卻很少能徹底救治策略病弱的公司。堅強的市場地位，一向不易自動垂直延伸。垂直鏈的「每一階段」都必須在策略上健全，企業的整體健康情形才會良好。假如某個環節生了病，病菌就很可能擴散至全身。

5.「垂直鏈上某一部分的管理經驗，可以自動適用於上下游直屬單位。」

前面提過，垂直相關事業的管理特色往往非常不同。如果只是由於彼此接近，而產生了錯誤的安全感，應用傳統管理方法，就可能會毀了新的上游或下游事業。

第十五章

數大就是美

產能擴充

　　「產能擴充」是公司最重要的一個策略決定，而其衡量標準則是「涉及的資金數額」及「決策問題的複雜度」。在大宗商品事業裡，它可能是最重要的策略層面。因為產能增加所涉及的領先時間數以「年」計，一旦增加，又往往持之久遠；所以，公司進行產能決定時，必須根據未來的長遠預測，專心投資。而最重要的預測類型有兩種：「與未來需求有關」、以及「與競爭者行為有關」。前者對產能決策的重要性顯而易見。而對競爭對手的正確預測也同樣重要；因為假如太多競爭者增加產能，就無人能逃得了種種不利。所以產能擴充的結果會涉及所有寡占市場的典型問題，牽一髮而動全身。

　　在這方面的策略性議題是：「如何增加產能，讓公司向前邁進一步」；並希望「在提升競爭地位或市場占有率的同時，又不致讓產業產能過剩」。產業產能不足通常不是問題，因為這種現象會吸引新的投資加入，所以頂多只是暫時不足而已。然而，由於產能投資多半無法逆轉，因此如果產能超出需求，就會持續一段時間。造紙、船運、鐵砂、煉鋁、及許多其他化學企業的過度擴充，就曾一再造成嚴重困擾。

｜ 由繁入簡 ｜

　　以傳統的資本預算觀點來看，產能擴充決策的機制其實相當直截了當（任何一本財務教科書都講的很詳細）。我們先預測新產能帶來的未來現金流量，然後再將投資所需的現金流出，折現加權。再用得出的淨現值，和其他可行投資計畫比較，據以評定利弊得失。

這種單純的算法，簡化了背後一個極其微妙的決策問題：公司手中總是有許多增加產能的方案，可供比較。此外，若要判定新產能的未來現金流入量，就必須預測未來利潤。而這一切主要取決於每一家對手擴充產能的規模與時機，及其他諸多因素。同時，科技的未來總是充滿了不確定性，未來需求也是。

所以說，產能決策的本質，不在於計算折現後的現金流量，而在決策背後的一些數字（包括有關未來的機率預估值）。而這一切估算，又會帶來另一個微妙的產業及競爭者分析問題（並非財務分析）。

財務教科書上所提出的簡單計算，並沒有將競爭者行為的不確定性，以及各類假設考慮在內。有鑑於在納入這些因素以後，現金流量的折現計算，會變得比較複雜，所以我們應該儘可能精確地建立產能決策模式。圖15.1所示的各步驟，就是描述模式建立過程的各項要素。

可行性分析

圖15.1的各個步驟，必須用互動方式來分析。第一步是要確定：哪些可行方案可以增加產能。但是擴充的規模大小通常會改變，而新產能垂直整合的程度，也可能改變。雖然未經整合的產能增加，可讓我們避避風險。公司增加產能的決定卻會影響競爭者，所以每一項選擇，都必須配合競爭者的行為加以個別分析。

圖15.1 產能擴充決策的各項要素

確定公司對於產能擴充大小與形態，擁有哪些選擇
↓
評估「投入」的未來可能需求和成本
↓
評估可能的技術變革，以及技術落伍的機率
↓
根據各種競爭對手對產業的期望，預測每一個對手的產能擴充
↓
合併考慮前述因素，確定產業的供需均衡狀態，
以及因而導致的產業價格與成本
↓
確定因產能擴充而導致的預期現金流量
↓
測驗整套分析的一致性

　　開發出各種可能方案之後，公司就必須針對未來需求、投入成本、以及科技等，做出預測。未來科技很重要——因為我們必須預測目前增加的產能會不會因過時而遭捨棄；或由於設計改變，現有設施的產能也跟著有效增加。預測投入價格時，必須把新產能帶來的需求增加所導致的投入價格增加考慮在內。這些有關需求、科技、投入成本等等的預測，都有不確定性存在，所以我們可用「情境法」（見第十章），來處理此一分析上的不確定。

　　接下來，公司必須預測，每一個競爭對手會在何時、以

及如何增加產能。這是競爭者分析過程中，一個複雜微妙的問題，必須應用第三、四、五章所提出的全套技巧來分析。當然，競爭者的產能行動，要視未來需求、成本、技術的預期而定。所以，預測這些行為時，就必須發掘它們可能會有什麼樣的預期。

預測競爭者行為，也是一段反覆的過程；因為某一競爭者的所作所為，會影響其他人——尤其是產業領導者。因此，我們必須比較不同競爭者間產能的增加情形，以預測可能的行動順序，以及因而導致的反應。產能擴充時，會有一段「趕熱潮」的過程出現，必須設法預測。

下一步，是加總競爭者及公司的行為，計算出產業總產能及個別市場的占有率，再和預期需求作個比較。此一步驟將使公司得以評估產業價格，進而估算出該筆投資的預期現金流量。

最後，我們必須針對整個流程，看看是否前後不一。如果預測結果顯示，有一競爭者因為未增加產能，表現不住；整個分析就必須再加調整，好讓競爭者看見自己方法錯誤，及時增加產能。假如整個預測擴充流程所帶來的結果，與大多數公司的預期牴觸，也有必要再加調整。產能擴充程序的模式過程複雜，而且涉及大量的預測。不過，這項過程卻可讓公司深入了解，什麼才是驅使產業擴充的原因，以及哪些方式可能因勢利導，影響此一行動。

未來的美夢

產能擴充過程的模式透露出：「對於未來的不確定程度」

是決定過程的關鍵因素。假如未來需求的不確定性很高,只要公司風險規避的態度或籌資能力一有差異,擴充產能時,就會有先後之別。願意承擔風險的公司,現金通常滿缽滿盆、而且在策略上與產業利害相關,所以會一躍而入;多數公司則會觀望一陣,看看情勢如何演變。

然而,假如一般認為,未來的需求相當明確,產業擴充的過程就會成了一場「先占先贏」的遊戲。既然未來將有需求,公司因此競相讓產能上線;一旦大家都這麼做,其他公司再增加產能,就不夠理性了。這場先發制人的大戰,通常都會伴隨大量的市場信號出現,試圖妨礙其他公司投資。當太多公司都想先占先贏的時候,由於各公司相互誤會彼此意圖、誤讀信號、誤判彼此的相對實力與耐力,就會導致產能過多……這正是產業產能過剩的主因。

| 一路胖到底 |

產業界似乎有產能過度擴充的強烈傾向(標準化商品尤然),這不全是錯誤的「先發制人」所致。

在「大宗商品產業」裡,過度擴充的風險非常嚴重,因為:

1.其需求一般都具周期性。周期性需求不僅會在景氣下滑時,必然導致產能過剩;也會在景氣上升之際,讓公司作出過度樂觀的預期。

2.產品間沒有差異。這項因素會使「成本因素」成為競爭關鍵,因為客戶大致根據價格作出購買決定。由於品牌缺乏忠誠度,公司銷售量不得不與「產能大小」密切相關。因此,公

司承受了極大的壓力建立大型現代化廠房，以便積聚足夠的競爭力與適當產能，達成目標市場占有率。

以下情況會導致產業內產能過度擴充，不限於大宗商品和其他商品產業。（假如出現一項以上，過度擴充的風險就可說是相當嚴重。）

一、技術方面

❑ **大筆增添產能。**如果我們必須大筆大筆地增加產能，就可能讓產能嚴重過剩的風險大增。這也就是一九六〇年代末期，彩色電視映像管產能過剩的主因。許多生產電視機的公司，雖然明知自己必須先確定映像管供應無虞；但映像管工廠的規模必須非常大（相對於電視機裝配廠而言），才能達成效率。結果，需求成長的速度不夠快，無法吸收彩色映像管產能上線後，短期內大增的產能。

❑ **規模經濟或學習曲線效果明顯。**這項因素能讓前述「先占先贏」的行動，變得更可能發生。擁有最大產能的公司、或是在早期就已擴增產能的公司，將因成本優勢，迫使所有公司的動作更快、更積極。

❑ **增加產能時，前置期太長。**太長的領先期間，促使公司必須依據它們對需求和競爭行為的遙遠預期，做出決定；否則等到需求具體成形、良機已逝，代價勢必更慘重。前置期太長，會讓沒什麼產能的落後公司，受傷更重；因此某些想要規避風險的公司就算產能決策頗具風險，還是願意投資。

❑ **最低效率規模增加**。在最低效率規模增加、剛建好的大型新廠顯然較有效率的時候，除非需求成長快速，否則產業內的工廠不是家數萎縮，就是產能過剩。除非每家公司都有好幾個廠房，或能合併運用，否則必然有公司要降低市場占有率，被迫接受現況。不過，比較可能的情況還是：大家都建立起更大的新型設施，造成產能過剩。

這種類似事件就發生在新超級油輪（super tanker）比舊型船隻大上好幾倍的油輪運輸業。因為一九七〇代初期所訂製的「超級油輪」容量，遠遠地超過了市場需求。

❑ **製造技術改變**。生產科技的變革，會吸引投資進入新科技（雖然使用舊科技的廠房仍然繼續運作）。舊有設備的退出障礙愈高，業者愈不可能井然有序地退出。化學製品產業就在改天然氣燃料為石油時，發生過這種情形。以石油為燃料的工廠上線時，本來就預期產能會嚴重過剩；等到天然氣價格上漲，以天然氣為燃料的工廠一一關閉，情況就慢慢改善了。

二、結構方面

❑ **明顯的退出障礙**。退出障礙顯著的情況下，無效率的過剩產能不會順利離開市場，並加重延長產能過剩時間。

❑ **供應商威逼使然**。設備供應商可透過補貼、低利貸款、減價等，擴大客戶的產業產能過剩。供應商為了搶奪訂單，連小型競爭者都不得不增加產能（正常情況下，它們無法做到）。造船業者就靠政府的大額補助（為了

維持就業），逼得航運業產能增加。新產能的貸放者也可以來者不拒、統統提供資金，讓產能擴充問題更形惡化。一九六○年代末期、七○年代初期，美國旅館業的過度擴充，部分原因就是因為不動產投資信託業者過於主動積極。

❏ **建立信譽。**試圖賣出新產品給大型客戶的產業，通常都會有一段時期產能嚴重過剩——特別是新產品是重要投入原料時。這些買主並不會改用新產品，除非上線產能足敷所需，讓它們不虞受制於少數供應商。高果糖玉米糖漿就是一例。

另一個相關的常見例子，是客戶強烈鼓勵公司投資產能，並暗示對方未來有生意可期。它們可透過消息發布，直接間接地表達對新產能需求的感覺。當然，客戶並不見得會在產能實際建立的時候，實際下單；它們只想確保產能充裕，可供應最大可能需求（就算這麼做實在不夠謹慎——因為市場需求不大可能達到此一水準）。

產業面對類似替代品時，客戶的壓力尤其大。此時，產能的缺乏會促成替代品長驅直入，公司不得不防。

❏ **整合的競爭者。**假如產業內的競爭者同時向下游整合，產能過剩的壓力就會增加；因為每家公司都希望維持供應下游的能力。假如產能不足以供應需求，公司不僅會失去產業內的市場占有率，還可能會失去下游單位的占有率（更難取得下游供料）。因此，即使未來需求無法確定，還是先確保產能充足為宜。假如競爭者向上游整合，道理也很類似。

❏ **產能占有率影響需求。**在航空業這樣的產業裡，擁有最大產能（容量）的公司，也許會擁有不成比例的需求，因為顧客一有需要就會想到它。這樣的特性使得許多公司競相爭逐成為產能領導者，對產能擴增造成極大的壓力。

❏ **產能年限與類型都會影響需求。**在某些產業裡（如大多數服務業），產能都直接推銷給了客戶。擁有最現代化裝潢的美觀速食門市，往往就會帶來競爭效益。假如客戶完全（或局部）根據產能類型，在一大堆公司當中做選擇，產業內就會有產能過剩的壓力。

三、競爭方面

❏ **公司家數眾多。**最有可能造成產能過度擴充的情形，發生在許多公司都有能力、或都有資源在市場內增加大量產能的時候；大家都極力提升市場地位，或想搶得市場先機。造紙、肥料、研磨玉米、船運等產業，都因而導致產能過剩情形非常嚴重。

❏ **缺少有信譽的市場領導者。**假如有好幾家公司都在爭奪龍頭地位，同時沒有一家具有足夠的信譽，來使擴充井然有序的進行，這段過程的不穩定性就會提高。反之，一個實力堅強的市場領導者，就能在必要時，言而有信地增添足夠產能，滿足產業的大部分需求；同時言而有信地報復其他野心家的過多產能。一個堅強的領導者（或一小群領導者），通常能透過宣布與行動，和諧地整合產業擴充的步調。

❏ **新人進入**。新成員通常會創造、或加劇產能的過度擴充。它們想在產業內尋求重要的地位，既有公司卻不肯鬆手。肥料、石膏、鎳礦等產業，產能過度擴充的主因，都是這個問題。愈容易進入的行業，愈容易出現產能過度擴充現象；因為新成員會在產業景況甚佳時，一頭撞入。

❏ **先下手為強**。及早預定產能並予建立好處甚多，所以許多公司才在未來前景看好時，早早縱身而入。及早立定志向的好處包括：訂購設備的前置期較短、設備成本較低、且可掌握第一時機，利用供需不平衡所帶來的優勢。

四、資訊流通方面

❏ **未來預期的膨脹**。當競爭者看到彼此的公開報表，以及聽到證券分析師的一席言後，似乎 總有一段時間，會對未來需求的預期過度膨脹。有些天性樂觀的經理人，也可能寧願積極行動，不願毫無作為，或採取負面姿態。

❏ **假設或認知分歧**。假如各公司對各人的相對實力、資源、持續力都有不同認知，就會使產能擴充的過程變得頗不穩定。公司也許會高估或低估對手投資的可能，因此不是不智投資，就是乾脆不投資。前者直接導致產能過度擴充；後者則有落後公司急急忙忙的想要迎頭趕上，因而引發，一系列過度投資。

❏ **市場信號失靈**。如果公司因新成員的加入、情境改變、不久前剛爆發大戰、或其他因素，而不再相信市場信

號，產能擴充過程的不穩定性便會增加。反之，市場信號如果可信，就會促成井然有序的擴充，因為公司可以警告他人自己有計議的行動，或預先策畫進行（或完成）產能的擴充等等。

❏ **結構改變**。和前一點相關的是：產業結構的變化往往會促使產能過度擴充。不是因為公司囿於現狀，必須投資新類型的產能；就是因為結構變化帶來混亂，導致公司誤判相對實力。

❏ **金融界的壓力**。雖然金融界有時會是一股穩定力量，但如果競爭者已進行投資，尚未投資的公司經營階層就會遭證券分析師質疑，加重產能過度擴充的壓力。此外，管理階層還必須向金融界提出正面的報告來拉抬股價；結果報表被對手誤解為「十分積極進取」，引來報復。

五、管理方面

❏ **生產導向的管理階層**。如果公司管理階層一向重視生產（勝過行銷或財務），產能的過度擴充就格外可能發生。在這樣的公司裡，以嶄新工廠為榮的情緒極高；而且他們認為，在增添最新、最有效率產能的行動中，落居人後的風險很高。過度擴充的壓力，因而一觸即發。

❏ **避險後果不一**。就極端一點的例子來說，假如「市場氣勢如虹，公司卻是唯一一家產能不足的公司」，則比起「所有人都擴充產能，造成產能過剩，市場需求卻沒有實現」的情況，經理人當然更是眾矢之的。以後者來說，順勢而為並不會讓公司喪失相對地位；而前者的經

理人職位以及公司策略地位，卻可能岌岌不保。擴充與不擴充的後果如此不對稱，導致少數公司一開始就衝鋒陷陣。

六、政府方面

❑ **不當的租稅優惠**。租稅結構或投資租稅優惠有時會助長過度投資。船運業這個問題很嚴重——北歐斯堪地納維亞的稅法不對「投資於產能擴充的獲利」課稅，卻對「未投資獲利」課稅。結果，激勵所有船公司，在產業情況良好時，再度投資擴充產能。美國海外子公司的盈利保留額免稅，也有這個問題。

❑ **渴望建立本土產業**。如果各國都渴望建立本土產業，該產業產能往往會全球過剩。許多國家都試圖寄望將本國產業的過剩供應品，銷售到全球。假如該產業的「最低效率規模」和全球市場比起來相當大，就可能導致產能過度擴充。

❑ **維持或增加就業機會的壓力**。政府有時會對公可施壓，要求它們投資（或不撤資），以增加或維持就業機會，達到社會目標。

七、產能擴充限制

即使以上某些狀況存在，有幾項因素還是可能牽制過度擴充的趨勢。常見者如下：

○融資受限；

○公司多角化的結果，提高了資金的機會成本；或擴大了管理階層的眼界，使其不再偏重生產，或喜歡藉產能的過度擴

充，來保護自己在傳統產業的地位；

　　○具有財務背景的高階經理人源源湧入，取代了具備行銷或或生產背景的經理人；

　　○污染控制成本、和因新產能而增加的其他成本；

　　○普遍對未來極度不確定；

　　○前幾階段的產能過剩，造成嚴重問題。

　　鋁產業就在一九七九年出現了好幾項上述情況，結果打破該產業過去「不發達即完蛋」（boom or bust）的產能利用模式。一九六〇年代末期，產能過剩所導致的極低獲利；以及「工資價格控制」在高需求年代造成利潤受限，導致該產業無財力進行重大投資，直到連續幾年的榮景才使財庫充裕。此外，建造設備的成本，還自一九六八年起，足足漲了四倍。

　　公司影響產能擴充過程的方式，有時有好幾個。它可以利用自身行為作信號，讓競爭者知道公司的預期或計畫，或用其他方法，試圖影響競爭者預期。以下行動就是用來勸退競爭者的作為。

　　1. 公司宣布大幅擴增產能；

　　2. 利用宣布、其他發布信號方式、或其他資訊，傳達對未來需求的不樂觀訊息；

　　3. 利用宣布、其他發布信號方式、或其他資訊，強調眼前這一代的產能技術，很可能落伍。

｜占住蘿蔔坑｜

　　在成長中的市場，產能擴充的方法之一是；「先占先贏」。

也就是說，先設法穩住大部分市場，勸阻對手不要擴充、不要加入。假如未來需求確實可知，而且某家公司又有足夠產能應付全部需求，其他公司就會對產能擴充興趣缺缺。通常，「先占」策略不僅必須在設備上投資，還要耐住微薄（乃至出現赤字）的短期財務結果。產能之所以增加，是因為我們預期未來將有需求；而且訂價的時候，也預期未來成本會下降。

「先占」策略在本質上頗具風險，因為這麼做涉及對市場主要資源的早期投注——即使市場未來混沌不明。此外，假如我們未能有效阻遏競爭，就可能會引發一場災難性大戰，因為產能嚴重過剩的情況接著出現了，而企圖搶得先機的其他公司，則因過度投入，很難回頭。

由於「先占」策略會帶來這些成本與風險，所以公司應該釐清狀況，追求成功。

❏ **相對於預期市規模模而言**，產能的擴充夠大。假如所採取的動作和預期市場規模比起來不夠大，公司就很難先發制人。想率先搶占已知需求的市場時，產能擴充的規模要夠大，就成了無法偷斤減兩的先決條件。然而，關鍵是：每個競爭者及潛在競爭者，都對未來需求抱持著某種預期。如果任何競爭者或潛在競爭者相信，未來需求將大到足以吸收先占先贏的產能，而且還有餘裕，其他競爭者也可能跟進。因此，有意先發制人的公司，必須相信自己能了解競爭者的期望，或是必須設法讓這個行動在別人看來具有先發制人的效果，進而影響對方期望。假如競爭者對潛在需求的預期高的不切實際，先發制人的公司就必須明確表態；萬一未來需求高於原先預

圖15.2 規模經濟與先占性產能擴充

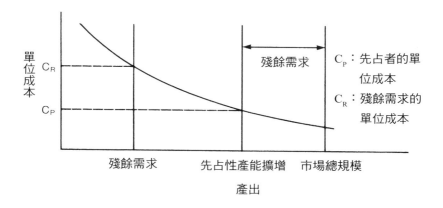

單位成本

C_R

C_P

殘餘需求

C_P：先占者的單
位成本

C_R：殘餘需求的
單位成本

殘餘需求　　先占性產能擴增　　市場總規模

產出

期，公司絕對會盡快擴增。

❑ **相對於市場總需求而言**，規模經濟夠大（或有顯著的經
驗曲線現象存在）。假如規模經濟相對上大於市場總需
求，則先發制人也許會使競爭者無法取得效率經營所需
的足夠剩餘需求（見圖15.2。在這種情況下，從事投資的
競爭者一定要大量投資，並承擔浴血作戰的風險；否則
如果投資規模小，成本就會比較高。如此一來，它們不
是被阻絕於外，完全不投資；就是進行小規模投資，承
受長久的成本劣勢。

假如創造專屬利益的經驗曲線很顯著，早期的大規模產
能投資者，也會有持之久遠的成本優勢。

❑ **說到做到**。先發制人的公司宣布或行動承諾時，一定要
具有可信度；要讓人相信，它確有採行的決心和能力。
可信度涉及資源、必要的技術能力、策劃性投資的過去

執行紀錄等等。沒了可信度，競爭者就會對先占行動視
若無睹，決定開始模仿。公司必須要能在競爭者決心投
資之前，及早讓他們知道有人正在搶占市場。因此，必
須在競爭者完全沒想到擴充產能之前，就已建立先發制
人的產能。但是比較可能的是，以宣布或其他可信的方
式，明確傳達公司意圖。如前所述，公司必須具有執行
先發策略的可信度，而且還要有足以讓人信服的方式顯
示其先發制人的企圖。

❑ **競爭者撤退意願的高低。**「先占」策略的前提假定是：
競爭者先衡量與先占公司戰鬥的可能報酬，認為不值得
冒險。可能干擾這類決定的情況很多。一般認為，在特
定產業內，建立或維持顯著地位是值得探討的。

對以下競爭者來說，採取先占策略相當冒險：

1.除了純粹經濟性目標之外，競爭者另有他想。假如競爭
者非常重視產業參與，是因為由來已久，或基於情感上的執
著，它們也會設法維持自己的地位。

2.對競爭者而言，此一產業是一股重要的策略力量，或與
其事業組合中的其他部分有關。在這種情況下，就算競爭者單
獨認為不應與先占公司對抗，他們還是會認為，參與該產業頗
具意義。

3.擁有相同耐力、歷史較悠久、更願意犧牲利潤以換取市
場地位的競爭者。有些競爭者能用非常長遠的眼光來看待事業
成敗，也願意長期奮鬥。這種情況下，是否採行先占策略，就
頗為令人存疑。

第十六章

另闢新戰場

進入新產業

　　本章將檢視進入新產業的策略決定；角度則是站在準備進入新產業的公司。對蓄勢待發者而言，「收購」是一項策略，「經由內部發展」也是一種進入策略。此處，我們將提出一套分析方法，來檢視這兩種進入模式；希望能選擇最適當的產業加入，並選出最佳策略。

　　無論是尋找、協商、整合、組織、激勵、或管理，新產業的「收購」和「內部發展」錯綜複雜、千絲萬縷。不過，本章的目的比較窄狹。我的重點是：本書前面所提過的產業及競爭者分析工具，到底如何幫助經理人制定進入決策。稍後一些重要的經濟原則，不僅可以讓我們認出哪些產業最富吸引力，還可以幫助我們確定哪些公司資產與技能，可使某項進入行動有利可圖。這些原則攸關進入成敗；然而，它們常常迷失在人員、組織、功能、財務、法律、管理等「合理」因素之間，因為它們同樣攸關至要。

　　進入新產業的經濟效益，決定於幾股市場作用力。按照經濟學家的看法，假如這些市場力量完美運作，則任何進入決定，都無法產生高於平均的投資報酬。這個令人驚訝的開場白，就是分析進入產業的經濟效益時的關鍵敘述；也就是說，我們必須找出市場力量無法完美運作的產業狀況。所以一個結論產生了：完全撇開整合及管理新事業的重重問題不談，即使在有利的產業環境下，即使「收購」或「內部自行發展」的事業體質健全、經營良好，也不足以保證成功進入。儘管流行的信念與此背道而馳，要成功地進入產業，還有許多方法。

｜反求諸己｜

透過內部發展進入新產業問題，涉及新事業單位的創造；包括新生產產能、配銷關係、推銷隊伍等等。「合資」也會引起同樣的經濟議題，因為它們同樣是新成立的事業單位，只不過在合夥人與實際掌控人之間，會創造出複雜的分工問題。

分析「內部發展」的第一重點是：公司必須直接面對兩種進入產業的障礙——「結構性進入障礙」和「現有公司的預期反應」。透過內部發展加入新產業的公司（以下簡稱「內部新進者」（internal entrants），必須一方面克服結構性障礙，一方面承擔現有公司的報復。前者的成本，通常包括了「開辦資金」與「前期損失」，這些都會變成新事業的部分投資。至於可能遭受現有公司報復的風險，則可視為進入產業的額外成本；和報復的負面效果相當（如價格降低、行銷成本提高），再乘上該項報復發生的可能。

適當地分析進入決策，能平衡以下成本與效益：

1.經營新事業所需要的投資成本。例如，投資生產設施和存貨（其中部分會因結構性進入障礙而提高）；

2.為克服其他結構性進入障礙所需的額外投資（如品牌認同與專屬技術）；

3.因產業既有成員對新加入者報復所產生的預期成本；

4.因加入產業，預期產生的現金流動。

和進入決策有關的許多資本預算編製法，都忽視了上述因素。財務分析師就常根據進入前的產業價格與成本做出假設；他們只估算進入該事業必需的「清楚可見」投資（如建造生產

設施與組成推銷人力）。至於克服結構性進入障礙所須的一些隱性成本，則往往遭受忽視（如知名品牌的授權、被競爭者牢牢掌握的配銷通路、競爭者是否容易取得最有利的原料來源、或必須發展專屬技術等）。此外，新成員的加入還可能提高稀有供應品、設備、或勞力的價格，也就是說，新公司要承擔比較高的成本。

另一個常被忽視的因素，是「新人的新產能，對產業供需平衡會有什麼效果」。假如「內部新進者」所帶來的產能，對產業影響甚巨；在它努力填滿產能的時候，便會有一些其他公司出現產能過剩現象。偏高的固定成本可能引發削價競爭，或其他努力裝填產能的行動，如此持續循環不輟，直至有人退出為止，或直到過剩產能已為「產業成長」或「設備老舊報廢」所吸收而消除。

進入決策裡，更常遭受忽視的一項因素則是「既存公司的可能反應所造成的衝擊」。在以下描述的情況中，既存公司會以各種方式，回應對手的加入。常見的一種反應是「削減價格」，這意味著，在我們正式計算是否值得加入之前，就已經先假定產業價格必定低於加入前的行情了。新成員加入後，價格常常都會疲軟好幾年。玉米研磨業在卡吉爾（Cargill）和阿顛米（Archer-Daniels-Midland）加入後，就是如此。而石膏產業的價格，也因喬治亞太平洋公司（Georgia-Pacific）加入，而遭破壞。

既存公司的其他反應，還會升高行銷活動的情緒、特別促銷、保證期延長、輕鬆貸款、改善產品品質等。

另一種可能是，如果新加入者帶來的設施，較諸某些既有

成員更先進，新人的加入可能會引發產業內一連串產能過度擴充現象。各個產業間，因產能擴充所造成的不穩定情形，各家不同，造成某個產業變幻更激烈。

這些反應的範圍及其可能期限都須預測，據以調整進入產業前所預估的價格或成本。

冤冤相報何時了

無論基於經濟或非經濟考量，產業內的既存公司只要認為值得報復，就會報復。「內部新進者」最可能帶來破壞，引發報復；接下來傷害以下產業的未來前景：

❏ **成長緩慢。**「內部新進者」總會搶走既存公司的部分市場占有率。然而，在成長緩慢的市場裡，這種情形格外有如芒刺在背，因為絕對銷售額可能下跌，進而帶來激烈的報復。假如市場成長快速，即使新公司瓜分部分市場，既存公司還是可以繼續維持亮麗的財務表現；也就是說，新公司所帶來的額外產能，也可在不破壞價格的情況下，更快速地被利用。

❏ **大宗商品或類似品。**在這類產業，沒有「品牌忠誠」或「市場區隔」可使既存公司抵擋新人影響。這種情況下的進入行動會影響整個產業，引發削價戰。

❏ **高固定成本。**假如固定成本偏高，對手產能利用率大跌時，如果新進者還為市場增添產能，就會引發報復。

❏ **產業高度集中。**在這類產業裡，新人格外引人側目，而且很可能牽連數家既存市場。在高度離散的產業裡，新進公司也許會影響許多公司，但只造成些微衝擊，沒有

人會傷重到激烈還擊，也沒有一家有能力制裁新進者。

評估可能報復的時候，認出每一家既存公司會受到多嚴重的影響，顯然很重要。既存公司所感受到的影響愈不均等，影響最深的公司愈可能報復。假如新進者的震撼，能夠平均分攤至所有既存公司身上，結果也許就不那麼嚇人。

「既存公司認定它們在產業內的地位」有極大的策略意義。假如某些既存公司被策略上非常重視維持產業占有率的新加入者所影響，這種加入就會挑起猛烈報復。這種策略上的重要性，可能是公司非常倚重「現金流量」或「未來成長」的結果，也可能是該事業在公司具有「旗艦」地位所致，要不然就是，該事業與公司內部其他事業密不可分。（至於到底是哪些因素，則請看第三章、第十二章。）

❑ **現有管理階層的態度。** 產業內如果存在著一些根基穩固的老公司（特別是單一事業公司），進入行動就會引發猛烈反應。在這類產業中；加入行動往往被視為是一種「冒犯」或「不義」，所以報復行動可能非常激烈。大致說來，既存管理階層的態度與背景，在報復行動中，扮演了很重要的角色。某些管理人員也許早有經驗、或許本性如此，所以更容易感受到加入者的威脅、更可能挾怨還擊。

既存公司面對新人威脅時的過大行為，往往可以透露出它們將來如何反應——尤其是過去對加入者的作為，以及有意扭轉策略群組既存公司的態度。

情人眼裡出西施

假定潛在加入者能正確分析以上元素，甚麼樣的產業最可能吸引「內部型進入」？這個問題，可以從結構分析的基本架構看出。

公司在產業內的預期獲利，靠的是五股競爭作用力；競爭態勢、替代品、供應商與客戶的議價力量、以及新成員的加入。「新成員加入」則是決定產業獲利的平衡因素。假如產業夠穩定、夠均衡，新進者的預期利潤應該合理反映結構性進入障礙的高度，以及新人對報復的合理預期。可能加入產業的公司計算完預期利潤後，應該會發現這樣的利潤尚屬正常，或還算標準。因為新進者必須克服結構性進入障礙，並承擔既存公司有所反應的風險。他們所面對的成本會高於產業內功成名就、以致讓這些成本抵銷了獲利高於平均的可能。假如進入成本，沒有抵銷掉高於平均的報酬，其他公司就會趁虛而入，並把利潤壓低到「進入成本抵銷進入效益」的水準。所以除非公司擁有特殊優勢，否則進入一個處於均衡狀態的產業，通常沒什麼好處，因為運行中的市場力量，會把利潤消耗殆盡。

那麼，公司應如何取得平均以上的獲利呢？答案是：找出市場機制運作不完全的產業。適合應用「內部型進入」策略的目標產業如下：

1. 產業處於不均衡狀態。
2. 預期既存公司還擊遲緩或無效。
3. 公司的進入成本比其他公司低。
4. 公司影響產業結構的能力獨到。

5.加入該產業對公司既有事業有正面效用。

產業狀態不均衡

並非所有的產業都處於均衡狀態：

❑ **新產業**。在快速成長的新產業裡，競爭結構通常尚未完全建立，此時進入成本可能較低。大概還沒有一家公司能鎖住所有的原料供應、創造強烈的品牌認同、或已有太強烈的傾向來報復 新進。營運中的公司在擴充時，也許會發現自己面臨速率限制。但公司不可只因某產業很新，就貿然進入。除非經過完整的結構分析，顯示獲利會在平均以上，並維持相當長的一段期間，否則莽撞進入就會得不償失。我們還要注意，某些產業裡，開路先鋒的進入成本，會比後起之秀還高，只因衝鋒陷陣的成本較高。至於先來後到何者為佳，我們在第十章討論新興產業時，就已經介紹過。最後，由於其他公司也許陸續加入，公司如果希望利潤維持在高水準不墜，就必須找到經濟理由，好讓自己相信後來的加入者將面臨較高的進入成本。

❑ **進入障礙節節高**。進入障礙持續升高的意思是：未來的利潤將可涵括現有進入成本而有餘。身為第一棒的公司、或身為早期進入者，可將進入成本降至最低，有時還會在產品差異化方面取得優勢。不過，假如許多公司也早早進入產業，此路也許就不通了。因此，要在產業裡出類拔萃，就要及早行動，然後想辦法提高造入障礙，阻止後人進入。

❏ **資訊貧乏**。在某些產業裡，進入成本與預期利潤可能長期失衡——因為潛在加入者未能及早認知。這種現象最可能發生在許多老公司疏於注意的落後或冷門產業。

我們必須了解，市場作用力將會對新進公司造成某種程度的牽制。假如公司看好前景的原因，是因為產業不均衡，市場當然會對其他公司發出同樣的信號，結果大家都想分一杯羹。因此，決定進入的時候，我們要清楚知道，此時何以只有加入者才可獲得不均衡的利益。預測的能力，通常都必須靠及早認出不均衡狀況、早早進入而來。但是，除非加入者能夠建立某些障礙，阻擋模仿，否則日子一久，此種優勢就會遭到侵蝕。

還擊遲緩或無力

假如產業內既存公司雖然獲利良好，但卻暮氣沉沉、消息不靈光、或因其他因素無法適時有效地還擊，這種產業的預期利潤與進入成本之間，也許存在著一種有利於進入的不均衡狀態。公司如能慧眼識英雄，就可獲取平均以上的利潤。

適合作為進入目標的產業，不能具有引發激烈報復的特質，也不能擁有若干獨特因素：

❏ **既存公司的有效報復成本高於效益**。考慮進入的公司，必須檢視每家重要的既存公司，會在決定進行激烈報復時，作何盤算。它必須預測，假如公司決定讓新進者虧損，既有公司的利潤會遭受多大的侵蝕。既存公司可能比新進者支撐更久嗎？相對於想要取得的效益，既存公司報復成本愈高，愈不可能還擊。

新進公司不僅可以選擇既存公司不可能報復的產業加

入，還可影響報復機率。例如，假如新進公司能讓既存公司相信，自己永遠不會放棄在該產業建立生存空間；對方也許就不會浪費金錢，企圖將新公司完全逐出。

☐ **產業內有一家具權威的主導公司**，或有一群關係緊密的老牌領袖。具有主導地位、在產業裡以「大家長」自居的公司，也許從來就不必競爭，而且學習速度緩慢。領導者可能自許為產業保護音和發言人，採取對產業最有利的做法（如穩住價格、保持產品品質、維持高水準的客戶服務或技術援助等）──但未必對公司本身最有利。只要不惹惱產業龍頭，新公司就可以在產業內取得相當不錯的地位。鍍鎳業和玉米輾軋業就是；INCO 和 CPC 的主導地位，就曾敗給新成員。當然，這項策略的風險在於；沉睡中的巨人終究會被喚醒，因此我們必須正確判斷其管理階層的本質。

☐ **既存公司的反擊成本過高**，因為它們要自衛。這種情況下，公司便有可能採取第三章所討論過的「混合動機」策略。如果老公司對使用新配銷通路的新進反擊，也許會動搖既存經銷商的忠誠。假如既存公司對新進競爭者的回應，會影響到該公司賴以維生的產品、或有利於新進者的策略、或可能與老公司在市場的形象不一致，同樣會給予新進者可乘之機。

☐ **「約定成俗」的觀點讓新進者趁虛而入**。假如既存公司相信「傳統智慧」或某些「如何競爭」的假定；不受造些成見羈絆的公司，就可以發現這些「傳統」不宜或過時之處。「傳統智慧」會悄悄滲透到產品線、服務、工廠

等的每一層面。既存公司也會緊緊抓住這些觀點不放，
只因過去一向管用。

進入成本低

市場作用力不會抵銷「內部型進入」的吸引力，最常見、
風險也較低的一種情況是：產業內，並非所有公司都面臨相同
的進入成本。假如公司克服結構性進入障礙進入產業的方法，
比大多數其他潛在進入者便宜、預料中的還擊較少，這家公
司便可藉「進入」獲取水準以上的利潤。同時在產業內競爭之
際，取得某些特殊優勢。

公司之所以能以更低廉的成本克服結構性進入障礙，通
常是因為該公司既有事業提供了現成的資產與技術；或有某些
創新提供了「進入」的策略概念。公司可以尋找自己有能力克
服進入障礙的產業進入（所擁有的專屬技術、現成配銷通路、
眾所周知而且可轉移的品牌等等）。假如許多其他潛在加入者
也具備相同的優勢，那麼這些優勢可能就反映在考慮進入成本
與進入效益的時候。不過，假如公司克服結構性進入障礙的能
力獨到或非常出色，進入行動便可能頗有利潤。通用汽車就利
用原有的汽車業資源（底盤、引擎、以及經銷商體系），跨入
休旅車行列。約翰笛爾公司也利用原來在農機設備業的製造技
術、產品設計及服務經驗等，跨入營造設備業。

有的公司在老公司還擊其他潛在加入者的時候，所受到的
報復沒那麼猛烈，因為它被敬重為競爭「對手」，或者是既存
公司根本視之如無物。新進者的敬重可能來自其規模與資源，
也可能是由於它向來以「風範絕佳」聞名（或剛好相反，是個

「吃人不吐骨頭」的傢伙）。至於新進者被認為不具威脅的原因，可能是它過去一向只在很小的利基市場區段運作，從不削價等等。假如公司因為上述原因，預期報復較少，而擁有獨特的優勢，預期的報復成本就會低於其他潛在加入者，進入就可能帶來平均以上的報酬。

影響產業結構的獨到能力

儘管有市場作用力存在，「內部型進入」還是可以有利可圖；只要公司能力獨到，足以改變目標產業的結構平衡。假如公司能在產業內，增加後續加入者的移動障礙，均衡態勢就會改變。率先發起行動的公司就可藉加入，獲取高於平均的利潤。此外，有時，進入離散型市場也會引起騷動，大幅提高移動障礙，進而造成產業整合集中。（請見第九章）

對原有事業的正面效應

即使上述各種情況都不存在，「內部型進入」仍然十分可取；只要它對進入者的既有事業具有正面影響，透過（1）改善通路關係，（2）改善公司形象，或（3）提高對抗威脅的能力等等而產生。因此，即使新事業的收益僅達平均，公司整體卻會更好。

全錄進入全國數位資料傳輸網路的計畫，就是一例。全錄似乎一直都致力在「未來辦公室」領域穩扎穩打。既然電腦、電子郵件、各地辦公連繫之間的資料傳輸，都是未來的一部分（以及傳統影印），儘管該公司在資料網路產業並無特殊優勢，全錄還是要設法鞏固既有的堅強基礎。而伊頓公司最近也開始和汽車製造商所控制的經銷商服務部門搶生意（只用原汽車製

造商的零件），進入汽車修理業。就算伊頓完全不懷疑自己能不能取得平均以上的報酬；但像這樣進入汽車修理業的行動，卻無疑可以提高公司的整體收益。

庖丁解牛

下面這些一般途徑能讓我們克服障礙，以低於其他公司的成本進入。

- **降低產品成本**。找出方法來，以低於既存公司的成本生產。可能做法包括：（1）採用「全新的流程技術」；（2）「擴廠」以創造更大的規模經濟；（3）配合科技升級，採用更現代的設備；（4）與既有事業單位共同進行某些活動，以取得成本優勢。

- **低價買回**。犧牲短期收益，在市場上低價買回產品，迫使競爭對手降低占有率。至於是否奏效，則要看競爭者在面對新進者的特定長處時，有無意願或能力還擊。

- **提供更優良的產品**。在產品或服務方面提供某種「創新」，使新進者克服產品差異化的障礙。

- **發現新利基**。找出尚未被認出的市場區段或利基。此項行動會讓新進者得以克服產品差異化的既存障礙，甚至通路障礙。

- **行銷創新**。找出行銷產品的新方法，克服產品差異化障礙、或牽制配銷通路。

- **搭便車**。以其他事業的既有配銷關係為基礎，建立進入策略。

｜公司市場｜

透過「收購」進入產業的做法，與透過「內部發展」進入的分析架構完全不同；因為「收購」並不會在產業內直接增加新公司。然而，有幾項決定「內部型進入」是否吸引人的因素，卻同樣影響公司。

重點在於，我們必須認清：收購價格是由「公司市場」決定的。而所謂的「公司市場」，就是公司（或事業單位）所有人是「賣方」，而有意收購的公司是「買方」。大多數工業化國家裡（尤其是美國），公司市場非常活絡，每年都有許多公司被買進賣出。這個市場很有秩序，包括探客（finder）、仲介商、投資銀行家都在設法撮合雙方，且可從中獲取大筆佣金。近年來，由於中介者和參與者都愈來愈精明，市場也愈來愈有秩序。如今，中介者積極為賣方公司多找幾家投標、多家競標的現象，也愈來愈司空慣見。「公司市場」同時也常見於報章雜誌報導，有許多統計數字可供參考。以上這一切都顯示出，市場運作得相當有效率。

一個有效率的「公司市場」，會讓公司因收購而取得的高於平均利潤消失。假如公司管理健全、前景看好，市場評價就高。反之，假如它前途黯淡，或者必須投注大量資金，則其售價將相對低於帳面價值。但只要「公司市場」運作得很有效率，收購價格就會吃掉買方的大部分報酬。

對於市場效率頗有貢獻的因素還有一個：賣方通常可以選擇保有公司，讓事業繼續經營下去。在某些情況下，賣方別無選擇、非賣不可，因此不管「公司市場」設定什麼價格，它

都只有接受的份。然而，既然賣方有權選擇是否繼續營運，假如售價不超過繼續營運下去的「預期現值」，就沒有理由賣出。所以說「預期現值」為該事業設定了底價。經由公司市場標售程序而來的價格，必須高於這個底價，要不然交易就不會發生。事實上，收購價格必須遠遠高於底價，才能讓所有人擁有風險溢水。今日的公司市場裡，風險溢水大幅超過市價是常態，而非例外。

此一分析顯示，要在「收購」遊戲中獲勝，殊非易事。公司市場的運作，以及賣方有機會選擇是否繼續經營兩者，都不利於我們從中獲取平均以上的利潤。也許這就是收購總未能符合經理人期望的原因（許多證據如此顯示）。此一分析也吻合許多經濟學者的研究結論；能從收購中攫獲最多寵愛的，通常都是賣方，而非買方。

然而，此一分析的真正威力，在於引導我們注意哪些因素最可能影響某一特定收購，創造平均以上的收益。以下是幾個最可能有利可圖的收購行動：

1.在賣方選擇是否繼續經管的時候，底價設定過低；

2.公司市場「不完全」，所以並沒有透過出價程序消除平均以上的獲利；

3.買方對於所收購的事業，具有「獨一無二」的營運能力。

就算底價過低，一宗收購案還是可能因出價程序而喪失獲利。因此，如想成功的收購，以上條件至少必須具備兩種，才比較理想。

糊塗送作堆

收購底價是由賣方「是否繼續經營」所決定的。它顯然決定於賣方的認知,而非買方或公司市場。當賣方覺得被迫出售的壓力很大時,底價顯然最低,原因如下:

❏ 賣方有不動產方面的問題;

❏ 賣方急需資金;

❏ 賣方失去了關鍵經營階層,或在經營階層裡,看不到接班人。

假如賣方有意繼續經營,卻對前景不怎麼樂觀,這個底價也會偏低。在以下情況中,賣方也許會認為自己經管事業的能力不如買方:

1. 賣方看到「成長」有資金限制;

2. 賣方知道自己有管理弱點。

拍賣場上

公司市場儘管很有組織,卻有各式各樣的「不完全狀況」存在;也就是說,有時標售流程還是無法完全消除收購所得的利潤。這些不完全狀況,源自公司市場所交易的每一項產品都是獨一無二的,資訊非常不完全,而且買賣雙方的動機通常很複雜。以下情況下,市場的不完全可以導致收購成功:

1. 買方的資訊比其他人靈通。買方地位較佳,因而能預見因收購所將提升的未來績效。它也許很了解產業以及科技趨勢、能見人所未見。在這種情況下,高於平均的利潤還沒有完全消除,標購過程即已停止。

2. 出價者不多。假如參與標購的公司數目很小，出價過程就很可能無法完全消除收購所帶來的利潤。數目不大的原因，也許是因為目標對象所處事業特殊，與許多潛在收購者八字不合、無人能了解、或體積龐大（沒有太多人負擔得起）。而買方的協商態度，也會打擊賣方，不再找尋其他標購者。

3. 經濟景況不佳。經濟景氣不只會影響買主數目，還會影響願付價格。因此，在景氣下挫期間，假如公司受害的程度比其他公司低，只要它有意收購，就有機會獲取平均以上的利潤。

4. 出售的公司病弱。若干證據顯示，病弱公司大幅折現的情形，會比真正「期望值」分析所估算的結果更嚴重。究其原因，也許是所有收購者似乎都在尋找經營體質良好的健全公司。因此，病弱公司的競價者數目可能比較少，願意支付的價格也偏低。懷特聯合公司就成功地掌握了此種狀況，以低於帳面價的價格買下生病的公司（或部門），轉虧為盈。

5. 除了讓獲利最大以外，賣方還有其他目標。佰得收購者慶幸的是：並非所有賣方都會設法以最高價格賣出。由於公司賣價通常都超過所有人原先預估的財務需求，因此賣方都會再考慮其他因素。最常見的例子有；買主的品牌和名聲、賣方員工將受什麼待遇、賣方的管理階層能否留任、賣方未來干預經營的程度（假如所有者計畫留下）。但一般來說，出售某些部門的公司比較不可能有這類非經濟性目標；就算有，也不像那些賣掉整個公司的所有人（或所有人兼經理人）。

以上分析顯示，收購者應該尋找懷有非經濟性目標的公司，而且還應該努力培養。分析中也透露出，某些收購者也許

有些優勢是來自於它們能對出售人大吹法螺。假如它們能提出過去善待所收購事業員工及管理階層的例證,便比較能取信賣方。基於類似的理由,信譽卓著的大型收購者也會占有類似優勢;因為原事業所有人也願意讓自己一生奮鬥的成果,與一流企業相得益彰。

經營能力獨到

即使出價高於其他買主,賣方在下列情況中,還是能獲得平均以上的獲利。

1.**買方擁有獨特能力**,能改善賣方營運。擁有特出資產或技術的買主,如能改善收購對象的策略地位,便能透過收購,取得平均以上的報酬。自忖無法改善收購對象的其他競標者,便會在報酬尚未消除殆盡之前,停止競標。如,康寶食品(Campbell)收購維拉西克醃菜(Vlasic)以及高德集團收購ITE公司都是。

擁有改善收購對象的能力本身還不夠。這種能力還必須夠獨特,以免其他公司發現同樣的機會,持續競標,直到報酬足以涵蓋價格成本為止。

透過「收購」與「內部發展」而進入產業的手法,在這方面最為類似。在道兩個情況中,買方必須擁有某些獨特能力,才足以在新產業競爭。以「收購」來說,公司要能競標成功,除了被列入考慮之外,還要能獲取平均以上的利潤。以「內部發展」來說,公司則要能以低於其他公司的成本,克服進入障礙。

2.**產業本身必須符合內部發展標準**。許多適用於「內部型進入」產業的要點,同樣也適用於收購。假如收購者能夠以此

為基礎，改變產業結構、或充分利用傳統智慧、抓住既存公司反應遲緩無力的策略變革弱點；在此產業內，獲取平均以上利潤的機會就很大。

3.在既有事業上，能提供買方獨一無二的助益。假如收購可以添加助力，支撐買方在既有事業的地位，則獲利能力也許就不會因標購程序而消失。雷諾茲集團收購德蒙特公司就是運用此推論的好例子。雷諾茲雖然擁有好幾項食品品牌〔夏威夷潘趣酒（Hawaiian Punch）、全王中式速食（Chun King）、佛蒙特少女（Vermont Maid）等〕，但多半無法取得顯著的市場占有率。收購德蒙特公司以後，配銷體系不請自來，影響力比食品代理更大，同時又可進入雷諾茲既有品牌最弱的國際市場通路。即使德蒙特本身所創造的收益僅及平均，但是它在其他部分所創造的正面效用，卻足以讓這項交易的利潤，在平均以上。

堅持到最後

對收購對象出價時，檢視其他競標者的動機與處境非常重要。雖然說，獲利一旦未能再高於平均，競標就會停止；但我們必須知道，某些競標者也許會直到利潤不見很久之後，還繼續奮鬥。理由如下：

❏ 競標者改善方法獨到；
❏ 有助於標購者目前的事業；
❏ 除了追求最大獲利以外，標購者另有其他目標或動機——也許是以「成長」為主要目標，而且看見一次致富的機會；或由於管理階層的特殊偏好而想擁有這類型公司。

在這種情況下，要注意不可誤用標購者願意提高價格的意願，當作價值指標。我們必須謹慎分析，到底是哪些因素影響了標購者，使其對出價有所保留。

何必急於一時

任何進入產業的決定，都必須包括一個目標策略群。然而，公司還可以採取一種循序漸進式的進入策略——先進入某個群組，然後再移動到其他群組。寶鹼企業收購潔而敏紙業便是一例（潔而敏公司生產高品質廁紙和某些生產設施，可是品牌知名度不高，也僅限於區域內流通）寶鹼公司從此一策略群組出發，開始投注大量資源，創造品牌知名度，取得全國性配銷網，並改良產品與生產設施。因此，潔而敏便順利轉群了。

循序漸進的策略，可以降低為了克服移動障礙進入最終目標策略群組的總成本，也可降低風險。我們可先行進入，在產業內累積知識與品牌認同後，降低成本；然後再不花分文的轉入最終目標群；也可循此種模式，更精確地發展管理才能。同時，緩和既存公司的反應。

這種策略之所以能降低進入風險，是因為風險可以有所區隔。假如公司一開始就失敗，便可停止前進，節省一開始就向最終目標群進攻；籌碼全數上桌的成本。漸進策略還可以讓公司累積後續移轉資本，不必一次用罄。此外，克服移動障礙所需的投資，對某些產業來說，相對上較可回轉（可轉售廠房產能），公司可選擇這類策略群組，作為進入的第一步。公司可先介入生產私有品牌。成功跨出以後，再嘗試某一較難進入的策略群組，大量投資廣告、研發、或其他沒什麼剩餘價值的項目。

組合分析

從一九六〇年代末期開始，多角化公司的經營方式以事業
「組合」（portfolio）概念展現出來的技巧，已有許多被開發出
來。這些技巧提供了簡單架構，將公司事業組合中，不同的事
業繪成圖表或加以分門別類，據以決定其資源配置意義。但它
最管用的地方，乃在於發展「公司層級」的策略，協助公司審
查各事業單位；而不是發展個別產業的競爭策略。然而，假如
我們能了解這些技巧的限制，就能回答第三章競爭者分析中的
一些問題。

在組合分析方面，一些常用的技巧已有許多書面論述，所
以此處不擬對技術面進行廣泛討論。相反地，焦點會是：將兩
種最常用技巧的關鍵要素一一提綱挈領。第一種「成長 占有
率矩陣法」（growth/share matrix），由波士頓顧問集團（Boston
Consulting Group，簡稱 BCG）所採用。第二種「公司地位 產業
吸引力篩檢法」的使用者則是奇異電子與麥肯錫公司。

一、矩陣法

「成長／占有率矩陣法」的使用基礎是：「產業成長率」及
「相對市場占有率」（注：相對於產業內最大競爭者，某公司的
市場比率），以其分別代表（1）產業內，公司某事業單位的競
爭地位；和（2）在此情況下，經營該事業單位所需的淨現金流
動。此一公式反映出的深層假定是：「經驗曲線」法則正在運行
中，而相對占有率最高的公司，則會是成本最低的生產者。

這些前提引發出圖 A.1 這樣的組合，將每一個事業單位一
一繪點於上。雖說，成長 相對市場占有率的界限可任意劃分，
但「成長/占有率」組合圖表通常可劃分為四個象限。關鍵概

念是：坐落於不同象限的事業單位，資金流動地位迥然不同，管理方式自然不同；所以就帶來了若干啟示。

- □「搖錢樹型事業」：處於低度成長市場，但相對占有率高，可以創造健全的現金流動；用來資助其他發展中的事業。

- □「落水狗型事業」：處於低度成長市場，相對占有率也低，通常開銷不大；這種事業由於競爭地位低落，往往會是「錢坑」。

- □「明星型事業」：處於高度成長市場，而且相對占有率高，常需要大量現金來維持成長，但由於市場地位堅強，所以可以產生高額公告利潤；這種事業的現金收支，大抵可以平衡。

圖A.1 成長占有率矩陣

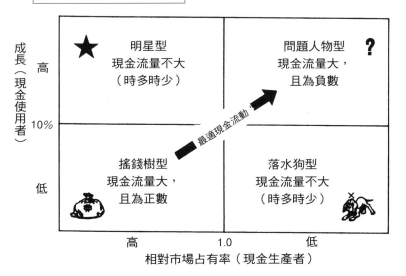

❑ **「問題人物型事業」**（有時又稱「野貓型」）：事業處於快速成長的市場，但相對占有率低，需要大量現金流入，以維成長所需；可是競爭地位低落，無力創造現金。

　　根據「成長／占有率」組合模式邏輯，「搖錢樹」事業會成為其他事業的金主。理想情況下，「搖錢樹」可使「問題人物」變成「明星」。因為這樣作，既需要大量資金來跟上快速成長的步伐，以及建立市場占有率；因此，究竟該選哪一個「問題人物」，就成了關鍵。一旦變成大明星，只要市場成長趨緩，該事業就會變成「搖錢樹」。「問題人物」如果未被選為投資標的，就該進行「收割」（設法產生現金），直到變成「落水狗」為止。對「落水狗型」事業則應進行收割，或應脫售，由組合中消失。BCG認為，公司應該管理其事業組合，好讓此一理想順序得以順利出現，且使組合收支平衡。

限制

　　組合模式能應用到甚麼程度，端視許多條件而定：

❑ 市場定義確切，足以闡明與其他市場之間的重要共享經驗、及相互依存的關係。這通常是一個微妙的問題，需要大量分析。

❑ 「產業結構」（請見第一章）和「產業內的結構」（第七章），使得「相對市場占有率」能適切地代表「競爭地位」與「相對成本」。但情況通常並非如此。

❑ 「市場成長」可以相當程度的代表現金投資所需。但「利潤」（和現金流量）卻視許多其他因素而定。

競爭者分析的使用

從上述條件看來，「成長／占有率矩陣」本身在決定特定事業的策略時，並不十分有用。重要的是：對本書所提的事項進行大量分析，有助於決定某事業單位的競爭地位，然後將此一策略地位轉化為具體策略。一旦先頭分析完成，組合圖表的附加價值就不高了。

然而，「成長／占有率矩陣」還是可以當作競爭者分析的一環，只要它和第二章所提的其他分析併用。

公司最好能針對每一個重要對手，畫出公司組合出來，最好還區分出幾個重要的時間點。公司競爭對手事業單位組合地位，能讓我們對第三章的問題有些概念、了解競爭者母公司期望它達成甚麼樣的目標、對各型策略行動有多少耐受力等等。正在進行收割的事業單位，面對別人市場占有率的攻擊，也許最無招架之力。按照時間順序比較競爭者組合，能讓我們更清楚對手某個事業單位的地位變動（相對於其他事業單位），以及競爭者被委以甚麼樣的策略角色。假如競爭對手在規劃時，使用了「成長／占有率組合」技巧，組合分析的預測力將更大。然而，就算競爭者並未正式使用，但按照「資源配置必須廣為分散」的道理來說，組合分析仍然十分有幫助。

二、篩檢法

另一種技巧，是奇異電氣、麥肯錫顧問、殼牌石油都採用的「三乘三」矩陣法。圖A.2就是其變體中，最具代表的一種。圖上的軸線；一條是「產業吸引力」，另一條是某事業單位的

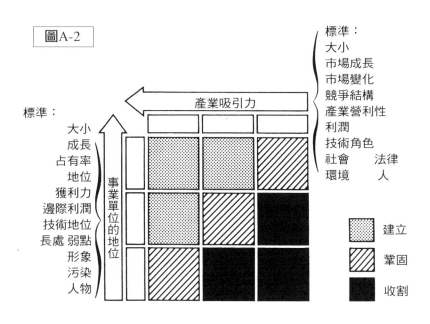

圖A-2

標準：
大小
市場成長
市場變化
競爭結構
產業營利性
利潤
技術角色
社會　　法律
環境　　人

標準：
大小
成長
占有率
地位
獲利力
邊際利潤
技術地位
長處　弱點
形象
污染
人物

產業吸引力

事業單位的地位

建立

鞏固

收割

「實力」或「競爭地位」。至於某一特定事業單位的落點究竟會
在哪裡，則必須運用圖A.2所列出的各項標準，對該特定單位及
產業進行分析。

　　而究竟是投注資金建立地位好呢？還是穩紮穩打，平衡現
金孳生與小心使用現金好？又或是準備收割或脫售好？則要看
事業單位在矩陣上的落點，才能決定該單位所負責的廣義策略
任務。但如果產業吸引力或公司地位的預期變動變化，便需重
新評估。公司可在這種矩陣上，畫出自己的事業組合，以確保
資源得以妥當配置。

　　公司也可設法平衡組合；包括發展中的組合、已開發的事
業、以及維持現金孳生與現金運用的內在一致。

　　「公司地位／產業吸引力篩檢法」比較不像「矩陣法」那般精確量化，因為它天生就必須對特定事業單位的落點，作出主觀判斷。這種方法經常有人批評為容易操縱。結果，有時量化的加權就會被用來讓這種分析更「客觀」（評定標準是：特定產業的產業吸引力或公司地位）。此種篩檢技巧反映的假設是；每一個事業單位都不同，所以要有各自的競爭地位分析與產業吸引力分析。前面說過，實際建構「成長／占有率組合」的分析方法和個別事業單位的分析一樣。因此，矩陣法的「客觀性」也許和篩檢法所用的分析，實際上相去不遠。

　　「公司地位／產業吸引力篩檢法」所能提供的幫助不多，只能對特定產業制定競爭策略時，提供基本的一致性測試。實際要務包括：決定某事業應該畫在方格的哪個位置、決定方格中的位置是否吻合策略所示、以及想出一套詳細的策略概念，來建立地位、鞏固現狀、或進行收割。這些步驟必須運用到本書所介紹的詳細分析；因為圖A-2所列的標準，遠不足以決定產業吸引力、公司地位、或合適的策略。

　　但「篩檢法」就和「矩陣法」一樣，可以扮演某種角色。我們可以根據不同的時間點，用它來建構競爭對手的組合；深入了解競爭手的事業單位可能從總公司接收到什麼樣的策略委任。但使用與否，主要是品味問題（不管使用哪一種技巧，都需要相同的分析）。假如我們知道對手採用什麼方法，則運用同樣方法的預測功效最高。要記住：「成長／占有率矩陣」技巧和「經驗曲線」概念，兩者密不可分。假如已知競爭者會受經驗曲線強烈影響，使用「矩陣法則」可更準確地預測其目標與行為。

一些小技巧

如何著手分析產業及競爭者呢？尋找哪些資料類型？如何整理呢？基本上，與產業有關的資料有兩種：公開發表的資料、以及透過產業參與者與觀察家訪談所蒐集到的田野資料。本附錄的討論重點是：如何認出公告資料與田野資料的主要來源、它們的長處和弱點在哪裡？以及如何循正確的次序，有效處理？

完整的產業分析工程浩大，假如完全從無到有，可能就要費時數月。在展開產業分析時，一般人往往急於蒐集大量細節，對於如何適用，則欠缺一套一般性的架構或方法。結果小則受挫困頓，大則徒勞無功。因此，在考慮特定來源時，我們必須先考慮這項產業研究的整體策略應如何進行，一開始該採取哪些關鍵步驟。

上對天堂，投對胎

分析產業、發展策略之前，有兩個重要層面必須考慮。首先，決定自己到底想尋找甚麼。「只要和產業有關的都要」——這種目標太過廣泛，不能作為研究的有效指引。雖然說，產業分析的全部議題，完全視特定產業而有所不同；然而，我們還是可能歸納出研究人員所應該尋找的重要資訊與原始資料。

本書各章已經指找出許多產業的關鍵結構特色、導致它們改變的重要作用力、及有關於競爭者的必要策略資訊。這些元素都是產業分析的目標，而其架構核心，則已於第一、三、七、八章中說過。然而，既然這些結構及競爭者特質，一般都不是原始資料，而是分析結果；研究人員也許會覺得，如果有

一套收集原始資料的系統架構，不是更好嗎？**圖B.1**就針對資料收集所應涵蓋的領域，提供了一份簡明但周延的清單。能夠徹底探討每一個領域應該發展出的完整產業結構與競爭者概況圖。

有了彙整架構以後，第二個主要的策略問題是：如何循序建立每一個領域內的資料。這方面的選擇非常多；可以一次只挑一個，也可以隨機進行。然而，我們最好先能對某個產業本身有個全盤性的概括了解，接下來再針對特定項目擇要探討。經驗法則讓我們知道：先對整體有個了解，不僅能讓研究人員在研究來源的時候，更能對症下藥；同時在蒐時，也能更有效地整理。

小心求證

要具備這種宏觀視野，好些步驟可能相當管用：

（一）誰在產業裡？立即發展出產業參與者的粗略名單，可謂明智之舉。有了關鍵競爭者的名單，就可以快速搜尋其他文章及公司文件來。其中許多資料，可得自該產業的「標準產業分類代碼」（Standard Industrial Classification., 簡稱SIC）。SIC系統依許多不同的廣度，對產業加以分類，但兩碼分類太過廣泛，不適用於大多數用途；五碼分類範圍太窄；四碼剛剛好。

（二）產業研究。夠幸運的話，我們就會發現相當周延的產業研究，或包羅甚廣的大量文章。這些東西能讓我們很快就對全盤有個概念。

（三）年度報告。假如產業內有任何公開上市公司，我們便應儘早查閱年報。一本年報所能揭露的資訊也許不多；然

而，快速閱讀多家大公司十到十五年間的年度報告，卻是了解產業的絕妙方法。因為事業的大多數層面，都會在先後不同的時間討論到。年報中，最能對整體概念有所啟發的，往往是高階經營階層的公開信。研究人員應該尋找好壞財務表現的背後論理——其中應能透露出產業內若干關鍵的成功因素。另外，還應該注意，公司在年報中，以哪些事情為豪，以哪些事情引以為憂；以及作了哪些關鍵變革。此外，還應了解公司如何組織、生產如何流動、以及一連串可從一系列年報中得知的因素。

等到研究進行到一個階段以後，研究人員都會想回頭查閱年報，及其他公司文件。因為有一些最初有來微不足道的東西，必須等到對產業及競爭者知識更完全之後，才能霍然開朗。

及早展開實地調查

我們常見研究人員在還沒有進行實地調查之前，就已經花費太多時間尋找公開資料、使用圖書館。其實，公開發布的資料在許多方面都有限制（年代太過久遠、累計數量不夠、深度不夠等等）。雖說，田野調查的價值要在取得某些產業基本認識後，才能發揮最大效用，但是研究人員卻不該在實際勘查前，就耗盡一切公開資料來源。相反的，臨床研究與圖書館研究應同步進行，因為它們往往相輔相成——特別是研究人員想積極探求每一項實際來源，以便找出該產業可能的公開材料時。實地調查的來源由於更貼近議題，所以通常更有效率，而無須浪費時間閱讀無用的文件。有時，訪談也可以幫助研究者

圖B.1　產業分析的原始資料分類

□ 資料類別：

產品線

客戶及其行為

互補品

替代品

成長

　速率

　模式（季節性、周期性）

　決定因素

生產與配銷科技

　成本結構

　規模經濟

　附加價值

　後勤運籌系統

　勞力

行銷與銷售

　市場區隔

　行銷實務

供應商

配銷通路（如果不是直接銷售）

創新

　類型

　來源

　速率

　規模經濟

競爭者的策略、目標、長處與弱點、

假設社會環境、政治環境、

法律環境總體經濟環境

□ 彙整方式：

公司別

年度別

功能領域別

辨認議題。但就某一程度來說，這方面的幫助會犧牲一部分
「客觀性」

度過難關

經驗告訴我們，研究人員在進行產業研究時，士氣往往
會呈現出Ｕ字型的變化。最初階段的愉快感覺，隨著產業複雜
的日趨明顯、資訊愈積愈多而消失……取而代之的是混亂，乃
至驚惶……稍後，問題如排山倒海而來。由於此一模式非常普
遍，研究者如能心領神會，將頗為有用。

遍地是黃金

產業之間，可取得的公開資訊數量差異很大。產業愈大、
愈古老、科技改變的速率愈慢，可取得的公開資訊就愈豐富。
很不幸的是，對研究者而言，許多有趣的產業並不符合這些標
準，也沒有太多公開資訊可用。然而，公開資料來源中，總能
找到一些重要資訊，但必須積極尋找。一般而言，使用公開資
料分析產業時，研究人員常會遭遇到：資料太廣、太龐大，無
法適用於產業的問題。如果一開始已認清此一現實，就更能認
出資料用途所在，且可避免輕言放棄。

以下重要原則，有助於將可供參考的資料發展為公開材
料。第一，每一份發布來源都必須仔細釐清，辨別書面資料與
田野訪談的關係。通常，文章中會引述一些產業主管、證券分
析師等人的個人觀點。這些人可不是無端出現的；他們不是消
息靈通，就是能言善道的產業觀察家，而且很能帶動趨勢。

第二項原則是：對每一件發現，都留一套詳盡編目。雖

然這項工作在事發當時作來痛苦，但完整地記下資料出處，不僅可節省將來的編纂時間，還可防止團隊成員因重複做同一件事，造成心血白費；同時避免因想不起某些關鍵資訊出處，愁思百結。重點摘要，或影印其中某些有用資料，也會有幫助。這麼做，不僅可以將重複閱讀的機率減至最少，也可促進研究團隊的內部溝通。

公布資料的來源類型甚多，但可大略分為以下幾類：

一、產業研究

提供產業總體概念的研究，主要有兩種。第一種是以「書本形式與長度」呈現的產業研究——通常都由經濟學家執筆。它們經常可以透過圖書館書目卡很容易找到，也可由其他資料來源交叉檢視而取得。產業參與者或觀察家幾乎都知道這些資料（只要它們存在），而當研究進行時，也該向他們諮詢。

第二種則是：篇幅顯然較短、焦點較集中的證券公司或顧問公司研究——Frost and Sullivan, Arthur D.Little、史丹佛研究中心（Stanford Research Institute），以及所有華爾街的研究機構都包括在內。有時，專業顧問公司會蒐集特定產業的資料。如司馬特公司（SMART）及 Inc. 公司研究「滑雪業」，IDC 公司研究「電腦產業」。但參閱這些資料，通常必須付費。遺憾的是，雖然市場研究資料有許多公開指南，但是將它們彙總在一起的地方卻不存在；因此，最好還是透過產業觀察家與參與者而取得。

二、同業公會

許多產業都有同業公會,作用就像產業的資料交換中心,它們有時還會出版一些詳細的產業統計資料。產業公會提供資料給研究者的態度,各家不同。然而,透過會員引介,就可比較容易取得職員的合作。

無論公會本身是不是資料來源,公會職員都可以提醒研究者注意產業現有公開資訊;指出主要參與者、他們對產業運作的大致感想;公司成功的關鍵因素;以及重要的產業趨勢。一旦和公會職員搭上線,此人就會成為提供產業參與者資訊的有用來源,還可以指出一些參與者,得出不少觀點出來。

三、專業雜誌

大多數產業都至少有一本專業雜誌,經常性的報導產業動態(甚至天天報導);小產業也許可由較大範圍的專業出版品報導所涵蓋。而有關顧客、配銷商、供應商產業的專業期刊,往往也是有用來源。

長期閱讀專業雜誌,對於了解產業內的競爭動態與重大變化很有幫助,也有助於判斷該產業的標準與態度。

四、商業媒體

商業出版品報導公司與產業的方式,許多都是斷斷續續的。如要取得參考索引,則有許多標準書目可用。如,《商業期刊索引》(*Business Periodicals Index*)、《華爾街日報索引》(*The Wall Street Index*)、《F&X索引》等。

五、公司名錄與統計資料

　　有關美國上市或未上市公司的名錄很多,有些則只提供相當有限的資料。許多名錄以「標準產業分類碼」方式編排公司,因此可循此建立一套完整的產業參與者名單。內容較詳盡的名錄包括:《湯瑪斯美國製造商名錄》(*Thomas Register of American Manufacturers*)、《鄧白氏百萬名錄》(*Dun and Bradstreet Million Dollar Directory*)、《中間市場名錄》」(*Middle Market Directory*)、《史坦普公司名錄》(*Standard and Poor's Register of Corporations*)、《董事長與總經理》(*Directors and Executives*),以及慕迪統計公司(*Moody's*)的各類出版品等。另外一份依產業別列出、包羅甚廣的公司名單是「新聞前鋒」(*Newsfront*)的《美國三萬大企業》(*30,000 Leading U.S. Corporations*),則提供部分精簡的財務資訊。除了這些一般性公司名錄外,有些廣泛的名單也可能來自財金雜誌,如《財星》(*Fortune*)、《富比士》(*Forbes*)等,以及各類購買者指南。

　　鄧白氏公司所輯錄的信用報告,包括了各種大小公司(上市或未上市)。這些報告無法在圖書館查到,因為它只提供給支付高額固定服務成本再加上個別報告的小額費用的公司訂戶。鄧白氏的報告對未上市公司頗有價值,但因資料未經認證,所以必須謹慎使用(許多使用者普指出該項資訊的錯誤)。

　　這類資料還有許多統計資料可用,如廣告支出以及股市績效等。

六、公司文件

大多數公司都會出版各種關於自身的文件（尤其在市場上公開交易的公司）。除了年度報告之外，證券交易委員會的1O-K報告、股東委託報告、公開說明書、以及其他政府檔案等，都可能有用。同樣有用的還包括：公司高階經理的演講或證詞、公司新聞稿、產品文宣、手冊、已出版的公司編年史、年度會議紀錄、徵人啟事、專利、甚至廣告等等。

七、政府資料來源

美國國稅局（Internal Revenue Servic，簡稱IRS）在其《公司所得統計來源報告》（*IRS Corporation Source Book of Statistics of Income*）中，根據公司所得稅申報書，提供廣泛的年度產業財務資訊。以此為藍本的另一本簡略資料，則是IRS的《所得統計》（*Statistics of Income*）。此一來源的主要缺點是，整個公司的財務資料，都算到公司某主要產業頭上；因此如果產業內有許多高度多角化的參與者，資料就會失之偏頗。然而，IRS的年度資料不僅可回溯自一九四〇年代；而且，也是能涵蓋產業內全部公司財務資料的唯一來源。

另一個政府統計資料來源，則是英國普查局。其中運用頻率最高的資料包括：《製造業普查》（*Census of Manufacturers*）、《零售業普查》（*Census of Retail Trade*）、《礦業普查》（*Census of the Mineral Industries*），而且都可回溯至相當久遠的年代。和國稅局的資料一樣，這些普查資料並沒有提及特定公司，而只提供統計數字，並依產業標準分類碼分類。普查內容包括相當多區域性產業資料。但不同於IRS之處在於，普查資料是以公

司內常備組織（如廠址、倉庫）的累計資料為基礎，而非公司整體。因此，資料不致因公司多角化而遭扭曲。《製造業普查》最有用的特色，也許是其中的特別報告──《製造業集中率》（*Concentration Ratios in Manufacturing Industries*）。這部分提供的產業銷售額百分率，是各產業排名前四、八、二十、五十名的公司，根據四位數 SIC 碼算出的。另外一種對產業內的價格水準變化有用的政府資料，則是勞工統計局（Bureau of Labor Statistics）的「躉售物價指數」（Wholesale Price Index）。

　　進一步的政府資訊則可透過各種政府出版品索引，以及美國商務部、各個政府機構圖書館而取得。其他政府資料來源包括：主管機關檔案文件、國會聽證會、以及專利局的統計數字。

其他

　　此外，以下幾種公開發布的資料，也可能很管用：

❑ 反托拉斯公報；
❑ 競爭者總部或某些設施所在地報紙；
❑ 當地稅捐公報。

漫步田野間

　　蒐集實地資料時，建立起一個分析架構是很重要的，以便認出可能資料來源、判定他們是否願意配合研究、並發展出應對方法出來。圖 B.2 的圖解，就指出了幾種最重要的田野資料來源。其中包括：產業本身的參與者；鄰近產業的公司與個人（供應商、經銷商、客戶）；與此產業有接觸的服務機構（如產

圖B.2　產業分析的實地資料來源

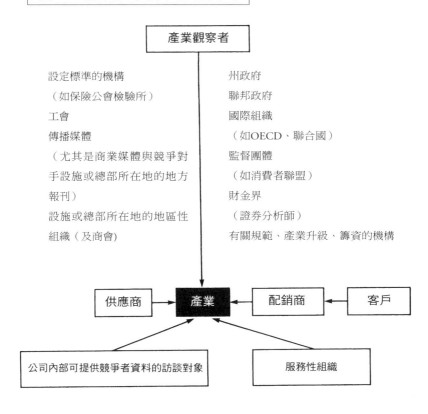

產業觀察者

設定標準的機構　　　　　　　州政府
（如保險公會檢驗所）　　　　聯邦政府
工會　　　　　　　　　　　　國際組織
傳播媒體　　　　　　　　　　（如OECD、聯合國）
（尤其是商業媒體與競爭對　　監督團體
手設施或總部所在地的地方　　（如消費者聯盟）
報刊）　　　　　　　　　　　財金界
設施或總部所在地的地區性　　（證券分析師）
組織（及商會)　　　　　　　有關規範、產業升級、籌資的機構

供應商　　產業　←　配銷商　←　客戶

公司內部可提供競爭者資料的訪談對象　　　服務性組織

市場研究人員　　　　　　　　　　同業公會
推銷人員　　　　　　　　　　　　投資銀行
服務性組織　　　　　　　　　　　顧問
先前受雇於競爭對手、觀察者團體、　稽核機構
或服務性組織的人　　　　　　　　商業銀行
工程人員
採購部門—可接觸與競爭對手有往來
的供應商
研發部門—大致跟隨產業技術發展、
科技食議與出版品

業公會）；以及產業觀察者（包括財金界、主管機關等）。以上
每一種來源的特色多少都有些不同，必須明確分辨。

特色

產業競爭者對於自己究竟要不要和研究者合作，也許是最
不確定的了；因為它們透露出去的資料，有可能帶給自己經濟
性的傷害。所以說，接近產業內資料來源時，必須格外小心。

另一個不那麼敏感的資料來源是：顧問、稽核認證單位、
銀行家、同業公會職員等服務性機構；因為它們擁有「保守客
戶機密」的運作傳統，但對「產業一般背景資訊」則通常並不
保密。大多數其他來源並不直接受產業研究威脅；事實上，
它們反而常常被視為是助力。最有眼光的業外觀察者，往往都
是供應商或客戶的高階主管（因為他們長年積極關注所有參與
者）。零售商與批發商也常常都是絕佳的資訊來源。

研究人員應該要試著和主要群體的每一個個人談話；因為
每群人都可供應重要的資料，以及頗有助益的交叉檢驗。因為
個人觀察角度不同，研究人員如果發現他們言論互相衝突、甚
至完全相悖，也不必太驚訝。訪談的藝術之一，就是透過不同
的來源交叉檢視，並予確認。

研究人員前在圖中任何一點，開始進行田野接觸。開始的
時候，為了蒐集背景資料，此一階段的接觸對象最好通曉產業
狀況，但又沒有競爭利益、或直接的經濟利害關係。像這種關
注產業的第三者，心胸都比較開放，又能提出不偏頗的產業整
體看法；這些觀念在研究早期都很重要。一旦研究人員能提出
比較有眼光與有鑑賞力的問題，就能直接對付產業參與者了。

然而，為了使訪談成功的機會最大化，最好有人引進——不管多迂迴都行。此項考慮因素，也許會左右公司選擇從哪裡下手。田野研究總有一點碰運氣的成分；研究者不應為了遵循某一分析方法，放棄好線索。

千萬記住，產業內總有許多參與者或觀察家彼此相識。產業可不是沒頭沒臉的；它們是由活生生的人物所構成的。因此，假如研究人員嫻熟專業，來源便會口耳相傳。而那些特別熱中於接受訪談的個人，談話多半曾被引用。另一個開發訪談機會的好方法則是：參與產業大會，與他人非正式會面，產生聯繫。

實地訪談

有效的田野訪談過程，雖然既費時又費事；但對許多產業研究而言，卻可大量蒐集到關鍵資訊。儘管個別受訪者風格不同，但以下要點仍然很有用。

❏ **接觸聯繫**。最有效果的做法通常是，透過「電話」與可能的訪談對象接觸，而不是透過「寫信」，或「先去信、再以電話聯繫」。因為人總是傾向於把信件擱置一旁，不去決定合作與否。打電話能夠迫使議題有所動作，人們也比較可能透過用意清楚、訊息完整的口頭請求而與人合作。

❏ **從約定到訪問**。研究人員應儘早安排訪談，因為從約定到訪問的間隔也許相當長，而且往返旅程協調不易，可能要花上好幾個月。雖然，大多數訪談幾乎最少都需要一週時間來安排；但研究人員通常會因受訪人行程

改變，緊急地接到訪談機會。最好事先多找幾個替代來源；假如時間許可，視需要臨時訪問。

❑ **禮尚往來。**安排訪談時，你應該拿出一些東西來，回饋受訪者的時間。範圍可以從：研究人員根據該研究所作的觀察，提出來討論（當然是有選擇性的）；也可以是針對受訪者的意見，深思熟慮的回饋；可行的話，還可針對該研究的結果，作成摘要或摘錄。

❑ **透露所屬機構。**假設該研究是受另一機構委託所進行，訪問者還必須準備好透露出自己的所屬機構，並表明委託人身分。假如資訊對受訪者有所傷害，訪談者便有義務提醒。假如訪問者的公司或委託客戶身份無法透露，我們還是要對當事人的經濟利害關係，大概做個描述。否則，受訪者通常不會願意（也不該同意）接受訪談。

❑ **堅持到底。**不管訪員技巧再高，安排訪談無疑是令人受挫的過程；許多時候，訪談一再被拒，或受訪者公然表現冷淡。但此事本質如此，訪員不可因而卻步。一旦訪談展開，受訪者就會變得比較熱絡，訪員與受訪者之間的關係也會變得比較個人化。

❑ **可信度。**如果訪員對產業有相當認識，在安排及進行訪談的時候，可信度就會因而大增。這方面的知識應該在一開始接觸、訪談時，就表現出來。這樣一來可使訪談更有趣，對主題更有益。

❑ **團隊合作。**訪談令人疲累，假如資源許可，最好兩人一組進行；一人發問時，另一人可以寫筆記，想想下一回合該問甚麼問題。而且還可在一訪員振筆直書時，使另

一訪員與受訪者保持目光接觸。並在訪談結束或當日工作結束後，馬上來場完成檢討；這對檢視及釐清草稿、檢查概念是否一貫、分析訪談內容、綜合各項發現等，都相當有用。許多創造性的工作，都會在這類會議中完成。即使是進行單人訪談，也應保留一段時間，進行類似活動，

❑ **問題。** 要蒐集到正確的資料，問題就必須不偏不倚──不預設立場、不限制答案、也不透露出訪員的個人偏好。同時，訪談者也必須注意，不可以讓自己的舉止、聲調、表情放出信號，暗示答案。大多數人都喜歡「與人為善」與「一意屈從」，因此會影響答案公正性。

❑ **筆記。** 除了摘要記錄以外，研究人員如能記下對訪談本身的觀察，也很有用。受訪者個人都使用哪些出版品？書架上有哪些書？辦公室布置如何？豪華還是寒傖？是否將產品樣本放在辦公室？這類資訊在詮釋口頭資料時，往往能提供極有用的線索，也可能進一步引出資料來源。

❑ **關係。** 我們要知道受訪主體是「人」，與研究人員素昧平生，有一套自己的特色，而且也許不太確定要說什麼。受訪者的風格與用詞、姿勢與態度、身體語言等等，都能透露出重要線索。優秀的訪員通常能很快與對象建立起關係。努力快速適應受訪者的風格，降低不確定程度，且使互動跳脫抽象的「公事公辦」層次，增添一些「私人交情」，有助於獲取品質更好、更坦白的資訊。

❑ **正式與非正式。**許多有趣的資訊，往往會在正式訪談後出現。假如研究人員有機會參觀工廠，受訪者也許會因為環境改變，不再像辦公室那麼「正式」，更加暢所欲言。訪談情境基本上相當正式，研究者亦應動點巧思，克服此一先天問題。我們也許可以選擇雙方都覺得自在的場所會面，實地參觀，共進午餐；並一同發掘討論另一些雙方都感興趣的話題。

❑ **敏感資料。**通常來說，運用一些不具威脅性的一般問題做為訪談引言，最容易有收穫。而不是一開口就要特定數字，或其他可能相當敏感的資料。在某些可能涉及敏感資料的場合，我們最好一開始就聲明研究人員無意探詢機密，只想得知產業大概印象。一般人願意透露的資料，是限定範圍的粗估值、及大概數字，但對訪員卻極其有用。我們應該這樣問：「貴公司推銷員的數目，是比較接近一百呢？還是接近五百？」

❑ **找尋線索。**研究人員應該在訪談中，經常花些時間問以下問題：我們還應該跟哪些人談談？應該先讀熟哪些出版品？目前有哪些或許有用的定期大會可參加？（許多產業在一月及二月間舉行大會。）有沒有哪些書甚具啟發？要讓訪談發揮最大效用，就要從每次訪談中獲取進一步線索。假如受訪者願意提供另一名受訪者的資料，而且願意推薦，就要趕快接受。這對日後的進一步安排更有好處。

❑ **電話訪談。**在研究的最後階段，問題焦點相當集中時，電話訪談的功效可能很大。用電話訪問供應商、客戶、

配銷商，以及其他「第三方」的資料來源時，效果尤佳。

參考文獻

ABELA, D. F., AND HAMMOND, J. S. *Strategic Market Planning: Problems and Analytical Approaches*. Englewood Cliffs, N.J.: Pentice-Hell, 1979.

ABERNATHY, W.J., AND WAYNE, K. "The Limits of the Learning Curve," *Harvard Business Review*, September/October 1974.

ABERNATHY, W. J. *The Productivity Dilemma: Roadblock to Innovaton in the Automobile Industry*. Baltimore, Md.: Johns Hoplins Press, 1978.

ANDREWS, K.R. *The Concept of Corporate Strategy*. New York: Dow Jones- Irwin, 1971.

ANSOFF, H.I. "Checklist for Competitive and Competence Profiles." *Corporate Strategy*, pp. 98-99. New York: McGraw-Hill, 1965.

BROCK, G. *The U.S. Computer Industry*. Cambridge, Mass.: Ballinger Press, 1975

BUCHELE, R. "How to Evaluate a Firm.": *California Management Review*, Fall 1962, pp. 5-16.

BUFFA, E. S. *Modern Production Management*. 4th ed. New York: Wiley, 1973.

BUZZELL, R. D. "Competitive Behavior and Product Life Cycles."

In *New Ideas for Successful Marketing*, edited by John Wright and J. L. Goldstucker, pp. 46-68. Chicago: American Marketing Association, 1966.

BUZZELL R. D., GALE, B. T., AND SULTAN, R. G. M. "Market Share-A Key to Profitability." *Harvard Business Review*, January-February 1975, pp. 97-106.

BUZZELL, R. D., NOURSE, R. M. MATTHEWS, J. B., JR., AND LEVITT, T. *Marketing: A Contemporary Analysis*. New York: McGraw-Hill, 1972.

CANNON, J. T. AND CHEVALIER, M. "Market Share Stratey and the Product Life Cycle." *Journal of Marketing*, Vol. 38, October 1974, pp. 29-34.

CHRISTENSEN, C. R., ANDREWS, K. R., AND BOWER, J. L. *Business Policy: Text and Cases*. Homewood, Ill.: Richard D. Irwin, 1973.

CLIFFORD, D. K., JR. "Leverage in the Product Life Cycle." *Dun's Review*, May 1965.

COREY, R. *Industrial Marketing*. 2nd ed. Englewood Cliffs, N.J.: Prentice-Hall, 1976.

Cox, W. E., JR. "Product Life Cycles as Marketing Models." *Journal of Business*, October 1967, pp. 375-384.

DANIELS, L. *Business Information Sources*. Berkeley: University of California Press, 1976.

DAY, G. S. "Diagnosing the Product Portfolio." *Journal of Marketing*, April 1977, pp. 29-38.

D'CRUZ, J. "Quasi-Integration in Raw Material Markets." DBA Dissertation, Harvard Graduate School of Business Administration, 1979.

DEAN, J. "Pricing Policies for New Products," *Harvard Business Review*, Vol. 28, No. 6, November 1950.

DEUTSCH, M. "The Effect of Motivational Orientation Upon Threat and Suspicion." *Human Relations*, 1960, pp. 123-139.

DOZ, Y. L. *Government Control and Multinational Strategic Management*. New York: Praeger, 1979.

___."Strategic Management in Multinational Companies." *Sloan Management Review*, in press, 1980

FORBUS, J. L., AND MEHTA, N.T. "Economic Value to the Customer." Staff paper, McKinsey and Company, February 1979.

FORRESTER, J. W. "Advertising: A Problem in Industrial Dynamics." *Harvard Business Review*, Vol.37, No.2, March/April 1959, pp. 100-110.

FOURAKF.R, L. F., AND SIEGEL, S. *Bargaining and Group Decision Making: Experiments in Bilateral Monopoly*. New York: McGraw-Hill, 1960.

FRUIIAN, W. E., JR. *The Fight for Competitive Advantage*. Cambridge, Mass.: Division of Research, Harvard Graduate School of Business Administration, 1972.

___*Financial Strategy*. Homewood, 111.: Richard D. Irwin, 1979

GILMOUR, S. C. "The Divestment Decision Process." DBA

Dissertation, Harvard Graduate School of Business Administration, 1973.

HARRIGAN, K. R. "Strategies for Declining Industries." DBA Dissertation, Harvard Graduate School of Business Administration, 1979.

HUNT, M. S. "Competition in the Major Home Appliance Industry." Ph.D. Dissertation, Harvard University, 1972.

KNICKERBOCKER, F. T. *Oligopolistic Reaction and Multinational Enterprise.* Cambridge, Mass.: Division of Research, Harvard Graduate School of Business Administration, 1973.

KOTLER, P. *Marketing Management.* 2nd ed. Englewood Cliffs, N.J.: Prentice-Hall, 1972.

LEVITT, T. "Exploit the Product Life Cycler. *Harvard Business Review*, November/December 1965, pp. 81-94.

___ "The Augmented Product Concept." *In The Marketing Mode: Pathways to Corporate Growth.* New York: McGraw-Hill, 1969.

MEHTA, N.T. "Policy Formulation in a Declining Industry: The Case of the Canadian Dissolving Pulp Industry." DBA Dissertation, Harvard Graduate School of Business Administration, 1978.

MOORE, F. G., *Production Management.* 6th ed. Homewood, 111.: Richard D. Irwin, 1973.

MEWMAN, W. H. "Strategic Groups and the Structure-Performance Relationship." *Review of Economics and Statistics*, Vol. LX,

August 1978, pp. 417-427.

NEWMAN, W. H., AND LOGAN, J. P., *Strategy, Policy and Central Management*. Chapter 2. Cincinnati, Ohio: South Western Publishing, 1971.

PATTON, ARCH. "Stretch Your Product's Earning Years." *Management Review*, Vol. XLVII, No. 6, June 1959.

POLLI, R., AND COOK, V. "Validity of the Product Life Cycle." *Journal of Business*, October 1969, pp. 385-400.

PORTER, M. E. *Interbrand Choice, Strategy and Bilateral Market Power*. Cambridge, Mass.: Harvard University Press, 1976a.

___"Strategy Under Conditions of Adversity." Discussion paper, Harvard Graduate School of Business Administration, 1976b.

___"Please Note Location of Nearest Exit: Exit Barriers and Planning." *California Management Review*, Vol. XIX, Winter 1976c, pp. 21-33.

___ "The Structure Within Industries and Companies' Performance." *Review of Economics and Statistics*, LXI, May 1979, pp. 214-227.

PORTER, M. E., AND SPENCE, M. "Capacity Expansion in a Growing Oligopoly: The Case of Corn Wet Milling," Discussion paper, Harvard Graduate School of Business Administration, 1978.

ØUAIN, MITCHELL. *Lift-Truck Industry: Near Term Outlook*. New York: Wertheim & Company, June 22, 1977.

ROTHSCHILD, W. E. *Putting It All Together*. New York:

AMACOM, 1979

SALTER, M., AND WEINHOLD, W. *Diversification Through Acquisition*. New York: Free Press, 1979.

SCHELLING, T. *The Strategy of Conflict*. Cambridge, Mass.: Harvard University Press, 1960.

SCHOEFFLER, S., BUZZELL, R. D., HEANY, D. F. "Impact of Strategic Planning on Profit Performance." *Harvard Business Review*, March/April 1974, pp. 137-145.

SKINNER, W. "The Focused Factory." *Harvard Business Review*, May/June 1974, pp. 113-121.

SMALLWOOD, J. E. "The Product Life Cycle: A Key to Strategic Market Planning." *MSU Business Topics*, Vol. 21, No. 1, Winter 1973, pp. 29-36.

SPENCE, A. M. "Entry, Capacity, Investment and Oligopolistic Pricing." *Bell Journal of Economics*, Vol. 8, Autumn 1977, pp. 534-544.

STAUDT, T. A., TAYLOR, D., AND BOWERSOX, D. *A Managerial Introduction to Marketing*, 3rd ed. Englewood Cliffs, N.J.: Prentice-Hall, 1976.

SULTAN, R. *Pricing in the Electrical Oligopoly. Vols. I and II*. Cambridge, Mass.: Division of Research, Harvard Graduate School of Business Administration, 1974.

VERNON, R. "International Investment and International Trade in the Product Cycle." *Quarterly Jornal of Economics, Vol.* LXXX, May 1966, pp. 190-207.

___"The Waning Power of the Product Cycle Hypothesis." Discussion paper, Harvard Graduate School of Business Administration, May 1979.

WELLS, L. T., JR. "International Trade: The Product Life Cycle Approach.'In *The Product Life Cycle in International Trade*, edited by L. T. Wells, Jr. Cambridge, Mass.: Division of Research, Harvard Graduate School of Business Administration, 1972.

個案研究

Note on the Watch Industries in Switzerland, Japan and the United States. Intercollegiate Case Clearinghouse, 9-373-090.

Prelude Corporation, Intercollegiate Case Clearinghouse, 4-373-052, 1968.0

Timex (A). Intercollegiate Case Clearinghouse, 6-373-080

期刊

Business Week, August 13, 1979; June 11, 1979 ; November 27, 1978 ; October 9, 1978 ; July 17, 1978 : August 15, 1977 ; February 28, 1977 ; December 13, 1976, November 18, 1976.

Dun's, February 1977.

Forbes, December 25, 1978 ; September 18, 1978 ; July 15, 1977 ; November 15, 1977.

New York Times, February 11, 1979.

國家圖書館出版品預行編目資料

競爭策略：產業環境及競爭者分析／波特（Michael E. Porter）著.
　　周旭華譯. -- 第三版. -- 台北市：天下遠見，2010.03
　　　面；　公分. --（財經企管；CB170A）
　　　參考書目：面
　　譯自：Competitive Strategy: Techniques for Analyzing Industries and
　　　　　Competitors
　　ISBN 978-986-216-487-7（精裝）

　　1. 企業競爭　　2. 企業管理

　　494.1　　　　　　　　　　　　　　　　　　　　　　　99005320

閱讀天下文化，傳播進步觀念。

- 書店通路──歡迎至各大書店·網路書店選購天下文化叢書。

- 團體訂購──企業機關、學校團體訂購書籍，另享優惠或特製版本服務。
  請洽讀者服務專線 02-2662-0012 或 02-2517-3688＊904 由專人為您服務。

- 讀家官網──天下文化書坊
  天下文化書坊網站，提供最新出版書籍介紹、作者訪談、講堂活動、書摘簡報及精彩影音
  剪輯等，最即時、最完整的書籍資訊服務。
  www.bookzone.com.tw

- 閱讀社群──天下遠見讀書俱樂部
  全國首創最大 VIP 閱讀社群，由主編為您精選推薦書籍，可參加新書導讀及多元演講活
  動，並提供優先選領書籍特殊版或作者簽名版服務。
  RS.bookzone.com.tw

- 專屬書店──「93巷·人文空間」
  文人匯聚的新地標，在商業大樓林立中，獨樹一格空間，提供閱讀、餐飲、課程講座、
  場地出租等服務。
  地址：台北市松江路93巷2號1樓　電話：02-2509-5085
  CAFE.bookzone.com.tw

財經企管 ⑰⑩Ⓑ

競爭策略
產業環境及競爭者分析

作　者／麥可‧波特（Michael E. Porter）
譯　者／周旭華
總編輯／吳佩穎
責任編輯／施純菁、張啟淵（特約）
封面設計／張議文

出版者／遠見天下文化出版股份有限公司
創辦人／高希均、王力行
遠見‧天下文化 事業群董事長／高希均
事業群發行人／CEO／王力行
天下文化社長／林天來
天下文化總經理／林芳燕
國際事務開發部兼版權中心總監／潘欣
法律顧問／理律法律事務所陳長文律師　　　　　著作權顧問／魏啟翔律師
地　址／台北市104松江路93巷1號2樓
讀者服務專線／(02) 2662-0012
傳　真／(02)2662-0007；(02)2662-0009
電子郵件信箱／cwpc@cwgv.com.tw
直接郵撥帳號／1326703-6號　遠見天下文化出版股份有限公司

電腦排版／極翔企業有限公司
製版廠／東豪印刷事業有限公司
印刷廠／祥峰印刷事業有限公司
裝訂廠／精益裝訂股份有限公司
登記證／局版台業字第2517號
總經銷／大和書報圖書股份有限公司　電話／(02) 8990-2588
出版日期／2019年8月28日第四版第1次印行
　　　　　2022年8月11日第四版第5次印行

定價／550元
原著書名／*Competitive Strategy*: Techniques for Analyzing Industries and
　　　　　Competitors by Michael E. Porter
Original English Language Edition Copyright 1980 BY FREE PRESS
Complex Chinese Edition Copyright 1998, 2007, 2010 by Commonwealth Publishing
Co., Ltd., a member of Commonwealth Publishing Group
Published by arrangement with FREE PRESS (a division) of SIMON & SCHUSTER
INC. through Andrew Nurnberg Associates International Ltd.
ALL RIGHTS RESERVED
4713510946398
書號：BCB170B
天下文化官網 — bookzone.cwgv.com.tw

※本書如有缺頁、破損、裝訂錯誤，請寄回本公司調換
※本書僅代表作者言論，不代表本社立場